COUTURE SEWING
Techniques

CLAIRE B. SHAEFFER

服装高级定制
高级女装制作技术全书

[美] 克莱尔·B.谢弗　著

王　俊　译

东华大学 出版社·上海

图书在版编目 (CIP) 数据

服装高级定制：高级女装制作技术全书 /（美）克莱尔·B. 谢弗著；王俊译 .
—上海：东华大学出版社，2021.1
书名原文：Couture Sewing Techniques, Revised and Updated
ISBN 978-7-5669-1769-0

I.①服… Ⅱ.①克… ②王… Ⅲ.①女服—服装量裁 Ⅳ.① TS941.717

中国版本图书馆 CIP 数据核字（2020）第 204605 号

合同登记号：09-2016-332

责任编辑　徐建红
装帧设计　贝　塔

服装高级定制
高级女装制作技术全书

[美] 克莱尔·B. 谢弗 著

王　俊　译

出　　　版：东华大学出版社（上海市延安西路 1882 号，200051）
出版社官网：http://dhupress.dhu.edu.cn
天猫旗舰店：http://dhdx.tmall.com
营 销 中 心：021-62193056　62373056　62379558
印　　　刷：上海盛通时代印刷有限公司
开　　　本：889mm×1194mm　1/16
印　　　张：15.25
字　　　数：530 千字
版　　　次：2021 年 1 月第 1 版
印　　　次：2024 年 7 月第 2 次印刷
书　　　号：ISBN 978-7-5669-1769-0
定　　　价：99.80 元

目 录

前言

　　本书介绍高级定制时装工作室的高级定制技术，可以帮助从事服装高级定制的设计与制作人员更好地理解服装结构，学会试衣调整，进而解决服装制作中的很多问题。同时，这些技术也可以应用于其他各类服装设计与面料设计。因而，本书对各类服装设计与制作专业人员均有参考使用价值。

　　本书分为两部分。前5章介绍了高级定制时装的世界及其与高级成衣的关系、高级定制的基本技巧、基本技术之间的差异，建议读者先阅读这些章节。后7章着重介绍了这些技术在服装设计与制作中的应用，其中第11章"结合面料的设计"描述了如何在设计中运用特殊面料。

　　由于之前版本中的许多图片已经无法使用，因此这一版本的很多图片是从不同博物馆新选的，同时还有一些图片是由本人收藏的服装拍摄而成的。

　　书中标注的尺寸仅用于示范指导，在实际缝制时，服装设计与制作人员可以根据实际情况和需要调整尺寸。

　　本书不仅是一本包罗了服装高级定制所有技术的实用指南，而且还可以帮助服装设计与制作人员拓宽思路，在实践中有效地应用这些技术。书中介绍的绝大部分技术具有很高的实用价值，这些技术不仅容易掌握，而且可以应用于各种不同的设计中。

克莱尔·B.谢弗

第一部分

服装高级定制基础知识

这款艳丽的长裙是艾·玛格宁的客户沙龙于1948年为其经理摩恩女士制作的。显然这款裙子受到1947年迪奥新风貌的影响，设计非常巧妙，丝绸薄纱边缘成为其点睛之笔（图片由肯·豪伊拍摄）

高级定制时装的世界

　　1991年1月的巴黎，天气非常寒冷，笔者赴巴黎观摩为期一周的高级定制时装秀。尽管多年来笔者参观过许多高级时装工作室，但观看时装秀还是第一次，因此充满期待。笔者很快发现，每场时装秀所呈现的设计都是独一无二的，所有的一切是如此奢华、令人兴奋。这些时装非常华丽，尽管其中有些只适合T台展示，但这些高定时装将引领新一季的时尚潮流。在法语中，Haute Couture的字面意思是"高水平的缝纫"，但翻译成"高级定制时装"应该更为精准。虽然巴黎T台上展示的这些昂贵的高级时装对大多数人而言根本无力购买，但其在风格、色彩和配饰等各个方面对世界女装行业产生了巨大影响。对于那些具有消费能力的女性而言，高级定制时装意味着最漂亮的衣服。对于手工缝纫爱好者来说，高级定制具有特殊意义。读者可能会惊讶地发现，自己竟然能在家里完美地使用高级定制工作室所运用的大部分工艺。

这款长裙是笔者为《时装样板》（*Vogue Pattern*）杂志设计的，灵感来自于拉罗什。这款长裙面料采用羊毛织锦缎，以斜裁的方式制作，其后中部位有道接缝，为了优化分割形式，垂直和水平方向上均设有省道。右侧是坯布样衣，用于调整与优化样板，确定最佳制作工艺（图片由肯·豪伊拍摄）

高级定制于19世纪中期起源于巴黎，查尔斯·弗雷德里克·沃斯在其《高级定制简史》一书中将高级定制时装定义为一种古老而又精准的传统手工制作服装。高级定制时装的工艺非常复杂，每件时装的制作都采用定制裁剪、调整，甚至专门针对个人进行设计。整个过程包括许多步骤，涉及设计师、助理、试衣工和缝纫技师等许多专业人士。

如今，尽管罗马有许多优秀的女装设计师，但高级时装定制的中心仍然在巴黎，那里有大量的支撑产业，包括技术精湛的定制工作室以及专门从事手工刺绣、串珠、羽毛制作、编织、织花和定制配饰的手工艺工作者。在法国，高级定制处于法国时装管理机构——巴黎时装工会的严格管控之下。高级定制时装这一术语仅限于符合该机构严格规则的成员使用。2010年春夏高级时装的成员名单包括法国本土成员（艾德琳·安德烈、安妮·瓦莱丽·哈希、香奈儿、克里斯汀·迪奥、克里斯汀·拉克鲁瓦、多米尼克·茜罗、弗兰克·索尔比耶、纪梵希、让·保罗·戈尔捷、毛里齐奥·加兰特、史蒂芬·罗兰），还包括5名外国成员，以及另外14名嘉宾成员等。迄今为止，设计师仍然将能够被列入此名单视为最高荣誉。

若要被称为高级定制时装屋，或者在广告语及其他渠道中使用"高级定制"一词，条件非常严格，包括：必须是巴黎时装工会成员之一；专为私人客户设计定制时装，制作过程中至少包含一次试衣；在巴黎设有工作室，常年雇有至少15名专职人员；每年参加1月春夏和7月秋冬的巴黎时装发布会；每次发布作品不少于35套，其中包括日装和晚装；并且在各自的时装屋内向潜在客户展示设计作品。

巴黎时装工会对高级定制时装屋的条件相当严苛，以至于雷纳托·巴莱斯特拉时装、加蒂诺尼时装、罗密欧·吉利和萨利时装等意大利著名时装屋都被排除在外。有些历史悠久的法国高级时装屋，虽然工作室地点在巴黎，但由于未能展示其系列作品，也被排除在高级定制时装屋范畴之外。

这款带有细褶的针织羊绒衫以其简洁特色成为永恒的经典（图片由肯·豪伊拍摄，沙杜·拉尔夫·鲁奇与凤凰城博物馆藏品）

曼·波切尔是唯一在巴黎开设高级定制屋的美国设计师。为此，曼·波切尔采用法式发音，将自己的名字改为曼波切尔。这款看来有点过时的露肩加鱼骨婚纱是曼波切尔于1934年设计创作的（图片由大卫·阿基拍摄，纽约城市博物馆藏品）

级定制屋都竭尽全力，追求这一目标。例如，前几年笔者曾参观英国设计师哈代艾米的工作室，当时他的员工们刚刚为客户修改了一条裙子，原因是客户觉得裙长短了大约2.5cm。那是一款以褶裥为特色的不对称设计黑色天鹅绒长裙，左肩缝处插入一条10cm宽的塔夫绸褶裥，向下弯曲延伸至右侧缝，在裙摆上方约10cm处收口。由于这条裙子下摆的贴边很宽，可以放开贴边，所以要增加裙长很简单。不过，如果按客户的要求加长裙子，会破坏褶裥的宽度和长度的比例。工作人员并未破坏设计，而是决定降低接缝的位置，即重新裁剪一个前片，这样就能让褶裥正好在裙摆上方10cm处收口。

精致的面料能为高级定制时装增光添彩。高级定制时装所使用的是最好的面料，有些面料价格为每米数百美元，有些甚至高达1 000美元以上。大部分面料是天然纤维制成的，有些面料还添加了银丝线。为了制作出特殊效果，有些时装设计师会使用金属、塑料和人造纤维。在20世纪60年代，设计师们尝试以聚酯纤维面料等新材料制作时装。参见第12章，第214页香奈儿为迈拉设计的一款聚酯纤维面料裙装。

高级定制时装为何如此昂贵？

高级定制时装究竟有何特别之处？为何简简单单的日常长裙价格区间竟在8 000~20 000美元，套装从10 000~50 000美元不等，晚礼服从15 000~500 000美元不等？其中原因很多，最重要的因素是其卓越的品质、独特的面料、完美的设计、合体的剪裁、精湛的工艺，以及所消耗的时间与精力。

高级定制时装从创新设计开始，这种创新是设计师理解和诠释时尚世界的能力。无论是古典风格还是夸张风格，高级定制时装的设计在比例、平衡、色彩和质感等方面都体现出其独特性。

高级定制时装不仅要保持设计的完整性，还会根据客户形象和个人偏好对设计加以调整，由此构成一种巧妙的平衡。几乎所有高

是由时装设计师或面料设计师设计的。有些高定设计师会和面料商合作共同开发新面料，如1958年亚伯拉罕公司面料设计部为巴伦夏嘉设计的提花面料（见下图）和1947年比安奇尼费雷尔公司为迪奥设计的真丝印花面料（见第12章220页的照片），这些面料至今仍得到广泛使用。当然，也有许多其他面料已经找不到原版了。

1919年，香奈儿第一次展示了用林顿面料设计的系列作品，从此开始了和面料商林顿·特威兹间的长期合作，并且延续至今。香奈儿套装采用的林顿面料通常是羊毛和马海毛混纺的，也有丙烯酸、金属、花式纱线，甚至是玻璃纸。香奈儿品牌会选择15~40种独家定制图案，由林顿公司织造6~8m面料样，用于制作T台秀样衣。林顿会制作特别的面料织边，可以根据需求在面料中加入高档纱线，或提供相配的纱线与窄饰边。

这款"天鹅"礼服于1954年由查尔斯·詹姆士制作。服装中加入了不少鱼骨作为支撑，结合低腰线设计。这是一种典型的高级定制设计，只适合时装主人的身材体型，其他人士根本无法穿着

巴伦夏嘉、伊夫·圣洛朗和纪梵希的设计作品使用昂贵的面料作为里布或衬布，初看起来似乎有些浪费，但是仔细观察后会发现并非如此，因为在穿着者穿脱衣服时，这些衣服的衬里看上去同样光鲜亮丽。

许多印花面料有专门的定制图案，可以采用不同的配色方案，这些同款不同色的面料

这款服装由巴伦夏嘉于20世纪50年代制作，该款式以简洁的线条彰显面料的与众不同。凸纹提花面料闪闪发光，看起来如同饰有金属片般。整件服装不惜工本，里布也采用本身面料制作

工作室

在高定工作室，为了让特殊设计获得特别效果，有时会对带有图案的面料进行分割、重新排列，再进行缝制（如第208页的香奈儿上衣）。这个过程通常是将面料上的色块重新排列成条纹，或者是在服装面料的空白部位加贴图案。笔者见过工作室再创造的全新面料，比如一件红蓝相间的香奈儿衬衫，是通过将红色和蓝色面料裁剪成窄条并重新缝合而成的，这种面料再造比较简单。另外还有非常复杂的面料再造，比如在瓦伦蒂诺工作室定制的结婚礼服面料非常特殊，上面有粉色和白色的菱形花纹，完全覆盖了纱裙，这是由四名工人花了四周时间完成的。

也可以定做纽扣和服装饰边。银色钩编饰边的辫带，用再绣方法构成线绣。纽扣的种类繁多，沃斯式的面料加风格前卫的夏帕瑞丽式刺绣面料包纽，设计异想天开，比如塑料的蝉或陶瓷的空中飞人，还有香奈儿简洁的双C镀金设计或华丽的茶花扣。

除了使用高质量的服装饰边，试衣也是高级定制时装的重要组成部分。一件完美的高级定制时装应精准合体，比合身更重要的是应根据客户的身材特征调整服装。例如，对于不匀称的身材，一侧的衣领、口袋与肩缝可能需要稍微窄点；对于丰满的身材，为了创造出最美的线条，必要时可以调整垂直分割线的位置；而对于矮小的身材，除了腰围与下摆，所有水平分割线都应加以调整。

客户的体型会影响服装的装饰方式。在一件带有刺绣或珠片装饰的服装上，应根据客户的身材按比例放大或缩小装饰图案，这样可以避免出现图案过小或者过大的情况。

手工艺

作为高级定制时装的精髓，完美的手工艺应从最初的面料剪裁开始。可以借助坯布样板或布样，充分考虑每件衣服的所有设计因素，比如不仅要对齐面料的条格，还要考虑客户的体型，开口部位的花型元素也要相互对应。因此在裁剪面料时，必须反复检查，对于西装和两件套的设计，从颈部到下摆的面料图案必须连续不断，形成一个整体。（下接P17）

1948年，充满传奇色彩的迪奥用真丝塔夫绸面料在模特身上立裁，完成一件设计作品。根据迪奥身边的工作伙伴玛格丽特回忆：他先完成手绘草图，然后工场开始用样料制作第一件样衣

高级定制时装简史

1852年，当拿破仑建立第二帝国时，法国时尚界被公认为世界上最重要的时尚领袖。大约在同一时期，当时著名的巴黎人（Parisian）面料商店的销售助理，一位名叫查尔斯·弗雷德里克·沃斯的英国人说服雇主开设了新部门，并且和一些裁缝共同工作。他

将面料知识与服装制作技能相结合，凭借自己在推广方面的才能，很快在在巴黎裁缝界确立了独一无二的地位。他的每件作品都采用格里埃林（Gagelin）面料制作，将设计与面料紧密结合，再配合精致的做工，以此与其他普通裁缝形成鲜明的区别，他也因此成为"高级定制时装"的鼻祖——这句话引自1863年一位美国客户默尔顿女士所言。

沃斯高级定制店

1858年，沃斯与合作伙伴创建了自己的高级定制屋。在两年内，他获得了法国时尚女皇欧格尼的赞助，她是当时最重要的时尚领袖之一。沃斯首创高级定制时装风格，并以真人模特展示每季系列时装设计。沃斯于1868年建立了"法国时装工会"，管理法国时装业。

沃斯是首位能把握好面料与设计之间关系的人。他根据面料的丝缕裁剪服装，并且使用了批量化生产的概念——以可互换的、模板化的部件来创造各种不同的设计。但他所做的最令自己满意的时尚变革是摒弃了"裙笼"或箍裙，制

作出更舒适的廓型。

1870年的普法战争推翻了第二帝国，欧格尼被流放，沃斯失去了最重要的客户。但巴黎仍然是国际时尚中心，时尚变得更趋市场化，沃斯继续为那些富有并爱展示自身魅力的女性客户设计时装。

沃斯早期的设计灵感来自于中世纪晚期与文艺复兴时期的设计。那些长裙柔软、宽松，只有简单装饰、没有束身衣。这类审美趋势在19世纪80年代达到顶峰。

美好时代

随着"美好时代"的来临，首位重要的女性设计师帕克契夫人于1891年建立了高级定制时装屋。尽管帕克契夫人以迷人的晚礼服、精湛的工艺和创新的材料而闻名，但她仍然是一位现实的设计师。她推出的时装设计适合日常穿着，即使是在非正式场合也不失优雅。她是第一位将模特送去参加郎香赛马，以此将自己的设计公开化的法国设计师；也是首位设立自己高级定制时装屋国际分支机构的设计师。

这款真丝天鹅绒与绸缎搭配的长裙由珍妮·帕奎因设计，其创意设计使这款服装成为午后长裙与晚宴礼服两相宜之作（芝加哥历史博物馆藏品）

卡洛姐妹时装屋以制作正式晚装见长，其产品做工细腻，裁剪精良，刺绣精致（图片由史蒂芬·布特尔拍摄，纽约城市博物馆藏品，罗伯特·史蒂芬女士和科尼利厄斯·范德比尔特女士的赠品）

变革时期

20世纪来临之际，女性仍然被紧紧束缚在精心设计的紧身胸衣和装饰华丽的服饰中，而时尚界已经为变革做好了准备。在时装设计的现代化过程中，保罗·波烈于1907年推出了直身廓型，在20世纪相当长的时间里，这种风格主导了时尚。他的新设计采用高腰线，呈简洁的管状，这成为胸罩的雏形。

波烈是第一位与劳尔·杜飞等艺术家合作的设计师，劳尔·杜飞创造了大胆、色彩鲜明、充满异国情调的新时尚，与其板型相比，其装饰更有特色。

另一位设计师玛德琳·维奥内特在1907年展示了她前卫的设计创意，当时她正为法国设计师雅克·杜塞工作，这是20世纪初沃斯高定时装屋的主要竞争对手之一。维奥内特的设计采用斜裁并去除了紧身胸衣，服装虽然看上去简单，实则很复杂。

战争期间，各种商品开始大批量工业化生产，很多女性进入了劳动市场。尽管奥地利、德国、巴尔干半岛和俄罗斯宫廷的高定客户已经消失，但这些高级定制时装公司在战后仍得到了蓬勃发展，他们为法国和国外富有而又时尚的女性设计更简洁、市场化的时装。当时，零售商买走了绝大部分的设计，投入大规模的批量化工业生产，而许多高级定制屋则以手工定制为特色。

20世纪20年代，"男孩风"成为主要的流行趋势，保罗·波烈和可可·香奈儿将这种风格注入高级定制时装。受运动装的启发，保罗·波烈发明了V领毛衣和短褶裙，他是第一个以字母作为设计元素的人。受香奈儿影响，她那些富有客户放弃了传统的绸缎与蕾丝裙装，转向休闲风格的羊毛针织开衫。

这款为1919年先锋派高级定制成衣。采用双面羊毛面料，其表面接缝采用暗缝制作

这款1922年的维奥内特不对称设计采用斜裁工艺，其面料采用数层真丝绉纱与乔其纱，以金属丝作为饰边

新风貌

战后的女装几乎毫无变化，直至克里斯汀·迪奥于1947年第一次推出他的设计系列。时尚杂志编辑卡梅尔斯诺推荐了这款名为"新风貌"的迪奥时装，其设计特点是长裙、蜂腰和窄肩。受以往"美好时代"的影响，迪奥的设计废弃了令人厌倦的制服式样，回归女性气质。这是令人兴奋的时尚创举，同时让整个时装行业得以复苏。

20世纪50年代的繁荣，使得高级定制时装继续蓬勃发展。皮埃尔·巴尔曼创造了华丽的舞会礼服；雅克·法斯则推出了彩色的婚纱；纪梵希推出了上下分体的高级时装。20世纪50年代初，巴伦夏嘉推出了"宽松式时装"，这是种宽大的廓型。到20世纪50年代中期，许多设计师都在绕开腰部进行设计，著名作品是伊夫·圣洛朗的空中飞人裙，这是他于1958年首次为迪奥设计的系列作品，由此揭开了新的宽松廓型的序幕。但这种风格的成功，再加上20世纪60年代的时尚和面料的发展，对高级定制女装产生毁灭性的影响。

20世纪60年代中期，受

1929年，华尔街爆发的经济危机突然终结了繁荣兴旺的20年代。当时美国提高了时装设计的进口关税，许多高定时装屋开始为零售商和制造商销售和设计服装，以此免税进入美国市场。20世纪30年代，时尚界再次出现了巨大变化。意大利出生的设计师伊尔莎·斯奇培尔莉以独特的色彩组合创造了新颖的时装。斯奇培尔莉以其时尚与创意闻名遐迩，其"斯奇培尔莉"风格元素通常来自达利与科克托等艺术家。她创造了长礼服和宽松的晚礼服，还受到男式制服的启发，推出了宽肩、方正的时装廓型。这种时尚一直从1933年流行到40年代末。

1940年德国入侵法国后，许多时装公司纷纷关闭，有些时装公司搬迁到了美国，继续推出小型的系列时装。

在战争年代，吉尔伯特·艾德里安、艾琳、让路易斯、查尔斯·詹姆士、瓦伦蒂诺、克莱尔·麦卡戴尔等美国设计师相继推出了美国风格的时装。相比传统的欧洲风格时装，这类款式更年轻、更积极。

到嬉皮运动的宽松时尚的启发，时装潮流的风格变得更加松散、甚至随意。随着胸罩和紧身轮廓的消失，来自巴黎的时尚潮流更容易被各种不同价位的服装模仿和复制。高级定制时装有史以来第一次失去了领先优势，许多高级定制时装屋设计师尝试推出高级成衣，即奢侈品成衣系列。1959年，皮尔·卡丹第一个进行尝试，但他也因此被暂时赶出了之前就职的高级定制公司。

到1975年，奢侈品成衣已成为一个重要的产业。不幸的是，新的奢侈品成衣的成功是以牺牲传统高级定制时装为代价的。奢侈品成衣已经很容易买到，这意味着零售商和制造商不再需要购买高定作品与设计用以复制相关产品了。

"我"的十年

20世纪70年代是一个选择丰富的年代，因此作家汤姆·沃尔夫将其称为"我的十年"。这个时期的时尚是浪漫的、个人主义的、非结构化的，夸张地诠释着俄罗斯、中国、非洲、印度和吉普赛主题，同时，20世纪20年代、30年代和40年代的"复古"风格并存。这十年也被裤装所主宰——从极短的热裤、斯特瓦普喇叭裤到伊夫·圣洛朗的女裤套装。

蓬勃的20世纪80年代

20世纪80年代，英国举办了一场举世瞩目的皇室婚礼。中东地区的汽油、美元、华丽的里根时代，以及来自日本的新客户为高级时装业注入了大量资金；还有年轻顾客对高级时装的兴趣，也带来了大批资金。卡尔·拉格斐受雇于香奈儿，推动了香奈儿风格的现代化，时装公司得以复苏。克里斯汀·拉克鲁瓦以其创新重振了帕图高定时装屋，随后又树立了自己的独立品牌。

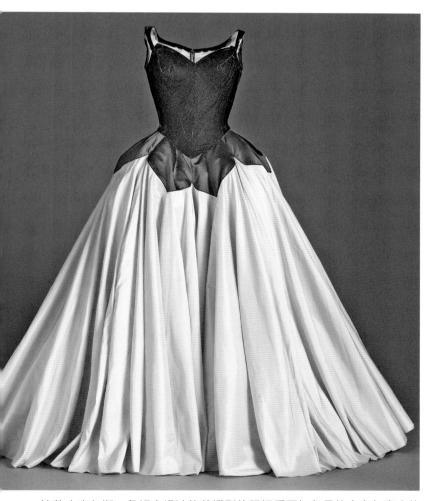

这款由查尔斯·詹姆士设计的花瓣型礼服裙采用加鱼骨的衣身与宽大的下摆，面料为黑色丝绒与真丝塔夫塔，由数层形状各异的底裙支撑起近25米的裙摆

伊夫·圣洛朗完善了其经典风格。皮尔·卡丹继续以几何图形为灵感，在丰富的幻想中发展未来主义。纪梵希和瓦伦蒂诺创造的奢侈品十分优雅，深受客户喜爱。

当代高级定制时装

珠宝已经成为当今时尚界皇冠上的明珠，而高级定制时装似乎已成为昨日黄花。20世纪40年代和50年代，高级定制时装达到巅峰，其销售额成为当时大型设计公司的主要收入来源。到20世纪90年代，高级定制时装在很大程度上被奢侈品成衣所取代，这种成衣在美国通常被称为定制时

装。当时真正意义上的高级定制时装客户的数量已经减少到大约2 000人，定期购买高级定制时装的女性可能只有几百名。高级定制时装公司的数量已经从1993年第一次世界大战之后的53家降至21家，到2010年，仅余下11家，纪梵希、温加罗和巴尔曼等许多高级定制时装公司已经停止生产高级定制时装系列。如今，高级定制服装被视为拉动火车的引擎，因为最成功的高定时装屋会为成衣、化妆品、时装和家居用品、巧克力甚至汽车内饰带来丰厚的利润。例如，卡丹时装屋在94个国家拥有840个授权证书，其中包括一个用于汽车轮胎的授权证书。尽管背后有更大更有利可图的商业运作支撑，高级定制仍然只是少数创意人士和一小群技师追求的一种艺术形式。无论是经典风格，还是另类风格，高定工作室的设计在整个工业化世界中始终影响着女性的时尚。

1959年，皮尔·卡丹因推出了高级成衣系列而被驱逐出了香柏。在他复职之后，其太空时代风格设计成为时尚潮流，并且流行了好几年。这款长裙采用厚双面针织面料制作

拉尔夫鲁奇是一位擅长简洁风格的大师。这款2010年的设计作品以斜裁为特色，采用缎纹面料，搭配针织开衫，开衫的边缘处饰有玻璃珠管

在制作过程中，大部分缝制工作由手工制作完成。先用粗缝线将服装各层面料暂时缝合起来，然后请客户试穿或在人台上试衣，完成手工或车缝制作后再进行熨烫定型。随后拆除所有的粗缝线，这样就可以进行下一步制作。如此反复多次，面料必须经过精心处理，直到衣服完成。有些服装完全依靠手工缝制。这些套装与衬衣的制作虽然看起来简简单单，实际上需要投入大量的时间和精力。

高级定制时装与高级成衣之间最大的差异是手工制作工艺。高级成衣的女装衬衣价格为200美元，晚礼服的价格为30 000美元。高级成衣采用高品质面料制作，在世界各地的高档商店和精品店销售，每款设计会在由专业工人组成的流水线上，以车缝的方式制作数百件产品。阿玛尼、拉夫·劳伦、奥斯卡·德拉伦塔或范思哲等品牌的高级成衣几乎很少用手工制作。尽管如此，这些服装仍很漂亮，服装后道工序品质优良，缝份部位被里布完全遮盖。

时装系列作品创作

每年的1月和7月，每间高级定制时装屋都会花费数百万美元来展示其系列作品。以前，这些高定时装秀主要是在高级时装沙龙采用静态展览，如今与灯光、音乐搭配，时装秀变成了表演。时装秀可以吸引1 500多名媒体人到访巴黎，这些表演的推广与宣传对设计师十分重要。在1月与7月成为头条新闻的最成功的设计作品会成为各种不同档次服装模仿与复制的对象。作为女性时装的实验室，高定产业对女性着装产生了重大影响。一个时装系列经常围绕一个主题，比如某个主要的艺术展览，某个异国度假胜地，或某个历史时期的时尚。整个系列包括日常装、裙套装（偶尔也有裤装）、晚装以及礼服。其中，有些设计是为了迎合那些年长且体型发福的女性客户，主要体现穿着者

的舒适性；有些设计是为了吸引媒体关注与推广时装屋，表现奇特夸张。

高定时装系列设计

高定时装工作室第一个阶段的工作通常始于时装发布会前几个月。时装设计师的设计先从面料或服装廓型开始，必须做到两者兼顾，因为某种面料的综合特征，包括其厚度、肌理、质地与手感（面料是硬挺还是柔软），可能只适合某类廓型，而不适合其他廓型。如果设计师考虑的是夸张的外观，那么很可能会选择一种硬挺、紧密的面料。

这幅名为"墨西哥"的设计稿是迪奥为1953年春夏系列创作的。该设计的实样见第220页

另一方面，如果设计师使用柔软的面料，设计效果会更有垂感，线条贴合人体。西班牙设计师巴伦夏嘉擅长挖掘面料的潜在特性（见第6页）。

面料进入工场后，高定设计师会将面料置于人台上，观察其不同方向的丝缕特性，包括直丝缕、横丝缕与斜丝缕的不同特点，然后根据这些特点绘制数百张设计草图。由于无法将所有设计草图都制作成样衣，因此必须从中选择最佳设计，并根据系列的重点进行调整。这一步骤通常在设计助理与资深样衣技师的帮助下完成，资深样衣技师是工作室里最受尊重的技术负责人。最后，将设计草图发到制作工场。

裁剪制作工场

根据高定设计师所设计的不同服装类型，将设计草图分发到"硬挺类产品"的制作工场（制作套装类服装）或"柔软类产品"制作工场（制作长裙类服装）。前者制作的产品比后者的结构性更强，通常裁剪羊毛面料，通过面料的归拔工艺制作造型（见第64页），服装的内部结构采用衬布与垫布作为支撑材料。

一些高定时装屋会有两间不同的裁缝制作工场：一间侧重于定制男装设计，其使用的面料的特性，包括质地、肌理与厚度等适于制作男装；另一间工场侧重于使用柔软的羊毛制品，如马海毛、雪尼尔绒等材料制作长裙等款式。

在柔软产品制作工场里，许多礼服、长裙、女式衬衣等都采用车缝制作，主要采用丝绸面料。工作室在用这些富有悬垂感的面料时，大多将面料置于人台上，在面料的正面制作与处理悬垂的褶皱效果，事先用珠针固定后再进行缝制。有些设计没有内部结构，完全依靠身体产生造型（见第14页维奥内特斜裁设

计）。有些设计，如查尔斯·詹姆士设计的长裙（见第15页），可能需要依靠内部结构的支撑。

资深样衣技师在与时装设计师讨论后，确定具体制作布样与初始样的人手。通常最初的布样是由一批技能全面、经验丰富的样衣制作技师完成制作。然后，根据设计的特点选择不同厚度的坯布制作布样，并做出样板。根据设计的复杂程度不同，整个过程可能需要投入4~8小时。

尽管坯布样只是整个制作过程中一个中间环节，但其重要性决不可被轻视，有时甚至连扣眼与别针也不能忽视。在修改过程中，坯布样被置于人台上反复粗缝修正再粗缝，这样不断调整直到达到满意的效果为止。

在纽约斯如思的工场里，一名技师正在粗缝下摆。请注意：整件服装置于桌面上，而手持的仅为其中一部分

这款经典的晚装长裙由纽约设计师瓦伦蒂娜设计，采用真丝天鹅绒面料制作，为了产生良好的悬垂感，服装采用斜丝缕裁剪，但不是完全45°的斜丝缕

一旦布样得到认可，设计师就会再次检查所选面料，确保其确实适用于设计。然后将布样拆开并熨烫平整，用于制作服装样板。在将面料裁剪并标记后（见第48页），粗缝好样衣以备首次人台试衣。然后根据需要修改和纠正，通常会有两到三次试衣调整，直到设计师对结果满意为止。为了节省时间，会采用机器锁边、装拉链等方法完成这些样衣。通常定制的衣服一定会加里布衬。最后，由时装设计师或其助手挑选珠宝、帽子和鞋子等饰物。完成的设计将列入产品手册中。

订购高级定制时装

如果有客户是第一次购买高定时装，最理想的时间是每年2月或9月，即时装秀期间，这时可以观看各种时装秀，时装秀结束后会向媒体展示所有时装。如果时装秀期间客户不方便到场，可以换个时间去观看另一场秀或时装秀录像带。

客户观看时装秀前应先和时装沙龙主管预约，也可以在到达巴黎后，要求酒店人员联系主管。如果客户有朋友在某个高定时装屋里购物，她可能会向客户推荐自己熟悉的（时装沙龙）客服人员；如果没有，沙龙将随机分配客服人员。除非客户要求换人，否则该业务员就会长期负责该客户的销售业务。随着彼此双方不断深入了解，客服将根据客户的生活方式和身材选择合适的时装，并就客户如何安排日常服饰搭配提供专业的建议。事实上许多客服深受客户信任，一些客户会直接让客服帮自己选择衣服。不必担心语言的问题，因为大部分的销售人员都讲一口流利的英语。

如果客户在时装秀前稍早到达，则可以浏览时装店。在那里可以看到奢华的成衣系列、内衣、配饰，以及一些家居装饰用品。在时装秀接待处，客户能见到自己的客服，并由客服带至自己的座位。在时装秀中，客户可以留意自己感兴趣的设计作品，如果想亲身尝试一下，可以再多等一天，预约试衣。

高级定制时装与高级成衣	
高级定制时装	**高级成衣**
不在商店销售	在商店或专卖店销售
限量发售，必须事先预订	购买现成的服装
没有陈列展示	有陈列展示
根据特定客户定制	根据目标客户群设计
限量设计 有一两件复制品	批量、标准化制作
设计仅针对一位特定客户 设计仅适用于某位特定客户	适合更多客户，能适合不同的体型、规格 有特定的价格区间，反映制造商的市场定位
客户可以挑选不同的面料与色彩	客户无法影响设计，无法选择面料
高档面料 限量制作产品 限量发售 面料有时是定制的 高定设计师与面料商共同设计定制面料	高品质面料 面料色彩与图案由设计师选择 面料由面料厂设计
可以根据特定客户的特点设计刺绣花型	无法按服装大小调整绣花图案
可以根据客户个人比例特点设计	设计根据目标客户群实施 根据大中小号体型缩放样板
可以根据客户体型的不对称加以调整设计	对称结构
根据客户的订单进行裁剪	根据零售商的订单裁剪
样板采用坯布立体裁剪的方式完成	采用平面制板方式制作样板
采用客户试衣或人台试衣	根据模特或者人台进行试衣
制作工艺	
手工制作与缝制	大批量生产，基本无手工制作工序
用手工粗缝标出所有的接缝、褶裥等细节	样板制作精确，服装缝合时所有边缘长短相符
缝份较宽，无特别精确要求 不同部位的缝份宽窄有变化	标准缝份 所有缝份宽度为1cm，便于快速与精确缝制

高级定制时装与高级成衣（续表）

高级定制时装	高级成衣
对位标记设置在接缝线	刀眼（对位标记）位于衣片边缘
所有接缝、省道、褶裥会在车缝前先用手工粗缝 有时会从正面粗缝，或在人台上粗缝服装	几乎不采用粗缝工艺
各层面料反面采用手工方式粗缝缝合	各层面料以正面相对的方式缝合在一起
将边缘部位的衣身面料延伸至反面作为贴边	将独立的贴边与边缘部位的衣身面料缝合在一起
采用手工回针的方式在服装反面作暗缲针	采用机缝方式完成
采用剖开或加垫布方式处理省道	所有省道向一侧烫倒
服装前身采用十字针或F标记	服装前身没有标记
长裙通常加衬裙，不用里布 外行看起来内部似乎未完成	长裙加里布
大部分下摆与缝份采用手工包缝方式，这样的处理可以保证手感柔软且不显眼	大部分缝份采用机器锁边
下摆采用手工卷边或缲边	下摆贴边窄，机器缝制
扣眼采用嵌边或是设在接缝中的方式处理	扣眼采用机器锁缝、嵌线扣眼或者接缝扣眼
揿纽通常采用面料包纽的方式制作	揿纽不采用包纽
贴袋采用手工方式与衣身缲缝在一起	贴袋采用车缝制作
腰带通常采用真丝或织带制作，用手工方式收口	腰带里布采用本身料，并以车缝收口
上装袖开衩的斜接角采用手工收口	袖开衩为斜接角
采用缝入式衬布支撑服装	采用黏合衬工艺
通常采用缝入式衬裙	通常不采用缝入式衬裙，需要另外购买衬裙
采用定型料支撑服装、保持造型，也可以减少服装的厚度	几乎不采用定型料
手工制作垫肩，有时垫肩的形状不规则	垫肩为批量制作产品

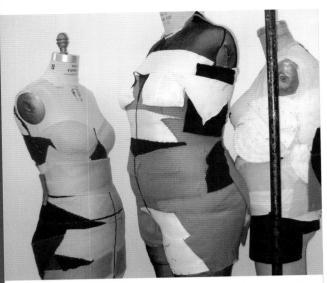

在高级定制屋中，会根据客户实际尺寸对人台加以包裹调整，在客户试衣前，时装先放在人台上进行立裁与调整

在20世纪40年代和50年代，有些客户会从同一位时装设计师那里购买全部服饰。尽管现在仍有客户会从同一位设计师那里订购整套时装，但大部分人更喜欢光顾多家定制屋。

如果你看中了某款时装，会有人引导你去试衣间试衣，一般在陈列室或模特试衣间试穿。由于这些服装是为高瘦模特量身定做的，客户可能不合身，但不用担心，客户在试穿现有产品时不需要拉合拉链，可以用珠针固定，以此了解穿着按照自己的尺寸定制的这款时装时的实际效果。如果客户喜欢，定制屋的模特会正式穿上时装，以便于客户近距离观看。你可能不习惯这样购物，担心订购了一款没有试穿过的昂贵衣服。资深客服经验丰富，而且高级定制业务主要依赖于忠诚客户，所以客服不会让你购买一款你不喜欢的设计。

客户可以根据实际情况与需求对设计提出调整意见。例如，换上不同的领口或袖子，换一种颜色或面料，要一条更长或更短的裙子，也有可能要两条裙子。客户的需求与对设计的改变程度取决于与设计师的沟通以及现有面料。只要设计的完整性没有被破坏，大多数设计师都不会介意修改设计。

大多数定制屋会要求新客户支付全部订单金额的50%作为押金。如果客户是位知名人士，可能不用支付押金，而且价格可能比其他客户更低，因为他们可以为定制屋做广告。

数据测量

客户首次定制时装时，工作室会从头到脚测量客户尺寸，总共约30个数据。这些数据会移交给负责设计的主要负责人，他们会用棉絮或羊毛毡调整人台，以复制客户的身材。调整人台时需要考虑在客户首次试衣时发现的客户偏好或其体型不规则之处。通常人台外罩坯布制成的基本样（坯布样衣），后身部位加入了拉链。

设计师会根据客户尺寸表上的数据，以坯布样衣为基础，进行初样设计。通过立体裁剪，熨烫造型、珠针固定坯布衣片等方式调整设计，直到客户感到满意与合身为止。

如果把客户的样衣与原版设计对比，会发现在剪裁上可能完全不同，即使服装表面上看起来完全相同。这是高级定制时装的迷人之处。客户的样衣是工艺技师依靠多年积累的实践经验，在没有明显改变设计的情况下，根据客户的个人特点调整过的。

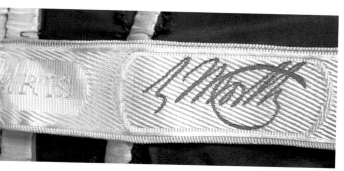

这是沃斯定制屋用于腰身或衣领部位的标签，下面通常用墨水笔书写服装编号

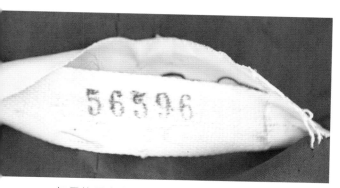

如果将香奈儿高定时装标签的反面翻出，可以看到印有编码的棉织带

裁剪完客户的时装，衣片上会用粗缝线制作标记。第一次试穿时，几乎所有的设计细节，包括褶边、拉链，有时甚至是内衬都采用手工粗缝的方式固定。

首次试穿大约安排在客户订购时装后的一周内。虽然首次试衣时的服装上标有用来调整的中心线与平衡线等线迹，但看起来依然不错，因为服装的粗缝线迹制作精致。为了能使样衣合体，业务员和设计总监或设计师，以及制作服装的技师会评估客户试穿服装的效果，并调整与修改设计。

样衣返回工作室后，会拆掉所有的接缝，将各部位的衣片平铺在桌子上。该程序是高级定制技术的一种方法。如果想要形成一个

类似的设计，在试衣时，可以在布样上做各种修改标记，以供参考。必要时可以重新裁剪、制作新的部位，以替换那些无法修改的部位。如果有刺绣、珠片或其他装饰，会在这一步中完成。通常服装的装饰部件是从巴黎一家专门从事饰品的小公司里购买的。经过调整后，在服装上添加口袋，确定正式接缝与其他款式细节。这些部件在以后的试衣中不需要再做调整。

在二次试衣时，应检查合体性与垂感是否合适，并进行一些细微的调整，这时设计正式完成。如果设计非常复杂，或者试衣效果不理想，可能需要增加额外的试衣。

有些带有大量装饰的时装可能需要几个月才能制作完成，大多数时装在两到三周内就能完工，对于特殊客户而言，有时可以在更短的时间内完成。

当时装完成后，会让客户进行最终试衣。如无需再次调整，就可以缝商标标签。如果在最终试衣前加入标签，会被看成背运的事情。迪奥的定制屋会将日期、制作编号（根据高定屋生产服装的累计数量）印在标签上。许多高定屋会将数字以手写的方式写在棉织带上。最后，这款时装会录入销售手册，然后仔细打包并交付到客户入住的酒店或送货上门。

大多数定制屋为客户提供的新时装都是高品质产品，由此带给客户的喜悦与满足感不言而喻。如果颜色出现错误，即使错误是由客户造成的，也可以退货。如果客户体型与体重出现变化，服装也可以修改且不需要额外收费。但如果客户想要重新设计，那就需要付费了。

2

手工缝纫艺术

　　在高级定制服装制作过程中会使用大量起到暂时固定作用的手工缝线，手工缝线同样也会用于最终服装的制作。当人们参观高定工场时，就会看见技师坐在桌前用手工制作而不是用缝纫机车缝。实际上，高定工场很少用车缝。

　　手工缝纫有许多优点，最大优点是能在处理面料时控制服装造型。用手工能在服装正面进行毫不显眼的缝制，或在那些过于窄小而使缝纫机无法处理的地方进行缝制，即使是在必须拆除的情况下，手工缝线对面料的损伤也远比车缝来得小。

这款真丝雪纺女式衬衣由香奈儿设计于20世纪30年代。这些塔克线与蕾丝拼接都是用手工缝制的。这款衬衣衣身部位用肉色真丝雪纺制作衬底，其前身上胸部造型的省道转化为连接蕾丝与雪纺的接缝。袖山顶部的蕾丝巧妙地掩盖住袖窿部位的包缝线，而袖底与肩缝的来去缝是用细小的手工平针缝制的

手工针与缝线

手工针有各种不同的类型与规格。手工针的种类因其长度、规格、针眼，以及其针尖的钝锐而异，制作服装用的手工针规格在1~18号之间，制作毛毯与穿纱用的缝针其规格在14~26号之间，针号越大针越细小。

长针用于一次挑缝多针或是制作大针距的标记线，以及间距不均匀的粗缝。常规缝纫要用细小的缝针，包括小针距粗缝、制作下摆与收口缝纫。

细小的缝针适用于缝制轻薄型与中厚型的面料，粗大的缝针则用于缝制厚重的面料，椭圆与长孔针眼的缝针便于穿线，适用于较粗的缝线。为了防止手工针生锈，应尽量用原包装或用面料包裹保存。

手工针可用形状如草莓的金刚砂袋来打磨，只需在袋中将缝针来回摩擦几次即可。但如果将缝针长期置于砂袋中针易生锈。

顶针是高定缝纫中的必备工具，它不仅可以保护手指，还可以使手工缝纫变得更利落、更快速。顶针有两种，一种是一端开口的顶针，一种是环形顶针，两种顶针的用途是一样的，区别在于其使用在不同类型的工场。

缝线有各种不同的规格，适用于不同的纱线（详见下页缝纫线类型与用途）。缝线有捻度，从开口一端延伸向线球，在手工缝纫时缝线的捻度会导致缝线打结与缠绕。

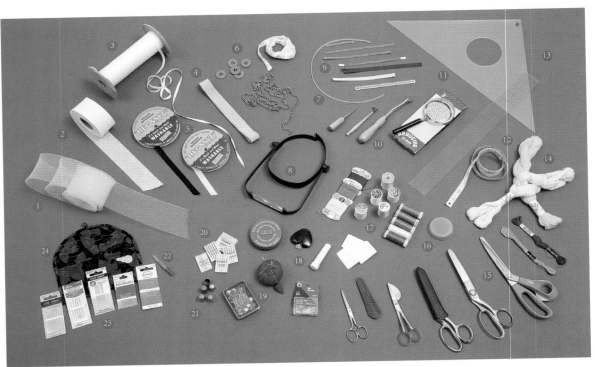

（1）毛鬃衬布条（2）平纹牵带（3）固定牵带（4）罗纹缎带（5）接缝牵带（6）重片（7）螺旋鱼骨（8）放大器（9）鱼骨定型料（10）滚轮（11）缩小镜（12）测量尺（13）三角尺（14）粗缝纱线（15）剪刀（16）蜂蜡（17）缝纫线（18）划粉（19）珠针（20）车缝针（21）顶针（22）拆线器（23）手工针（24）针插

缝纫线类型与用途

类型	特点	用途
通用缝纫线	通用缝纫线适于手工与车缝，常为丝光线，可能会褪色	缝下摆，钉缝垫肩，粗缝拉链、扣柄、棉布上的扣眼，车缝
粗缝线，成股装的棉线，绣花线	捻度不强，较柔软，缝纫时缝线不突出，不易在面料表面留下痕迹	定制中作为标记线用，手工粗缝
普通涤棉包芯线	通用缝线，强度高于丝光线	手工与车缝通用的缝纫线
精制涤棉包芯线	强度高，通用缝线	用于薄型面料的车缝与手工缝纫
车缝用绣花线	用于缝制薄型面料的通用缝线，比丝光棉线更有光泽	在薄型面料上手工缝制或车缝扣眼
全棉蜡光线	强度高，易拉出；熨烫后会在面料上留下印痕	粗缝，制作标记线，抽褶
丝光棉线	手工与车缝通用的缝线，可能会褪色或被染色	粗缝，制作标记线，抽褶
涤纶线	通用缝纫线，适用于各种不同的面料	适用于车缝化纤面料
锁边线	细线	适用于毛边收口，制作薄型化纤面料的接缝
粗缝丝线	非常细，熨烫后不会留下印痕	明线粗缝，下摆卷边以及雪纺面料的车缝
扣眼真丝线	粗丝线	适用于中厚面料扣眼的制作，缝扣柄
真丝里布与绣花用线	中粗线，近似于扣眼丝线，强度更大	薄型与中厚型面料扣眼制作，车缝明线与线袢，缝扣柄
车缝用真丝线	中粗线，多功能	手工与车缝
明线	涤纶粗线，比扣眼真丝线更硬	缉明线，制作扣眼，钉扣

手工针穿线是从线筒上拉出线头穿过针孔，然后将线尾打结。

用于手缝制作时，应将缝线在蜂蜡上来回拉几次，然后熨烫。熨烫可以提高缝线强度，还可以防止缝线打结或松散开，并避免蜂蜡污损面料。粗缝时不能用蜡光线，以免熨烫面料时留下污迹。

在高定工场中，缝纫线的选择取决于很多方面，例如：是手缝还是车缝；是用于暂时固定还是正式固定；是装饰性需要还是功能性用处（服装不同部件的缝合）；面料的质地和缝制需要的强度；缝纫技师的个人偏好等。

开始与结束

大部分手工缝纫是坐着进行的。开始手缝之前，应在起针部位先打一个单结、假结或回针。线结应细小，以免熨烫面料时透出痕迹。

打单结的方法是先将缝线绕食指一圈后再以拇指、食指搓缝线形成线结并拉紧。假结用于缝纽扣、锁扣眼及粗缝时临时固定缝线，在正式缝制后，通常会用回针固定缝线，并将假

结剪去。

回针可以用于起针与收针时代替线结，是在同一位置反复重叠几针。

八字结形如8字，用于固定手工缝线时，先缝一个细小的回针，然后在出针点将缝线绕针一圈形成8字形后拉出缝线。

为了隐藏线头，可从紧靠线结处入针，在距离1.5cm处出针，再拉紧缝线，然后紧贴面料剪断缝线，这样缝线就藏在两层面料中间了。

裁缝结可用在接缝两端固定缝线。先做一个松线圈，然后用拇指与食指将其贴紧面料后拉紧线结。在学习打结时，可以用一珠钉插入线圈，然后将线拉紧。

临时缝

手工缝可以分为两类，临时缝与正式缝。临时缝通常是指粗缝线，用于服装试样时制作标记，或在制作造型时将各层面料固定在一起。临时缝线或粗缝线会在制作过程中反复使用，并在达到目的后拆除。而正式缝线除非出现错误一般不会拆除。

实际上，大部分用于粗缝的线迹，包括等距粗缝、不等距粗缝、斜角针粗缝及缲针粗缝等，与正式缝并无差异。本章节内容包括四种粗缝，另两种缝线（标记线和线钉）见第3章第48页。第3章还介绍了抽褶缝与缩缝两种方法，也用到临时缝与正式缝。缲针与明缲针适合在正面进行粗缝。

大部分缝制使用的是柔软的粗缝线。粗缝线易扯断，因此在拆除粗缝线时不会损伤正式缝线。

以下所有的方法都是针对右手习惯的人士，左撇子可以按相反的方向进行，缝制从右向左进行。

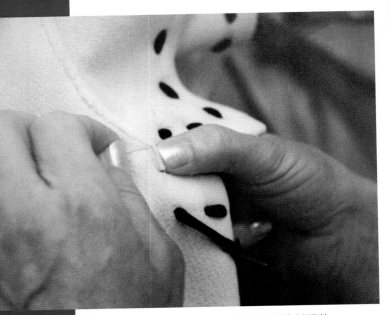

将服装置于长条桌上，可以更好地缝制服装

结

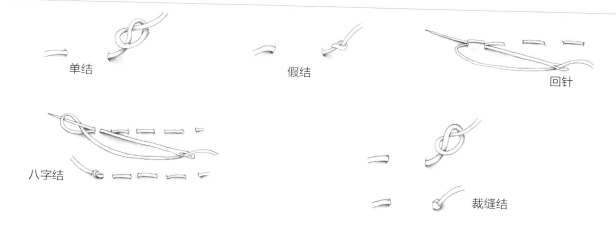

单结   假结   回针

八字结   裁缝结

等距粗缝。等距粗缝的外观与正式的平缝针差不多。它可以将两边缘缝合并承受些张力，例如那些较合体的服装或弧形接缝。

等距粗缝也可以用于收缩一层面料的余量，或是某一部位的抽褶，使其与另一层较短的面料或部位缝合。

1. 使用长针，如长孔针，这样可以一次连续缲缝多针。

提示：如采用棉线粗缝，可以直接在粗缝线上车缝，这样在拆除粗缝线时不会损伤车缝线。

2. 用假结或回针固定缝线。

3. 正面相对，一次缝几针，每针0.6cm。两面的间隔长短应均匀。若粗缝弧线部位，针距应减小。

4. 以回针固定缝线。

等距粗缝

不等距粗缝

　　不等距粗缝。不等距粗缝适用于制作标记线、粗缝下摆，以及那些不需要承受张力的直线接缝与明线。面料一侧线迹长，另一侧线迹短，每针间的间距为0.6~0.3cm，每针的长度为0.6~2.5cm，也可以更长。

　　提示：当制作较长的接缝时，可将服装面料一端用珠针别在一重物上，如烫枕。这样可以在缝制过程中拉挺面料。

　　1. 用长针与棉线制作粗缝。

　　2. 用回针或假结固定缝线。

　　3. 面料正面相对，一次平缝几小针（0.3~0.6cm），每针间间隔0.6~2.5cm。

　　4. 继续反复进行。服装一面的线迹的针距比另一面长2~3倍。

　　5. 收针时以回针固定缝线。

　　双线粗缝。双线粗缝有两道粗缝线，其中一道粗缝线在另一道线的上方，嵌入前一道线迹之间的间隔。双线粗缝能更好地固定上下两层面料，以避免缝制时面料出现滑位移。

粗缝明线

粗缝明线。粗缝用于在面料表面将各层面料固定以便于试衣或熨烫。

　　1. 用长针与棉线或真丝粗缝线。

　　2. 以回针或假结固定缝线。

　　3. 沿接缝粗缝明线。将缝份向一侧倒，以0.6cm的针距钉穿所有层的面料。

　　4. 为对齐面料，条格与图案所做的粗缝明线将上层面料的缝份向下折叠，将上层面料的折边与下层面料的缝迹线对齐。然后距离边缘0.6cm粗缝明线。

　　5. 为了便于试衣或熨烫可以粗缝明线，以等距粗缝针钉穿所有各层面料，粗缝应尽量靠近边缘，距离0.6cm。

　　6. 收针结束时用回针固定缝线。

　　提示：在面料正面缝制常会使边缘出现一些变形。

叠合粗缝

留下5cm的线头

叠合2-3针

　　叠合粗缝。可用于粗缝那些易拉伸的斜丝缕接缝。

　　1. 用一长针或棉粗缝线。

　　2. 以回针或假结固定缝线。

　　3. 粗缝15~20cm长，剪断缝线，留下5cm长的线头。

　　4. 再重起一针，留出5cm的线头而非打线结。两段缝线重叠约1.5cm。

　　5. 如上继续缝制，直到接缝端点，再粗缝一小段使缝线的起针与收针部位重叠。

　　6. 收针结束时用回针固定缝线。

斜角针

斜角针。斜角针可用于临时缝制或正式缝制，可以根据你拿面料的习惯，按水平或垂直方向，从上到下或按相反方向缝制。斜角针可以用来缝制多层面料，如为了防止褶裥、衬料与衬布出现位移，可以用斜角针将多层面料缝合起来。

1. 用长孔针与棉粗缝线。

2. 以回针固定缝线。

3. 竖直拿起面料由水平方向从右向左入针，拉出缝线，然后在前一针正下方或正上方0.6~5cm位置入下一针。在面料的一面形成一列垂直方向的斜线，而另一面形成一列水平短线。

提示：丝绒接缝可用两道斜缝针缝制，第二道缝线线迹应嵌入前一道缝线针迹之间。

4. 在收针处以回针固定缝线。

交叉针

交叉针。交叉针是斜角针的变形，其外形像三角针，但其是由两道方向相反的斜角针组成的。交叉针可以作为临时缝线或正式缝线。除了用作为临时标记线，交叉线还可以当作标记服装前身的正式缝线以便于区分服装的穿着方式。

1. 用大孔针。

2. 以回针固定缝线。

3. 先从上而下制作第一道，再从下往上完成第二道。

4. 收针时以回针固定缝线。

缲针

缲针。在面料对条对格或是缝制那些形状特别的部位时，用缲针从面料正面粗缝接缝，另外将带有余量的一边与另一边缝合时，通常是将一边缲缝在另一边上，有时两侧面料并列，或是那些服装部件一部分扣压在另一部分上层，如下装的腰身部位。缲缝针也可以从正面制作正式接缝（见第33页缲缝针）。由于在缝制过程中缲缝针本身无法有效防止上下层面料滑移，因此常会再加一道等距粗缝线加固。当边缘部位需要精确对花对图案时，明缲针常可以作为缲缝针的代替制作方法，因为明缲针固定面料防止滑移的效果优于缲缝针，有时也可以再加一条等距粗缝针用以加固。

1. 将服装正面朝上放置，然后将上层面料的缝份向下折叠后与缝线对齐或对齐设计。

2. 用长孔针与棉质粗缝线。

3. 起针用回针或假结固定缝线，也可以从折边缲缝一小针，然后抽出缝线，从右向左缝制。

提示：将上层面料对着自己，这样制作起来会更容易。

4. 在下层面料上与这一出针位置相对的位置缲缝0.2~0.6cm长的一小针。

5. 在上层折边部位与前一针相对的位置缲下一小针，以此方法在上下两层面料之间依次反复进行，从而形成阶梯形。

6. 抽紧缝线。

正式缝线

正式缝线适合于制作服装造型、边缘部位收口以及设计细节处理，或是制作面料褶裥、塔克或抽褶。这类缝线可以是基本的也可以是多功能的，如三角针、垫料固定针、平缝针与下摆缝制。既可以是装饰性的也可以是功能性的，如锁缝线迹、锁缝扣眼与交叉针。

正式缝线如锁缝线迹与扣眼锁缝针应用范围有限，但有些线迹如回针、三角针，下摆缝针与平缝针的用途就大得多，以下根据其应用面的大小，对这些缝制针法加以介绍。

平缝针

平缝针。平缝针是种细小等距线迹缝，主要用于固定，在立裁设计中固定折叠量，还用于那些需要有一定强度的接缝。通过加大针距或采用不等距缝制，平缝针还可以用来绱缝拉链、正式缝合两层面料或固定立裁设计中的折叠量。

1. 用长针如小号的长孔棉线针。

2. 以单结或回针固定缝线。一次平缝几小针，每针长约0.3cm。然后抽出缝线，以此方法反复进行。

提示：若对接缝强度有特别要求，可以在制作平缝针时，每隔3~4针做一次回针，以提高强度。平缝针制作速度快，比回针手感柔软，但其强度不及回针。

3. 先将端点处缝线固定。平缝针也常用作固定线。

固定线可以防止在制作服装弧线部位时出现变形，如袖窿、领圈部位。

手工制作固定线的方法：先沿缝线部位缝制一排细密的平缝针。这可以在服装加入底衬前或后制作，然后拉紧缝线以避免其变形。

回针

回针。回针适用于制作高强度的缝线。常用于缝合既需要强度又有弹性的接缝，如绱缝衣袖。伦敦的一些著名男装定制店会用回针制作男裤的裆缝。

有两种方法制作回针：完全回针或部分回针。从正面看回针像是车缝的，可用于接缝修理。部分回针看起来像是平缝针，这两种方式都可以通过调整针距达到理想的效果。

1. 用小号长尾针。

2. 先固定缝线，然后从右向左缝制。起0.3cm针距的一小针，将缝线穿入面料后出针，再在距离出针点后面0.2~0.3cm处插入第二针。

3. 在出针点前面0.3cm出针。

提示：19世纪中期沃斯设计出这种针法时，针距为0.2cm。

4. 缝下一针时，若是完全回针则从前一针出针处入针，若是部分回针，入针点与前一出针点之间应有一些间隔。

5. 固定缝线。

提示：本书中所提的术语"回针"泛指完全回针或部分回针。

拱针是回针的变化形式，每针0.2cm长，间距0.5cm，常用于衣领与驳领边缘作为装饰线迹，针不会穿透底层面料。拱针可以用于制作内边和绱缝拉链，其表面看起来像是珠边线迹，不过此时拱针应钉穿所有面料。

在贴边或里布边缘进行内边制作封口时，应先从服装反面开始，距离缝线0.2~0.3cm以珠边针钉穿贴边或缝份的贴边（比如连体贴边），以钉住服装的底衬衬布或牵带。

缲缝针

缲缝针。缲缝针可以在服装正面将两层面料正式缝合起来，如腰身或蕾丝面料，形状特别的接缝或腰带头部上下两层折边，还可以用于制作下摆或粗缝。在缝制下摆时为了避免面料正面露出，线迹应用单线制作。

高定的裙子鲜有使用商标，因此会用交叉针标识前中线

拼缝针

拼缝针。是缲针针迹的变形，常用于正装制作或是拼接两道折边，如衣领或驳领。

1. 用细小的缝针。

2. 正面朝上先固定缝线。缝针先缲0.2~0.3cm一针插入一侧折边，出针后再在另一侧折边缲一针，以此在两侧折边交替轮流进行。

3. 拉紧缝线后两侧折边就紧贴在一起。拼缝线迹可以起到与缲线或明缲针一样的作用，但每一针应间隔分开，缝线应抽紧，每一针应均匀且互相平行，这样做出来的缝看起来就像车缝的。

4. 固定缝线。

明缲针

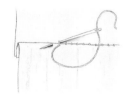

明缲针。是将一层毛边或折边与下层的面料平整地缝在一起，比如用于制作底领。它可以正面制作正式接缝，如制作明缲接缝、缲缝又细又窄的卷边。明缲针用于里布与贴边的缝合，其缝制步骤如下。

1. 用一根细小的缝针。

2. 将贴边与里布正面朝上，折叠里布的边缘以对齐缝线。

3. 从右向左缝制，将衣服置于针下。

4. 固定缝线后将针抽出里布折边，然后在贴边正对出针部位插入缝针。

5. 从贴边处入针，在距离0.3~0.6cm处里布折边部位出针。

6. 拉紧缝线，继续缝制直到完成接缝。从正面看每一针应与缝线垂直；从反面看是一排斜角针，除非面料太厚针无法钉穿所有层面料。

7. 固定缝线。

提示：当用明缲针缲缝卷边或是将来去缝与底衬布明缲在一起时，只需在底衬上缲缝一根纱线就够了。

搭缝针

搭缝针。搭缝针类似锁缝针，用于制作接缝与下摆，而非用于毛边收口，它可以将服装的正面或反面缝合起来。

1. 用一根细小缝针。

2. 固定缝线。固定缝线的最佳方法是先留出一根长长的线头，然后通过明缲线将线头缝住。

3. 从面料反面插入缝针，从紧贴边缘下方钉穿所有层面料抽出缝线，出针方向面向自己。

4. 距离前一针向左0.2cm重复以上步骤，每钉一针应拉紧缝线。

提示：若所缝的每一针都紧贴边缘向下一点，那完成后的效果将变得十分平坦。

5. 当需要加一根新缝线时，将上段缝线剪断留1.5cm线头，然后下段缝线应包在这段线上。

6. 当用搭缝制作接缝或下摆时，应先朝相反方向缲缝五六针，将线头夹藏在两层之间。

直角插缝针

直角插缝针。直角插缝针用于制作扣眼与口袋，以及绱垫肩、拉链，或是连接两块厚面料。

1. 用长缝针。

2. 面料正面向上并固定缝线。将缝针竖直插入面料后穿过缝线。

3. 再从反面到正面，重复以上操作。根据面料不同，每针间距可在0.3~0.6cm范围内变化。绱拉链每针间距0.6cm，绱垫肩每针间距为1.3cm。

提示：绱缝垫肩时，不能太抽紧缝线以免垫肩出现凹陷。尽可能将缝线钉在肩缝部位，切勿拉紧缝线，以免表面露出痕迹。

斜缝针

以斜缝针的手法固定驳头造型

斜缝针用于正式缝合多层不同的材料，以形成衣领与驳领造型。在定制中斜缝针又叫八字针。

三角针

三角针。从正面看像是一排交叉缝线，从反面看则是两排平行的短横线，常用于固定下摆。三角针有弹性，因此可用于制作弹性抽带管、制作塔克褶、加缝商标等。

1. 用小号缝针。

2. 从左向右缝制，先固定缝线。

3. 按水平方向朝左先缲一小针。

4. 向右移动，在第一针的下方再缲缝一小针。

5. 再返回第一针所在那行，向右移动，缲起下一针，以此方法轮流在上下两行缲缝，两行线迹应分别对齐，每缝一针后应拉紧缝线。

6. 最后固定缝线收针。

缝制下摆。在高定与家庭制作中常用暗针或暗三角针缝制下摆。也可以用缲针或明缲针缝制轻薄面料、波浪边与方巾的边缘。

暗针。有时也叫下摆暗缝针，用于缝制服装的下摆，其缝制步骤如下：

1. 用一短小的缝针将缝线固定在下摆缝份上。

暗针

2. 在服装的背面缲缝一小针，仅几根纱线即可。

3. 穿过缝线后在下摆缝份上再缲缝一针，距离前一针向左0.6~1.2cm。然后在服装衣身与下摆缝份之间轮流缲缝，形成一系列V形的线迹。每钉缝一针就拉平缝线，切记缝线不能抽得太紧。

4. 在下摆缝份内固定缝线后收针。

暗三角针。比暗针的强度韧性与弹性更佳，用于厚重面料衣服的下摆缝制。暗三角针就是在两层面料之间缝制三角针，类似暗针。

暗三角针

1. 用一短小的缝针，从左往右制作，将缝线固定于下摆缝份上。

2. 然后向右移，在服装衣身上缲缝一针，再向右在下摆上缲缝一针。

3. 依次轮流在衣身与下摆之间缲缝。

4. 固定缝线收针。

包边缝针。包边缝针用于防止面料脱散。包边缝针应细密，以斜向包缝于毛边之上。通常包缝单层，若包缝双层可以按两个不同方向制作。每一针的深度为0.2cm，间距在0.3cm。

1. 取小号缝针，从左往右制作。

2. 以水平方向持毛边，使其与食指平行。以单结将缝线固定于下层。然后距离边缘0.2cm入针，再以45°斜角方向抽出缝针。

3. 抽出缝线，针向上。然后用左手拇指将缝线按在面料上。

4. 在距离上一针0.3cm处入针。持续进行，不能一次连缲几针，而是应该每钉缝一针拉紧缝线一次。

5. 收针后固定缝线。

交叉手法。对于那些易脱散的面料可以先按一个方向包边缝一次，然后以相反的方向再制作一包边缝，在高定中称其为交叉手法包边缝。制作完成后其效果看起来像是用机器锁边的之字型线迹。

锁缝针

锁缝针。可以用于钉缝风钩与环，制作套结线与线袢，或是作为一种边缘装饰线迹。锁缝针可以从上往下，也可以按相反方向进行制作。

1. 取一小缝针，将产品正面朝上，使毛边呈竖直方向持于手中。

2. 固定缝线，以水平方向在距离边缘0.6cm处入针。在针下方做一线圈，然后拉挺缝线，但不宜太紧，使形成的线结位于边缘，然后做下一针。

3. 以此反复直到收针后固定缝线。

扣眼锁缝针

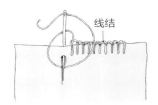

将针插入面料反面

扣眼锁缝针。可以防止扣眼部位面粗脱散开，还可以制作扣柄、装饰性扣眼。必须事先对缝线进行蜡光处理并熨烫。因为经过蜡光处理后，蜡光线强度高且不会缠绕。扣眼锁缝针可以按不同方向制作——从上到下，从左到右或是相反方向。

1. 缝线蜡光处理然后熨烫。

2. 用一小号缝针，服装正面向上将毛边呈竖直方向手持。

3. 以假结固定缝线。

4. 先插入缝针前端穿过面料约0.2cm，然后将缝线按锁缝方向——从右向左绕针尖形成一个线圈，再抽出缝针使线迹与面料边缘垂直。用拇指拉紧缝线，使线结成形在面料表面。

5. 固定缝线收针。

套结线

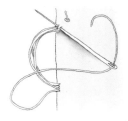

在线套上锁缝

用几股线做成线套

套结线。是用扣眼锁缝针迹或锁缝针固定两点之间的多股缝线。根据其不同的用途部位与功能套结线会有不同的名称，它可以用于褶裥与开衩的顶端、拉链的底部、里布的褶裥部位、V形开口以及其他会承受张力的部位。套结线能起到加强作用。当用于服装边缘代替纽扣环或金属环时，套结线又称为线环。

1. 对缝线进行蜡光处理，然后熨烫缝线。

2. 以假结固定缝线。

3. 根据实际线套长度需要反复缝制2~4针。

4. 以锁缝针或扣眼锁缝针包裹住多股线形成的线套。锁缝应紧密但不可缠结。

5. 最后将针穿至面料反面固定缝线。

线袢。线袢是用手工钩线，又叫拉线，用于将两层面料松散地连结在一起。

线袢比套结线柔软，但强韧度则不及套结，其长度从0.6cm至几厘米长不等。设计师斯嘉锡在其礼服设计中曾用线袢连接多层不同的下摆，香奈儿也曾用短小的线袢将领带与领圈连接起来，以防止衣领片向上掀起。

1. 缝线作蜡光处理后加以熨烫。

2. 以假结固定缝线。

3. 以一小针回针制作一个线环。

4. 用一只手的拇指与食指撑开线环，另一只手的拇指与食指持线。

5. 以撑线环手的中指勾线穿过第一个线环使第一个线环滑落下手指。

6. 撑开新线环并拉紧之前线环。

7. 按以上步骤反复进行，直到形成足够的线袢长度。

8. 收针，在服装另一侧缝一小针，然后再缲住做好的线袢。

9. 固定线。先在面料上缲缝一小针后再制作最后一个线圈。

线袢

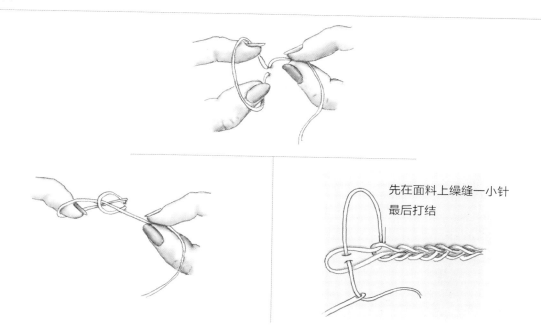

先在面料上缲缝一小针
最后打结

服装造型工艺

服装制作的三大关键要素分别是接缝制作、省道缝合、熨烫技巧，以此达到支撑面料，将平面的织物塑造成立体合身的造型。而对于家庭缝纫以及车缝成衣而言，这三项关键因素是确保高级定制工作室能设计制作出完美无瑕作品的核心技术。接缝制作和省道缝合能产生直观的塑型效果，内部衬布和专业化的熨烫同样不容忽视。因此接缝制作和省道缝合似乎比选择合适的内部衬布和熟练的熨烫技巧更重要，但事实是后者的重要性同样不容忽视。事实上，高级定制时装的样板会与制作工艺相配套，服装的许多部位都采用了不同的归拔工艺处理。

典型的例子是肩部带公主线的上装。初看，前身似乎是整块布料，但细看会发现前身和侧缝通过熨烫造型，而非裁剪形成公主线造型。当笔者在参观伦敦的吉夫斯与霍克斯定制店时，熨烫技师正在为女王的一名警卫调整裤子的裤腿，他用蒸汽熨烫的方法反复归拔窄脚裤腿，直至裤型符合腿型。

高定中缝型有限，包括平缝、搭缝、拼缝与包缝。除了一些特别缝合工艺，其他的缝型都是这四个基本缝型的变化。最常用的是平缝。搭缝体现高级定制时装的特色（手工搭缝蕾丝边

吉尔伯特·艾德里安·格林伯格在1942年开设时装定制屋前，已经是一位成功的高定设计师，他的设计以廓型著称，他擅长于使用各种面料的丝缕变化，以及精巧的缝份和飘带，这款上衣和他其他的设计一样，采用了风钩和系带为扣合方式，以此替代常规的纽扣与扣眼

车缝基础

在学习缝纫之前先快速回顾一下车缝的基本原理。在高级定制时装中，大多数车缝都是在平缝机上完成的。当在锯齿形机器上缝制时，笔者用一个直缝脚和一个圆孔的节流板。当在一台非常宽(9mm)的之字形机器上缝制轻质布料时，压脚不能牢固地固定住布料，因为送料齿的间距太大。

在开始车缝前，除了必要的粗缝固定线，还要清除所有的缝线。检查缝线针距、张力和针脚大小。由于在车缝前，缝份会用粗缝固定，因此可以避免许多常见的问题，比如面料丝缕、松量或表面抽褶。

车缝时，缝线两端应用手工打结的方法固定缝线线头（见第28页）或用手工针将线头插入反面制作几针回针。在高级定制时装中几乎不会使用车缝回针，因为它会增加缝线的硬度和厚度。而且必须通过额外的熨烫使得服装表面更平整。可以用长孔针来固定线头。当制作手工结时，应将缝线穿至面料上层，然后拉紧缝线，确保其牢固。当车缝结束后拆除所有的粗缝线，每8～10cm用手剪断缝线一次，如有需要可用镊子抽出粗缝线。

是其演变之一，通常用于奢华、昂贵的蕾丝和定制面料上）。包缝非常窄，常用于缝制纤薄的面料，以免缝份突出。一些特殊缝型，如套管、开槽、塔克褶、嵌缝等常用于高档成衣而非高定的制作，因此本章不做展开。

高级定制时装的大部分接缝都是手工缝制的，结构线和省道则使用车缝。里布上的肩缝和袖缝以及领圈与驳头部位的接缝都是手工制作的。

绱缝袖子，或是将袖子绱缝到衣身部位，有时也会用手工缝制。

本章讨论的接缝制作方法（手工或车缝）的选择，取决于它们的位置，以及在正面还是反面缝制，还有面料的厚度、强度以及弹性。蕾丝面料搭缝是搭缝的一种，可以由车缝或手缝完成。

本章重点介绍正式接缝。在高定制作中，所有的接缝都应制作标记线、对位标记与对位点（见服装标记，第48页），然后粗缝后进行首次试衣。试衣后拆除粗缝线进行调整，然后再次试衣，最后进行正式缝制（见"装配"服装，第42页）。

平缝

平缝是最基础的缝型。虽然这种缝型在高档成衣、家庭缝制，以及高定制作中均有使用，但不同类产品使用的具体工艺还是有很大区别的。在成衣和家庭缝纫中，应对齐裁剪衣片的边缘。在高级定制时装中，缝份宽度通常较宽，且不均匀或宽度不同。因此，在高级定制时装中，应用缝线标出缝纫线与对位标记。这些标记成为服装制作的参考。

虽然传统的平缝分烫开后并不影响服装整体外观，但这类缝型并非适合所有面料。对于轻质透明的面料，本章提出了五种适用的平缝类型，包括粗缝接缝、窄平缝、假来去缝、本身料包缝和缲边缝。

粗缝接缝

在高级定制时装中，大多数普通的接缝在车缝前，会反复经历多次粗缝、拆开、再粗缝。

1. 正面相对，将衣片上的缝纫线与对位点对齐，用珠针别合固定。对于那些不规则接缝或贴体部位的接缝，采用均匀的大针距粗缝制作。对于服装中不用承受张力的接缝，可以采用不均匀的大针距粗缝。最后，检查粗缝质量，确保上下两层准确缝合。

2. 当缝线跨过接缝或省道部位时，应格外小心，以免误缝到缝份或省道褶。当粗缝接缝和省道时，应先从十字交叉部位起针，而非边缘部位，这样可以使制作更加准确。然后，轻轻分烫开缝份。直到试衣结束前，切勿用力将缝份烫死。

3. 准备试衣的布样，应将缝份向一边烫倒，然后距离接缝线0.3cm处粗缝一道明线。

提示：为了确保更好的熨烫效果，应采用小烫板或袖烫板。

4. 若试衣后无需修改，可拆去粗缝明线，然后将缝份烫平，再沿着粗缝线车缝一道。另外，在熨烫之前应拆除粗缝线与对位标记。

5. 熨烫缝合线，使缝份贴合，缝线与面料充分结合。如果面料很厚重，可翻转接缝，在另一侧熨烫（详见熨烫技巧，第61页）。

6. 反面朝上，用手指拨开缝份，用熨斗尖头部，而非整个熨斗熨烫，来回移动熨斗熨烫按压接缝。

提示：熨烫时切勿将接缝边缘完全熨平，将其置于烫枕或烫袖板上熨烫，效果更佳。

7. 在进行蒸汽烫或湿烫时，应将整个熨烫部位完全烫干，移动面料前应确保面料熨烫部分已冷却，这样织物才能完全定型。

8. 使用适合的方法对接缝缝份部位进行收口（参见接缝收口，第44页)。

"装配" 服装

相比家庭缝纫和高档成衣制作，高定服装的工艺更加复杂。

立裁制作样板

首先根据客户体型通过加垫的方法调整人台规格，在人台的右侧使用几块长方形坯布用立裁的方法制作样板。对于那些对称的设计只需要制作右半侧，制作完成后直接复制左侧即可。

对于斜裁、非对称、复杂的设计作品，其左侧也需要用坯布制作，对于带有图案、需要对花型的面料，以及非对称或带装饰的设计，需要根据实际尺寸制作。

对于定制式样，先用坯布制作服装布样。随着布样成型，剪掉多余的坯布，然后调整尺寸规格用于顾客试衣。完成立裁后，在布样上准确标出丝缕线和定位点，然后拆去珠针，将布样熨烫平整。再复制左侧布样，缝合，在客户体型人台上进行试衣。完成修改以后，布样就可以留作样板使用了，若需要多次使用该样板，则需将其准确复制在长方形坯布上。

服装裁剪

将布样的各部分分别放在面料上，对齐直丝缕，边缘留下至少2.5cm宽作为缝份。袖子、领子、口袋和里布应根据实际情况最后裁剪，特别是面料需要对花的时候，先完成其他部件的裁剪。

所有裁片都应标出车缝线、下摆线、对位点、中心线和水平线。由于服装面料和坯布垂感不同，所以服装应先用手工粗缝缝合，再置于人台上进行调整。然后拆除粗缝线，将各部分再次平铺，并进行适当修正。

首次试衣准备

首次试衣时，用较密的粗缝线缝合服装以达到车缝效果。

试衣时不需要烫死缝份，只需将缝份向一边折叠后，距离接缝0.3cm粗缝一道明线固

从正面粗缝。当面料需要对花型或条格，或缝合特殊形状的接缝以及重叠缝份时，实用的方法是从面料的正面，而非反面制作粗缝。在高定服装中该方法更实用，因为事先已用缝线描出接缝线，这样便于从正面对齐接缝。

1. 向下翻折后用珠针固定，根据需要，用粗缝线固定异形接缝部位的缝份。

2. 正面向上，对齐缝线和对位点，用珠针固定。

3. 将两部分粗缝缲合。

定。开衩、下摆等部位的缝份向下折叠后，有时可根据需要做剪口，使弧线边缘弯曲平顺。垫肩和牵带可用粗缝固定。

有些试样还会粗缝上拉链、口袋和里布，另外还有些试样的袖子是用坯布而非面料做成。

第二次试衣准备

第二次试衣时需要准确标出对位点。然后再次拆除粗缝线，摊平服装加以修正。

所有需要制作造型的部分可加入余量进行归拔工艺处理，从而使面料永久定型，并加上口袋和固定料，然后，将服装再次粗缝缝合并置于人台上检查。

如果服装有装袖，可用珠针与袖窿别合后置于人台上。然后将袖子粗缝固定袖头和垫肩，就可以用于二次试样。最后检查大小规格，确定松量合适，并检查是否需要额外调整。

最终试衣准备

第二次试衣完成后，将袖子精确标记后拆下，以便于腋下接缝、袖口、开衩和里布的缝制和熨烫。

在正式缝制前，应检查每条交叉缝确保缝线准确对齐，粗缝线应绷得足够紧，以防止面料移位。除了用于缝合的粗缝线外，应拆除其他标记粗缝线，车缝应沿着粗缝线准确缝制。

先用粗缝将袖子绱缝至袖窿，然后车缝正式缝合。其余未收口的接缝应粗缝并

熨烫。整件服装应完成折边，加入拉链，内衣肩带固定，毛边收口。

经过最后的检查，确保拆除所有粗缝线，小心熨烫好，以备客户最终试样。经过最终试衣，客户满意后加订商标。

有些客户在试衣前就看到商标会产生反感。所以如果样衣有商标，制作者会在客户试穿前把它撕掉，试穿完成后，再重新缝上商标。

窄平缝

这种缝型工艺是先将缝份修剪对齐后，再用手工锁缝完成。该工艺尤其适合用轻薄面料或紧密面料制作的无里布衬衣与连衣裙的袖窿部位，且特别适合弧形与缝份合拢的部位。

1. 正面相对，平缝。

2. 拆去粗缝线，将合拢的接缝熨烫平整。

3. 距离接缝线0.3cm粗缝缝份。

窄平缝

提示：对于易脱散面料，可沿粗缝线再加缝一道。

4. 修剪缝份宽度至0.6cm以下（袖窿接缝可宽至1.2cm），将毛边手工包缝在一起。

5. 拆除粗缝线，再次熨烫。最后的熨烫

接缝收口

手工包缝

手工包缝收口常用于单层缝份收口处理，也用于贴边和下摆部位毛边的收口处理，以减少接缝厚度。对于较窄的平缝可将两层缝份包缝在一起，也可用于薄透面料上较窄平缝的收口处理，两层缝合时应确保在衣服正面没有痕迹。

1. 使用小针距，丝线或棉线，固定缝线，从左至右包缝。

2. 包缝宽度与针距小于0.3cm，且距离布边0.3cm。对于易脱散的面料，可沿相反方向再包缝一道。

滚边

接缝、贴边、下摆也可以使用滚边防止脱散。在接缝处缝份可以分开或合拢滚边。合拢的缝份会出现较坚硬的边缘；如果是薄料或中厚型面料，服装正面会呈现一条凸起。对于那些易脱散、易刺激皮肤、无衬里的服装可以将缝份分开滚边。

这类滚边也常用于处理厚重织物的下摆或贴边部位。若处理薄料和中厚型织物时，服装正面会露出滚边痕迹，在这种情况下，应将缝份包缝而非滚边。

制作滚条，应选择类似雪纺、平纹丝绸或欧根纱等轻薄面料。

1. 裁剪约2.5cm宽的斜丝缕布条。

2. 修剪接缝或下摆缝份，使其宽度为2~2.5cm。

3. 正面相对，把布条与缝边用珠针固定，毛边对齐。手缝或车缝一道0.6cm宽的缝份，然后修剪至0.3cm或更窄。

提示：为使收口更柔软、更易操作，可使用手工小平针缝制滚条。

4. 将布条包裹在毛边上，并将其用珠针固定。使用短平针缝合第一条缝线以固定滚边。

5. 熨烫，然后修剪滚边宽度至0.6cm。

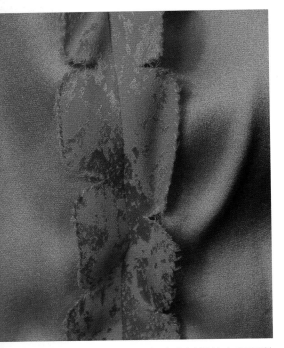

从这件红色迪奥长裙的内里可以看见包缝线，见第131页（图片由格雷格·罗恩柴尔德拍摄，藏品由缝线博物馆提供）

斜丝缕滚边

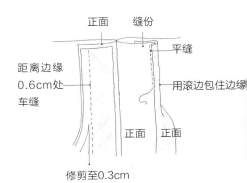

正面　　缝份

平缝

距离边缘0.6cm处车缝

用滚边包住边缘

正面　正面

修剪至0.3cm

加拉诺斯在其设计中喜欢的收口方法是用丝质料滚边，对袋布边缘进行收口处理。从正面可以看见边缘的滚条，而反面能看见其毛边

6.当在透明织物上收口袖窿或接缝时，先用粗缝将缝份缝合，把接缝剪成1~1.2cm，再使用布条分别将缝份两边滚边。

7. 将滚边收口，向下折叠毛边，并将其缝入缝边和缝份。

采用肉色的真丝雪纺制作滚边，穿着时这个缝份从正面基本上看不见

方向则由接缝的位置决定。将袖窿处的接缝熨平后，向袖子方向折叠。肩膀处的接缝，向服装前面熨烫。

提示：很多关于缝纫的书籍建议将肩部的接缝向后方熨烫，但是如果向后方熨烫，从服装的前面看接缝处会更加明显。

假来去缝

与传统的来去缝（见第51页）不同，假来去缝是将正面缝合在一起的，可用在轻薄面料的收口和贴身缝部位。

假来去缝

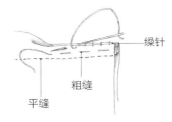

1. 正面相对，缝一道平缝线，拆除粗缝线后将接缝熨烫平整。

2. 将接缝缝份修剪至1~1.2cm。

3. 将一个接缝的余量折向另一边，并将其沿着折边用珠针固定。另一边向对面折叠并固定。

4. 对齐折边，粗缝固定。

5. 用丝线或棉线缝合边缘，熨烫。

本身料包缝

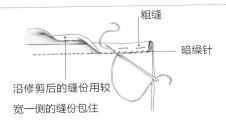

粗缝

暗缲针

沿修剪后的缝份用较
宽一侧的缝份包住

本身料包缝

这种类型在工厂中被称为"站立式"的接缝，而之所以叫本身料包缝是因为它是使用缝份的一边折边包裹，另一边用滚边包裹。其最终收口通常宽度小于1cm。

常用于无衬上衣和连衣裙的袖窿。且该工艺只适用于轻薄面料。

1. 正面相对，缝一道平缝线，拆除粗缝线，熨烫接缝使其平整。

2. 修剪一侧缝份宽度，使其比另一侧窄约0.6cm。

提示：在袖窿上修剪袖子接缝处缝份宽度至0.3～0.6cm，衣身接缝处缝份宽度修剪至1～1.2cm。

3. 将宽的一侧缝份包裹另一侧窄的缝份，然后将毛边折叠，最后沿着缝线粗缝折叠边。

4. 用暗缲针或缲针缝合，轻轻熨烫缝份。

缲边缝。是平缝的一种变形，缲缝份相比接缝看起来更像一条粗线。常用在透明面料上，如雪纺、真丝薄绸和欧根纱等。

缲边缝

1. 正面相对，缝一道平缝线。

2. 将两缝份在距离缝线0.2cm处折叠。

3. 手工包缝折痕，并沿包缝边修剪缝份。

搭缝

搭缝是将服装的两部分重叠缝制。上层面料向下折叠，在正面缝在下层面料上。使用别针或暗缲缝，有时也用包缝或车缝。

与平缝相比，搭缝在服装正面更显眼，很多高定屋用这种缝型制作胸衣下摆，尽管这种缝型线迹很显眼，仍有少数设计师使用这种缝型装袖。在连接正面和背面的接缝和褶皱时，搭缝有时被当作备用缝型。

搭缝

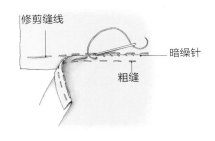

修剪缝线

暗缲针

粗缝

1. 沿标记线，将上层面料缝份向下折叠，沿边缘0.3cm用棉线或丝线粗缝。

提示：在曲线上缝制时，按需要拉伸或缩小缝份，使它翻转时平坦。如有必要，可修剪缝份，以去除多余的量。如果重叠部分是由外角形成的，那么就把缝份斜切。如果它是一个内向的角，则将两角相对（见第56页）。

2. 反面向上，轻轻熨烫边缘，拆除缝线上的标记线后熨烫。

3. 正面向上，将两部分对应点和缝线对齐后用珠针固定，紧挨之前的粗缝线粗缝。

4. 用丝线或棉线最终缝合。

提示：可距离边缘0.2cm处用包边缝，这样缝线就会不明显，或者从反面沿粗缝线用平针缝合。

5. 拆除所有粗缝线，轻轻熨烫。

6. 在连接正面和背面的接缝和褶皱时，修剪上层面料缝份，在下层面料缝份留一条小缝隙。叠好后用珠针固定，用三角针或平针缝合。

蕾丝拼缝

该缝型是高级定制工作室中最复杂的制作工艺之一。常用于制作蕾丝和带图案的面料，是由搭边缝演变而来的，通常用于高级定制新娘礼服和特殊场合的服装。缝制蕾丝的方法有很多种，大部分都很耗费人力，也很难更改，除了在高级定制中使用，在其它制作中都很少使用。

蕾丝拼缝可以较隐形地缝合复杂的蕾丝图案。当拼接有图案的面料时，通常会调整缝线，以避免破坏面料的基本图案。可用之字形缝线围绕基本图案缝制，或在基本图案之间来回平缝直线。基本图案的轮廓线是由手工缝制的，基本图案之间的直缝线则是车缝的。这种缝型虽然不太显眼，但仍能看出。

1. 在裁剪面料前，先根据试衣后的布样规划面料裁剪布局。

2. 首先剪掉缝份或制作一个没有缝份的纸质图案，这样将样板放置在面料上就可以看到缝线上的基本图案了。

3. 分别将面料正面向上，将纸样放置在面料上，将基本图案在服装的纸样中定位，在基本图案跨过接缝的位置剪开图案，用花边贴缝缝合。要在服装衣片之间留出足够的空间来切割贴花图案。

4. 在裁剪前，标记所有的接缝和省道。基本图案周围至少留0.6cm宽的缝份，直线接缝留2.5～4cm宽的缝份。

这款女装采用蕾丝拼缝的方法缝制。从图中可见袖身采用横丝缕方向裁剪，而衣身采用直丝缕方向裁剪

蕾丝拼缝。蕾丝和蕾丝花边拼缝是最简单的拼缝。其制作方法是用缲针将一件成品或一件蕾丝花边和另一个蕾丝花边缝合在一起。若使用的是蕾丝边，由于边缘不会向下折叠，所以只需留较窄的缝份即可。

相反，为了防止发生移位，将花边用搭缝针固定在相接部分，并修剪多余缝份。

1. 正面向上，沿标记线和对应点将面料叠合后用珠针固定。

提示：如果想要效果更佳，可将面料交叉叠合，每次改变叠合方向时将基本图案间的缝线收紧。

2. 缝合并检查，确认基本图案位置定位准确。

服装标记

与成衣制作和家庭缝纫不同，在高定服装缝制时，很少采用毛边作为线缝的指导，标记服装是高定服装缝纫的重要组成部分。除了可以标记缝线、底边、省道和对应点位置之外，还可以用来标记面料的纱线方向、口袋位置和纽扣孔的设计等细节。

通常可以使用缝线、划粉和滚轮来做标记。在高级定制时装中，通常首选用缝线做标记，这样在面料的两面都可以看到，而且在制作过程中，只要不损坏面料，就能保持足够长的时间。因为在其他缝纫书中，可以很容易地找到有关使用划粉和滚轮标记的内容，所以这里重点讲解标记线的制作。

如果之前从未用缝线做过标记，那刚开始做时会觉得很乏味，但是很快就会发现这种方法对组装和试衣而言相当实用。有两种基本的标记线，最常用的是在制衣工场中标记服装、上衣和长袍的标记线；以及在制板间制作套装、裤子和量身定制的礼服布样的线钉。这两种类型的标记线都是在将样板从面料上移开前，有时甚至在面料裁剪前完成标记的。

标记线

标记线通常使用柔软的棉线；而丝线在熨烫时很少会在面料上留下痕迹，因此可用粗缝丝线来标记服装中心线和水平线。在标记缝合线和省道时，首先用划粉笔或裁缝用碳笔在服装上标记缝线，或直接从布样拓印过来。

1. 面料正面朝上，将纸样放置在单层面料上面。

2. 将布样沿着缝线折叠，在面料上沿布样折叠边做标记。

3. 在两层面料间夹入坯布，在上层面料上标记缝线。

提示：为了避免缝住下层面料，许多工人把剪刀头部放在两层面料之间。

4. 沿标记线将面料用珠针固定在一起，翻面，然后在珠针间标记缝线。

5. 使用长针和柔软的棉线。用回针把线固定住，用长短交替的粗缝线标记接缝。在拐角处不要转弯，继续缝2.5cm长。

提示：在交叉口别针，以便清楚地标记交叉口。

6. 标记相邻的接缝时，在缝份距离接缝交叉2.5cm处开始缝。然后继续标记接缝线（见第49页"蕾丝搭缝"图）。

线钉

由于线钉在光滑面料或疏松面料上易脱落，而且用在坯布样上很麻烦，所以线钉常在毛料上使用。

1. 使用无缝份或将缝份向后折叠的样板作为标记参考，通常使用无光泽的双股线，如粗缝棉线或手缝绣花线钉穿两层面料。线钉是一系列连续的线圈（见右页左图），然后从两层中间剪开，在每层面料上留下一簇线头。

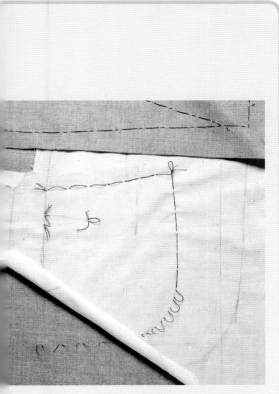

高级定制工艺先从制作标记线开始，大部分采用标记线或线钉制作标记线，这样在正反两面都能够看出标记

　　2. 裁剪服装部件，将样板置于面料上，将所有接缝、服装中点、省道、开叉、纽位和扣眼标记出来。

　　3. 制作直线标记，先缲一小针，然后在距离2.5cm处缲下一针。

　　4. 制作弧线标记，弧线的每一针间距为0.6cm。

　　5. 先轻轻将面料拉开，形成0.6cm的空隙，然后从线圈中间将其剪开，确保每层面料上留下短的线钉。

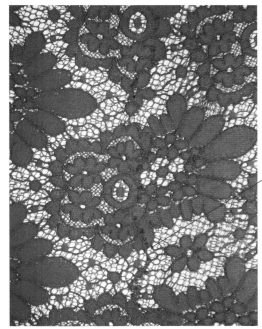

接缝在这里

这款20世纪80年代的晚礼服由卡斯蒂洛设计，省道与接缝采用蕾丝拼缝工艺，以免破坏面料图案的整体效果

蕾丝搭缝

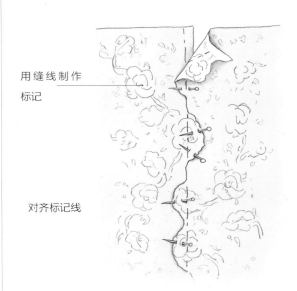

用缝线制作标记

对齐标记线

这款上装可以搭配穿在黑色长裙外面，其接缝处采用波浪式的接缝与省道制作方法。若仔细观察大红花，可以发现其盖住袖窿接缝，使接缝几乎无法察觉。面料为真丝塔夫绸搭配真丝绣花（图片由作者拍摄）

提示：如果有一两个空档部位，另剪几个图案基本单元，并根据需要填补空档。同样重要的是，并不需要完整保存所有图案基本单元，否则接缝会更加明显。

3. 用斜针粗缝，然后用短缲针缝一条新的接缝线，再将重叠面料的上层毛边多余部分修剪去，一般下层面料不用修剪。

4. 拆除标记线和粗缝线，然后在软垫上熨烫服装反面。

带图案花型面料的接缝。带图案花型面料接缝处理方法适用于图案基本单元较大且间隙宽的面料，图案面料的贴花缝在斯奇培尔莉、浪凡、迪奥、巴伦夏嘉以及其他设计师的设计作品中均有使用。

图案基本单元之间通常用车缝处理，围绕单元用手工缝制的方法处理。在裁剪面料前必须将裁剪布局规划好。两块面料间的基本图案单元不需要完全对齐，但应该很好地融合在一起。其中一部分可以叠在另一部分上面，或者两者交叉叠合。

1. 缝线标记所有接缝和对应点。

2. 为了缝合带花型的接缝，可以在缝份部位做剪口，使得上下图案单元交叉重叠在一起。

提示：当出现左右两边交叉重叠时，将其中一边作为主体，另外一侧可以形成上下交替的重叠。

3. 沿标记线将图案基本单元间的缝份向下折叠，然后在反面小心熨烫。

提示：有时可以交替重叠面料，但是梭织面料比蕾丝面料更难处理一些。

4. 正面向上，对齐接缝线和对位点，在距离标记线0.3cm处将服装面料粗缝在一起。将图案基本单元边缘粗缝平整。

5. 将需要车缝的部位先缲缝。

6. 拆除上层粗缝明线，调整服装各部件的位置，面料正面相对，以粗缝缝合图案基本单元之间的部位。

7. 拆除粗缝线，固定缝线两端。将车缝部分熨烫开，并根据需要对缝份做剪口，以保证其平整。

以蕾丝拼缝工艺制作带图案面料

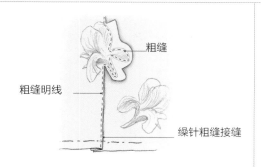

粗缝

粗缝明线

缲针粗缝接缝

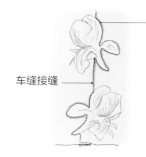

将边缘折下后缲缝

车缝接缝

图案交替间隔拼接后的效果如图所示

8. 正面朝上，沿图案基本单元修剪缝份使其可以平整地向下折叠。根据需要修剪曲线和弯角部分，用珠针固定图案基本单元后粗缝。

提示：用细针来处理图案的毛边，并用手指压住边缘。

9. 用暗缲针或缲针正式缝合图案单元边缘。

10. 拆除粗缝线并修剪蕾丝多余面料，从背面轻轻熨烫。

并列接缝

并列接缝或叫拼缝，该缝型是没有缝份的，常用于夹层中以减少体积而连接缝线和省道。偶尔也会用于拼合面料。该缝线类型常在下层加入衬布以增加强度，但有时也可以不加衬布。

1. 使用平纹亚麻、棉牵带或黏胶滚条，或用丝质透明纱、乔其纱或细棉布布边作为底层衬布。

2. 剪掉缝份或合拢省道。

3. 将一侧的毛边置于衬布中间，将另一侧毛边与其对齐，并粗缝固定。

并列接缝

并列接缝用三角针缝制

4. 用三角针手工缝或车缝直线、之字形以正式缝合边缘，然后熨烫。

如果没有衬布，手感更加柔软。若在没有衬垫的情况下将接缝收口，可用三角针缝合并熨烫边缘。

来去缝

来去缝在服装的背面看起来像一条褶裥。它在服装内外两侧的外观整洁，因此适合用于手工制作的真丝内衣和精致的女士衬衣，以及一些用透明面料制做的服装。由于它的强度好，因此也适用于婴儿服以及其他轻便、可水洗的服装。但是来去缝并不适合形状复杂的接缝以及那些高度贴体的或还需要修改的服装。

来去缝实际上是两条缝：第一条缝在缝份内，第二条缝在接缝上。两条缝都可以用手工或车缝完成，但如果用手缝则会更柔软、平整。

1. 为了准备试衣，先将面料正面相对，粗缝一条平缝线。

2. 试衣、完成所有的修正后，应拆去粗缝线而非标记线，然后将服装放平。

3. 背面相对，将标记线对齐并用珠针固定，粗缝缝合。

提示：对非常轻薄的面料，如雪纺、乔其纱、或欧根纱，可在距离标记线0.3cm处粗缝第一条缝线。在较厚重的面料上，则在距离标记线0.6cm处粗缝第一条缝线。

4. 沿粗缝线使用较密针距车缝，或使用较短针距手工缝。

来去缝

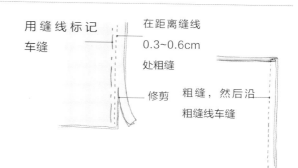

用缝线标记车缝　在距离缝线0.3~0.6cm处粗缝　修剪　粗缝，然后沿粗缝线车缝

5. 拆除粗缝线，但不要拆掉标记线。

6. 将缝线熨烫平整，然后打开。

7. 将正面缝线边缘对齐并调整位置。使用熨斗头部点压熨烫。

8. 打开各部分并修剪使缝线小于收口宽度。

9. 正面相对，沿标记线粗缝并车缝。

10. 拆除粗缝线，将接缝熨烫平整，向一边烫倒，将服装肩部接缝和缝线向前侧烫倒，这样当服装穿着时缝线隐形效果更佳。

提示：若需要更加牢固的缝线，则需把包缝的活动的边缘用缲针固定到服装的反面。

缝合复杂接缝线

高级定制时装通常会有需要特别注意的复杂缝线。例如，艾德里安那件令人惊叹的上装（见第38页），拼接角需要用不同的方式处理，与普通平缝线有很大区别。由于内角沿接缝线做剪口，所以大部分的接缝需要特别加固。比反向角或反向曲线接缝更常见的是相互交错的接缝。以下内容对于掌握这些接缝的制作是很有帮助的。

交叉缝

大多数设计作品至少有一个到两个接缝，这些接缝或相交或交错。在家庭缝纫和成衣制作中，第二条缝线缝在第一条缝线的缝份上。但是，该方法在服装因身体移动而受力时，可能会影响服装的悬垂性并使其受到牵扯。在高定服装的交叉缝制作中，缝线不是缝在交叉接缝的缝份上，而是跨过缝份直接缝在接缝上。在肩缝线与袖窿缝线相交时，通常以这种方式缝合。在考虑是否要与另一条缝线缝合时，根据缝合是否会造成缝线中不必要的拉力来决定。如果遇到这种情况，在与交错缝线相交处剪断接缝线。

对齐接缝线，方法一：

为了能更加完善地对齐接缝线，制作长方形的拼布样品。在样品的缝制中，会出现交叉缝。

1. 裁剪4块长方形的布条，并将它们以1.2cm缝合，然后将所有接缝打开。

2. 正面相对，在长布条毛边粗缝1.2cm粗缝线。

提示：可以在交错部分双重粗缝，以防止面料滑动。

3. 穿过交错缝线车缝，检查确保交错缝线完全匹配。拆除粗缝线并熨烫。

交叉缝

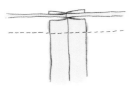

连缝份车缝

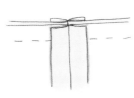

避开缝份车缝

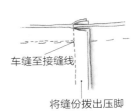

车缝至接缝线

将缝份拨出压脚

对齐接缝线，方法二：

在这个样品中，布条无需穿过交错的接缝线缝合在一起。

1. 裁剪4块长方形的布条。

2. 正面相对，布条毛边粗缝1.2cm的缝线。

3. 缝合时，每次缝合到交叉部分时将缝份远离压脚处，小心缝合，剪线时应保留较长的线头。

4. 整理一下缝份以避免被缝合，在缝线另一边再次小心缝合，然后缝合下一条缝线，以此重复直至末尾。

5. 确保以手工打结或回针收针。拆除粗缝线，然后熨烫。

提示：可以使用方便缝合的长尾针将线拖到一边。

包缝

这些接缝被包裹在衣服和里布或贴边之间；可以用于任意贴边的边缘。由于这些边缘都很厚重，包缝需要特殊的处理，才能使它们平滑、平整和隐形。

1. 正面相对，粗缝后缝合缝线，熨烫。

提示：可以先熨烫缝线，这样缝线就会平整了。

2. 为减轻厚重感，将每个缝份修剪调整宽度。为确保正面平整，将衣服缝份修剪至0.6cm，贴边缝份再修剪稍多一点。

提示：为了避免修剪时在衣服上留下不必要的剪口，在桌子上修剪时用左手将毛边按在剪刀下方。

3. 对于弯曲的边缘，根据需要修剪或在缝份上做刀眼，使其平整圆滑。沿斜丝缕，而非直丝缕方向做剪口，在转角处修剪掉一个小三角形。将缝份修剪成阶梯状，将一个缝份缝到背面；然后把剩下的缝份与第一个缝份缝合。

4. 将毛边向外扭转，使其覆盖在面料或内衬下方；从反面轻轻熨烫。

缩缝

缩缝是用来把较长的服装部件缝合安装在较短的上面，比如把后肩线与前肩线缝合的时候。用细小的针脚在其他面料上固定余量粗缝，缝线应平顺，避免面料产生褶裥或抽褶。

1. 布料反面朝上，先打一个简单的结，然后均匀地缝一排短线，针距约为0.1cm，在尾部留一段长线。

2. 在缝线上下两侧0.3cm处添加两行相同的粗缝线。

3. 拉紧线头，使余量均匀分布直至整个缝份达到所需长度。可在粗缝线两头加珠针用来拉紧缝线。

4. 用熨斗归烫余量，直到松量变平滑。如有很多松量，或者面料很难加入余量，也可以先进行粗缝，将余量均匀分布后稍微归烫，然后重复直至达到满意的长度。

5. 粗缝并完成车缝，形成平缝的效果。

缩缝

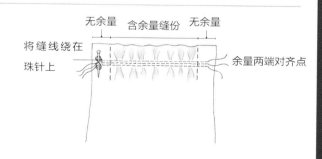

无余量　含余量缝份　无余量

将缝线绕在珠针上　　　余量两端对齐点

抽褶缝

　　抽褶缝可以用来将较大的服装部件抽缩成较小的服装部件。这种缝法类似于缩缝，但并不是用熨斗归烫余量，其额外的面料长度更加饱满，而且具有柔和的装饰效果。可使用抽褶缝缝制裤腰、袖口和育克的毛边。

　　1. 用一根长针和类似蜡光线等牢固的线。锚定线，在将针穿过面料前，先缝五六小针，在最长的面料上面或接缝内侧开始第一排缝线。然后继续将整个部分抽褶。

　　2. 在抽褶结束时，留一条长长的线尾。

　　3. 在第一条线上下0.3cm处再缝两条抽褶缝线。

　　4. 把缝线的线头固定在一重物上(比如烫枕)，然后把所有缝线尽可能拉紧。通过在中间一排线的末端围绕针做一个8字来固定这些线。

　　5. 用一只手握住抽缩部分顶部，用另一只手把底部拉长，这样抽缩的边缘就会相互平行。

　　6. 将固定抽缩线的珠针拆除，用一个大号手工针来描边，使它们并排平放。

　　7. 调整抽缩部分到所需长度，围绕针做一个8字来固定线。

　　8. 当缝线在腰带、袖窿、袖口或育克时，将未抽缩的边缘缝份向下折叠。

　　9. 正面朝上，未抽缩的边缘在上，对齐接缝和对应点，用珠针固定。将服装部件粗缝明线以备试衣。

　　10. 试衣后，车缝或缲缝正式缝合。

　　11. 把缝份修剪至1-1.2cm。先熨烫衣带，再熨烫抽缩部分，在接缝隆起处小心熨烫避免留下折痕。

　　12. 制作一个加固的缝线，把缝份朝向抽缩部分，把缝份宽修剪至1.2cm。先熨烫衣带，再熨烫抽缩部分，在接缝隆起处小心熨烫避免留下折痕。(见第221页)。

　　13. 包缝缝线。

固定料

　　由直丝缕滚条、牵带或者布边制成，用来固定缝线或服装边缘，这样才能防止服装在穿着时拉伸变形。以这种方式固定的缝线叫做定型或拉牵带缝。在抽缩缝中同样使用固定料来控制饱满程度，使服装部件在结构中更易控制，防止收口边缘开裂。固定料也有防止服装折叠边缘缝线拉伸变形的作用，比如前中线、拉链开口或开口袋。

　　固定料通常缝在服装部件上，而不会跨过接缝线。有一个例外是腰线和胸围固定料，而这通常是在缝制裙子后，或者在裙子和胸衣缝合之后缝上的。

　　1. 将固定料用在开口处，试衣时在服装正面标记位置，在移动余量时用珠针别出一个褶皱（如果有足够余量，可别出多个小褶皱）来标记余量。

　　2. 用别针固定褶皱，测量收口固定料长度。这个长

接缝定型

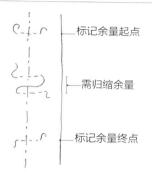

度根据面料的宽松度、织物纹理、服装设计和抽缩余量会有所不同。但是固定料一般要比所需固定长度稍长一点。多余部分可以稍后修剪。

3. 在试衣后，如果有别在衣服外面的省，在每条省道边的接缝线处用十字线迹标记省宽。

提示：查尔斯·克里巴克会在十字标记之间留下一条连接线，以避免与附近的线迹混淆。

4. 熨一条0.6～1.2cm宽的经预缩处理过的欧根纱或雪纺布条、平纹织带或滚边，用铅笔在布条上标记固定料收口长度。

5. 反面朝上，将固定料放在接缝线正上方，把服装上的固定料沿接缝线用珠针固定对应点。

6. 用珠针固定固定料的中点，将余量均匀分布。

7. 在缝线内侧将固定料缝合固定，最后检查固定料长度，将线尾固定。

8. 使用熨斗头部和湿烫布熨烫服装，收缩松量。在用珠针将固定料与衣片别合前，可先收缩一部分余量，然后在缝合后再继续收缩。

折边缝

折边缝保留了原有设计线条，防止边缘拉伸，并使折叠处更加柔软。

1. 反面朝上，将固定料对折。

2. 用暗针把褶皱的边缘缝到衣服的折叠处。不要把针拉紧。如果衣服有衬垫，可以用短缝线把固定料缝到衬垫上。

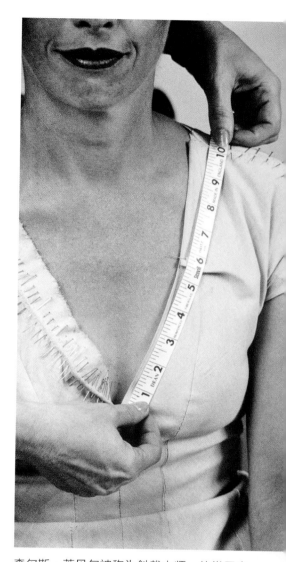

查尔斯·莱贝尔被称为斜裁大师，他常用牵带固定V型领口，以免穿着时出现变形。这是他工作室中的坯布样，在领口左侧部位用珠针别合细小省道，使服装穿着时能贴合身体。右侧用珠针将固定料固定到位，余量均匀地分布在领口部位

拼接角

带有插片、正方形、尖角育克的设计，有相反边角接缝的披肩领口，即内角在一侧而外角在另一侧（见第38页照片）。阿德里安的上衣有装饰性的反向角接缝。在向内角处修剪缝份，以便缝合和熨烫开。由于接缝的缝份在转角处逐渐变细，缝线无法承受拉力。若把这类接缝用在装饰性的插片或披肩领子上时，这就不再是问题了。但在会受到拉力的插片和育克用这样的接缝，当衣服磨损时，则必须加固转角。

有很多方法来加固内弯角接缝。最简单的方法是一开始就把每一件衣服都用一种轻巧的、牢固的梭织面料加固，如丝绸透明纱或雪纺绸。为了加固缝线以承受更多的压力，内角处应加衬。

1. 缝线标记接缝线。

2. 内角处应加衬，剪一个边长3.6cm的真丝薄纱或欧根纱正方形面料，把它放在服装正面的转角处正上方，正方形的丝缕平行于一条缝线，然后粗缝固定。

3. 在接缝线内侧以小针距车缝，距离转角处2.5cm处开始和结束。

4. 转角处向车缝做剪口。

提示：修剪时，可以用非常锋利的尖角剪刀，把剪刀尖部精确定位到需要修剪的位置。

5. 把面料和缝份转向反面，轻轻熨烫。

6. 修剪掉多余的加固织物，并用小针距缝线覆盖剪下来的边缘。

7. 正面朝上，将转角置于上部，对齐并用珠针固定接缝线和对应点，将各部件粗缝明线。

8. 粗缝暗缲接缝线。

9. 拆除粗缝明线，将各部件正面相对，加

拼接角

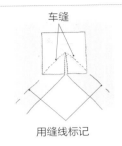 

车缝

用缝线标记

折返熨烫以强化转角

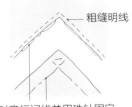

粗缝明线

对齐标记线并用珠针固定

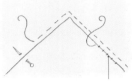

缲针或暗缲针

衬的那层置于最上方。使用短针，从转角处，在距离接缝线约2.5cm处开始缝，缝合完成后将线头收口。

10. 制作转角部位时，先从转角处开始，然后从转角处向外侧缝，车缝应用小针距缝制。

提示：通过从转角处开始反向缝合，可以得到一个更锐利的转角并且避免错位。如果朝着转角方向缝合，会出现错位。

11. 用手工结将缝线固定在转角处，拆除粗缝线并将接缝向内角侧熨烫。如果布料太厚重，可将接缝烫开，以此将外角的缝份展平。

弧形转角接缝

一个服装部件上的外向曲线与另一部件上的内向曲线缝合处是弧形接缝，如第10页上方图片所示。就像公主线一样，该类型接缝线既有装饰性又有功能性。

虽然缝合装饰性内外角曲线的接缝长度相同，但其接缝的缝份长度是不同的，内向曲线比外向曲线稍长。若要成功缝合两部分曲边，需要一些处理手法，复杂的曲边越多，就需要越多处理技巧。在高定工场中，由于缝线在缝合前已做了标记线，所以相对没有做标记线的情况更容易缝合。

缝合弧形转角接缝。步骤如下：

1. 沿接缝做标记线。

2. 当处理装饰性接缝时，先将外向曲线处的缝份向下折叠，距离折叠边0.3cm处粗缝明线。

3. 正面朝上，将折叠边置于上层，对齐接缝线和对位点，并用珠针固定。粗缝明线缝合并缲边粗缝。

4. 拆除粗缝明线后将两部分重新放置，准备车缝，将正面相对缝合。

5. 拆除粗缝线，修剪缝份，将接缝烫开，如有需要将内向角缝边剪掉使其平整。

6. 弧线部位可加剪口使其平顺，手工包缝边缘时应连剪口一起包缝。

弧形拼接角接缝

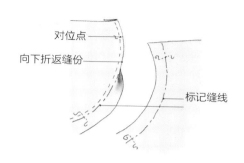

对位点
向下折返缝份
标记缝线

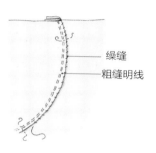

缲缝
粗缝明线

缝合贴身接缝。步骤如下：

例如公主线或袖山接缝线类型的贴身接缝，长度通常不均匀。缝合后，较长一侧上的多余面料可以塑造造型。

1. 在将两边缘粗缝缝合前，先将较长一侧的余量收缩，并控制多余长度。

2. 像平缝接缝线一样，完成接缝缝合。

这是恩迦罗20世纪60年代设计的一款裙装，其插片丝缕与衣身丝缕方向一致，因此其转角边缘为斜丝缕。这款服装的设计特色在于：穿着外套时仍能看见内层的图案。外套见第186页

加支撑接缝

手工平针

省道

省道是种缝合的褶皱，可以将面料形成合体的廓型。当省道位于服装部件的边缘时，比如裙子，其省道末端逐渐变尖或放开，形成一个省道褶。当位于服装中间部件时，比如在上装胸围下面的省道，其两端都是锥形的。

不同于成衣和家庭缝纫中将省道熨烫至一侧，高级定制时装中为防止出现突起，会将省道熨烫开或平铺。大多数的省道为了减少厚度，都会缲缝在衣身反面，但缝在面料正面的"立起的"省道具有装饰效果，这种省道是瓦伦蒂诺经常使用的。为了避免破坏图案织物，也可将省道用蕾丝拼缝的方式缝制。

相比成衣制作，在高级定制时装中，省道使用率较低，通常会尽可能将省道变成余量(见第60页)。尽管如此，高级定制时装必定会有省道，偶尔也会出现在不常见的服装位置。例如，有时会用水平省道来提高裙子下摆的高

加支撑接缝

加支撑的接缝是用类似欧根纱那种轻质而挺括的斜丝缕面料支撑接缝，使其保持张开的平缝线。支撑接缝可以达到柔软平整的接缝效果。

1. 正面相对，缝一条平缝线并将缝份烫开。

2. 测量展开的接缝宽度，剪一条同等宽度的斜丝缕面料做支撑物。

3. 将支撑物覆盖在接缝正上方，用珠针固定。

4. 使用手工平针缝合支撑物和接缝缝份。

5. 完成收口。

蕾丝拼缝的方法也可以用来缝制省道。上图是个例子，其中，右身图案裁剪后，用细小的缲缝针缝在省道线上方，以此盖住省道线。左侧衣身采用常规方法制作，在正面留下一条不美观的直线接缝

度。在需要紧贴胸部的部位采用缲针或暗缲针处理，水平的省道从前片中心延伸到胸围。

缝合省道

省道缝合完成后，从服装正面看省道是完全隐形的。

1. 使用缝线标记缝合位置，如果省道较长或需要定型，可用十字记号标记对位点。

2. 正面相对，使用短平针粗缝省道至省尖部位。

3. 为了试衣缝合省道，将粗缝的省道折叠并粗缝明线。如果试衣后无需调整，拆除粗缝明线。

4. 背面朝上，轻轻将省道熨烫平，然后沿粗缝线方向车缝。

5. 用手工结将线尾固定，拆除粗缝线，熨烫缝合线。

6. 小心地将省道剪开，在距离顶点0.6cm处停下。如果省道很宽，将其两侧修剪至距离

缝线2.5cm宽。如果省道太窄难以剪开，则将省道像褶一样排列，这样它就可以集中在缝线上，将中心线粗缝以防熨烫时发生移动。或者使用第60页的方法将省道作垫平处理。

7. 打开衣服，将省道缝制部位摊放在烫枕上熨烫，以形成合体的省道。

8. 用手指拨开省道，用熨斗头部，上下移动熨烫缝线。如有必要，将大号手工针插入到省道顶部后将其熨烫平整。

提示：在针上熨烫时，使织物以缝合线为中心，防止针尖在尖端处弯曲。按下整个衣服部分，将其塑造成适合身体体型的形状，并将省道的毛边压紧。

双尖省道

1. 当熨烫双尖省道时，在省道最宽的地方拉伸折叠边缘，使其能顺利地折回。

2. 如果织物是棉、亚麻或其他纤维，不需要太多的材料，在按压前将它剪下。

如果省道太窄，无法切开，就用一条布来垫平省道(见第60页)。

加支撑省道

1.在衣服的省道上缝支撑物时，将支撑物缝在反面。

2. 对齐省道的中心，将两层合并。

3.省道缝合之后，检查并确认支撑物不会太紧，如果太紧，拆除服装部件边缘粗缝线后，重新粗缝使两层齐平。

带垫布的省道

借鉴交叉缝或叠缝的制作方法，消除接口位置多余的布料。

如图，在圣洛朗上装中（第172页），夹在中间的省道垫布被剪除了，省道的边缘以三角针缲缝在衣身上。

省道垫平

省道的垫平处理，是用长条面料缝在省道反面，以垫平省道厚度。这种方法适用于处理厚重面料的省道，但很少用于轻薄面料。

省道垫平

通过将省道转化为余量的做法可以避免破坏面料本身图案的完整性。右侧裙片上省道经过熨烫后被归拢，这样使条纹呈现出平顺的线条

1．粗缝省道。

2．使用本身料或厚度与服装面料相似的面料，沿直丝缕剪下一条布料，长度是省道的两倍，大约是2.5cm长。

3．将这条带子覆盖在粗缝省道正上方。

4．将带子双层粗缝固定，防止移动错位，然后正式缝合。

5．拆除粗缝线，向一个方向熨烫省道，向相反方向熨烫省道垫平布条。

省道转化为余量

在家庭缝纫和高级成衣中，常用归缩余量的方法处理肘部和后肩小省道。在高级定制屋工艺中，常将省道转化为余量，以保持设计线条不间断，并使服装更加合身。这种技术常用于裙子制作，可消除部分或全部省道，防止领口出现变形，在剪裁考究的上衣上收紧后袖片，代替袖肘部省道，以及取代袖窿部位的胸省。该方法在结构松散的面料上效果最好。

在这些情况下试穿样衣时，应标记出省道，该技术同样适用于商业样板。

1．试衣过程中，在样板上将所有需要的或标记的小省道用珠针固定。通常这个省道必须相当小并且位于边缘或接缝线上。

2．脱下样衣，标记省道位置。

3．拆除粗缝线，并将样衣放平。

省道转化为余量

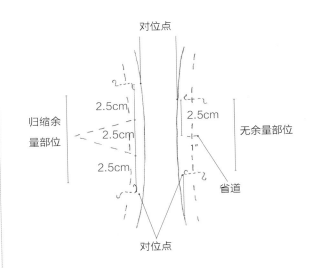

4. 在反面用划粉标出省道缝合线，并在接缝线处测量省道宽度。

5. 在有省道的服装部件上，测量并标记出每个所标记省道两侧的省道宽度，所以要归缩余量部份的长度是省道实际宽度的三倍。例如，如果接缝处的省道2.5cm宽，测量省道下2.5cm以及省道上2.5cm，使整个归缩余量部位的宽度为7.5cm。

6. 在没有省道的一侧，在省道位置的缝合线上下两侧测量并标记省道宽度，所以，无归缩余量部位的宽度是省道的两倍。例如，如果固定的省道是2.5cm宽，含归缩余量部位需要7.5cm宽，不含归缩余量部位需要5cm宽。

7. 归烫去余量，将较长一侧的余量归烫后形成平顺合体的造型 (见"缩缝"第53页)

8. 完成带余量的接缝制作。

熨烫技巧

在高定工艺中，熨烫是非常重要的一道工序，许多工作室中熨烫设备都比缝纫机还多。熨烫伴随整个设计制作的过程，从服装部件缝合之前的剪裁和塑形开始，在造型工艺或缝纫制作过程中需要熨烫接缝线和边缘，服装制作完成后还要进行最后的熨烫。

高级定制工作室里的各种工具可能和普通工具很相似。工业蒸汽熨斗通常用于样板工作间，而干熨斗则用于缝纫间。有时即使是一个普通的国产熨斗，无论什么品牌或类型，关键在于如何合理使用。

其他必备工具包括烫衣板或熨烫桌、尖头压板、袖烫板、接缝压板或者是接缝烫板、大烫板或者烫枕、毛刷以及各式各样全棉、亚麻、羊毛、丝绸的烫布。常用的工具是针板和毛刷。针板非常昂贵，但使用寿命很久，大约

1）蒸汽熨斗 2) 烫垫 3) 尖头压板 4) 压板 5）各种全棉、羊毛、真丝烫布 6）针板 7) 肥皂 8) 特氟龙熨斗垫 9）袖烫板 10）接缝烫板 11）毛刷 12）球点梳子 13）熨烫垫 14）烫枕

衬布与垫布

衬布与垫布在高定中的使用频率远高于家庭缝纫与成衣制作，衬布与垫布通常用天然纤维制作，缝在服装的内侧，用于塑造造型，衬布与垫布可以用在不同的部位。

高级定制时装通常会使用真丝作里布，因为这类服装考虑更多的是美观，而非耐用。尽管高定的上装和外套经常使用里布，但相较高级成衣，还是较少使用里布，因为一方面会增加额外的布料层，另一方面会破坏服装造型。

衬布与垫布间的差异有时很模糊，它们都有助于塑造服装造型。垫布可以改变面料的厚度感，衬布用于控制服装的造型，衬布有时还可以改变蕾丝等面料的颜色，衬布与垫布可以用在整个衣身也可以用在局部衣身。

传统高定服装的衬布与垫布包括毛鬃衬、真丝欧根纱、中国丝绸、亚麻布、白坯布、法兰绒、羊毛以及网布等各种材料，有时也会使用更高级的材料，比如高支埃及棉、真丝塔夫绸、绉缎等面料。有些韧性极佳的毛鬃衬可用于不同的部位，比如迪奥上装的前身部位，妮娜晚装的裙身部位也用了衬布，还可用于支撑肩部造型。

衬布与垫布的选择取决于服装的结构与造型。有时仅使用垫布，也可同时使用衬布与垫布。为了能做出正确的选择，可将服装挂在人台上，分析各种材料的使用效果；或用手拎起布料判断其特点来做选择。支撑料有时比服装面料更硬挺，但不宜太重。可以通过测试来选择正确的材料。

提示：通常按斜丝缕方向裁剪衬布与垫布，这样不仅能为服装提供很好的支撑，而且富有垂感，不会显得过于僵硬。

罗伯特·卡布奇的设计往往能突破艺术与时装间的界限，他经常会试验各种不同的服装结构。这款长裙的用料为真丝塔夫绸，其边缘处的波浪折边为绛红色，内部采用硬挺的裙衬，以此勾勒出裙摆造型。整个装饰边环绕衣身，螺旋上升到上身后边处。（图片由泰勒·谢莉拍摄）

75年，专用于制作天鹅绒面料。毛刷是大约5～10cm长的硬毛刷。

只需要不断练习就能够掌握熟练的熨烫技巧。熨烫技巧没有固定的操作模式，而且想要所有人用同样的工艺熨烫是做不到的。若要取得专业熨烫效果，关键点是掌握熨烫基本要素：湿度、温度、压力以及它们是如何共同作用影响布料的。

熨烫所需的温度、湿度和压力取决于面料的纤维成分、密度、厚度和织物结构。棉布和亚麻布相比羊毛、丝绸和合成纤维布需要更高的温度。轻薄面料和厚重面料，即使成分相同，轻薄面料更容易因高温遭损伤。无论熨烫什么面料，没有烫布时必须降低熨斗温度。

许多面料在湿度和温度的共同作用下可塑性会提高。在使用蒸汽熨斗时可以配合使用湿烫布或海绵。蒸汽熨斗最容易操作，但是，熨烫效果最不可预测，配合使用湿烫布和海绵后效果会好一些。对于容易产生水渍的面料，可以先采用烫布覆盖后，再用湿布或海绵。

先将烫布一端弄湿，然后把布折叠起来，湿的一端把干的一端包裹起来，这样熨烫时，蒸汽可以均匀分布。若要将海绵弄湿，先把它浸在水里，取出后摇晃至不滴水。然后把湿的地方覆盖在需要熨烫的部位。

大多数熨烫需要一定的压力，但是所需要的量随着熨烫效果和面料的不同而不同。对于压平接缝和边缘或归烫余量，在厚重织物上施加的压力要比轻薄织物或起绒织物上大，可以使用几种工具来施加压力，如熨斗、压板、毛刷柄或者手指。可以用不同的接触面来调节压力。熨烫口袋、扣眼、下摆、蕾丝接缝以及有纹理的面料时，将服装部件反面朝上置于一个柔软的表面或烫板上，以避免压平或造成压印。若想做出一个平挺的接缝或下摆，则可以使用无垫布的硬木面。

熨烫前要先进行织物测试。可以用制作省道、接缝和下摆的样品在各种温度、湿度和压力下试验，根据不同的熨烫效果来确定最适合面料和设计的烫布和按压工具。

尽量在衣服反面熨烫。当从正面熨烫时，要用压布保护表层面料。当熨烫较大部件或未裁剪的面料时，要确保按直丝缕方向熨烫面料。为了避免在熨烫的时候拉伸织物，要顺着直丝缕方向滑动熨斗，并且在面料冷却或干燥前，不要移动面料。

在服装制作的每一个阶段都需要熨烫。在平坦的平面上熨烫平坦的区域，在烫枕或仿制体型线条的弯曲板上进行造型处理。在绱缝服装部件前，应先熨烫小部件；在缝合部件前熨烫省道；在将省道和接缝与其它缝线重叠缝合前需要先进行熨烫。

在熨烫接缝与省道前应先检查车缝质量。如果车缝效果不佳，应在熨烫前加以修整。然后拆除所有缝线标记线。应沿缝制方向熨烫缝份与省道，使缝线与面料充分融合。熨烫厚重且松散的面料时，应从反面熨烫，以免在正面留下不美观的印痕。熨烫时可配合小烫板与压板，分烫缝时可用手指或熨斗的尖部分开缝份后轻轻熨烫，不可重压。可用熨斗尖部按压，如需要可配合使用湿烫布。

为了能使边缘熨烫平整，可配合使用剪口与缝份修剪等方式。在分烫合拢的缝份时，应先分烫缝份，然后修剪缝份。完成后将正面翻出，为了能使其边缘平整，可将部件置于平面上，边熨烫边用压板按压，如果面料是那种厚重或松散的面料，可以反复按压多次。熨烫完应等待部件完全干燥后方可移动。

应避免过度熨烫。因为反复熨烫会导致面料收缩，或出现不美观的印痕，如要对省道与接缝部位熨烫，应将其反面向上置于烫板上，然后用蒸汽进行充分熨烫。完成后，用毛刷在

许多设计师在设计立领时会采用直丝缕，有时也会采用横丝缕，这样可以设计出一个美观的立领。图中是香奈儿设计的立领，可以看见其上领口部位采用了归烫处理，下领圈部位则采用的是拔烫工艺

正面刷面料。反复如此操作，直至正面的印痕消失。

服装的归拔熨烫

根据面料的成分、组织结构以及丝缕方向，可对余量进行归拔熨烫。全羊毛、羊毛混纺面料，以及那些松散结构的面料例如真丝、全棉、亚麻与化纤面料，相比紧密结构的面料更容易进行归拔处理。斜丝缕边缘比较容易进行归拔处理，而沿直丝缕方向则比较困难。

归烫

在家庭缝纫中归烫是种常用的技法。归烫在高级女装定制与男装定制中是种最常用的工艺处理方法，在制作袖山部位时，用归烫处理可以减小过大的体积。制作裙子时，用归烫工艺可以减少裙身余量，并控制下摆的展开量，

对袖窿部位进行归烫，可以将省道转化为余量形式，归烫也可以用来处理那些容易拉伸变形的部位，比如领圈。

1. 先将带有余量的部位粗缝固定，拉紧粗缝线，将长度减至所需尺寸。

2. 将反面向上，用蒸汽熨斗熨烫接缝部位，或干熨配合湿熨布。蒸汽与温度结合可收缩面料。再配合手指按压，可以逐步消除面料多余的量。然后用干烫的方法熨烫，再用冷却的熨斗按压面料，直到其冷却干燥定型。

在特定范围内归烫。在特定范围内进行归烫，比在边缘部位归烫难度更高。这种工艺可以消除腰身与胸下部位过多的余量，从而使服装更好地贴服人体。

1. 若服装有衬布，可先将衬布上的省道缝合，再与面料粗缝在一起。

2. 当面料与衬布粗缝合后，面料部位会出现余量。

3. 围绕余量部位进行粗缝，以此控制归烫范围。

4. 用蒸汽熨烫面料，并用手指按压，以此消除过多的余量。如果配合使用加湿布，效果会更明显。

5. 反复以上操作，直到消除所有余量。

拔烫

拔烫能使服装衣片贴合人体。对大部分家庭缝纫而言，拔烫是种新工艺，通过拔烫可以拉长弧线、或是将弧线变直。归拔两种工艺可以配合使用，拔烫工艺可用于制作腰身底部与大袖片前袖缝。

1. 先将衣片反面向上，然后用蒸汽或湿烫布、海绵等湿润缝份。

2. 熨烫时，一只手拉住面料一边，再用熨斗按住另一边，并拉长边缘。拔烫时应检查拔伸长度，以免拉伸过度。

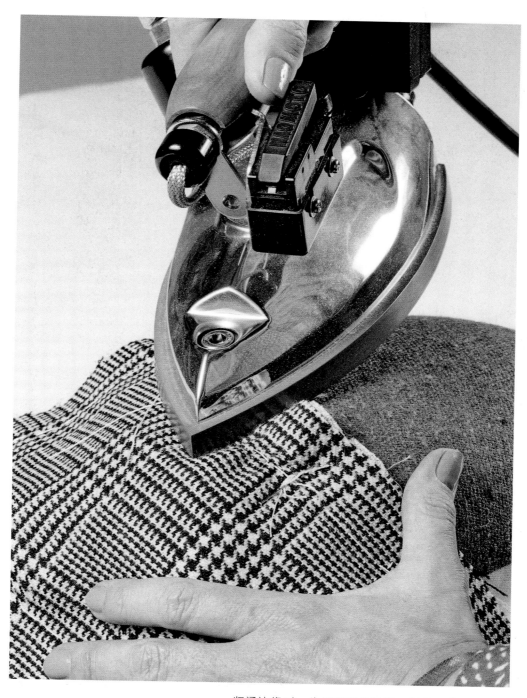

归烫边缘时，先用粗缝收缩量。然后用蒸汽熨烫边
缘。可用手按压，或用熨斗按压。按压时应避免出现
褶皱。每次缩烫量不宜过多。先收缩一定量，然后再
粗缝。以此反复直到获得满意效果。可以用干烫配合
湿烫布的方法熨烫，如在正面进行归烫则必须覆盖烫
布（本书为了展示效果，未用烫布）

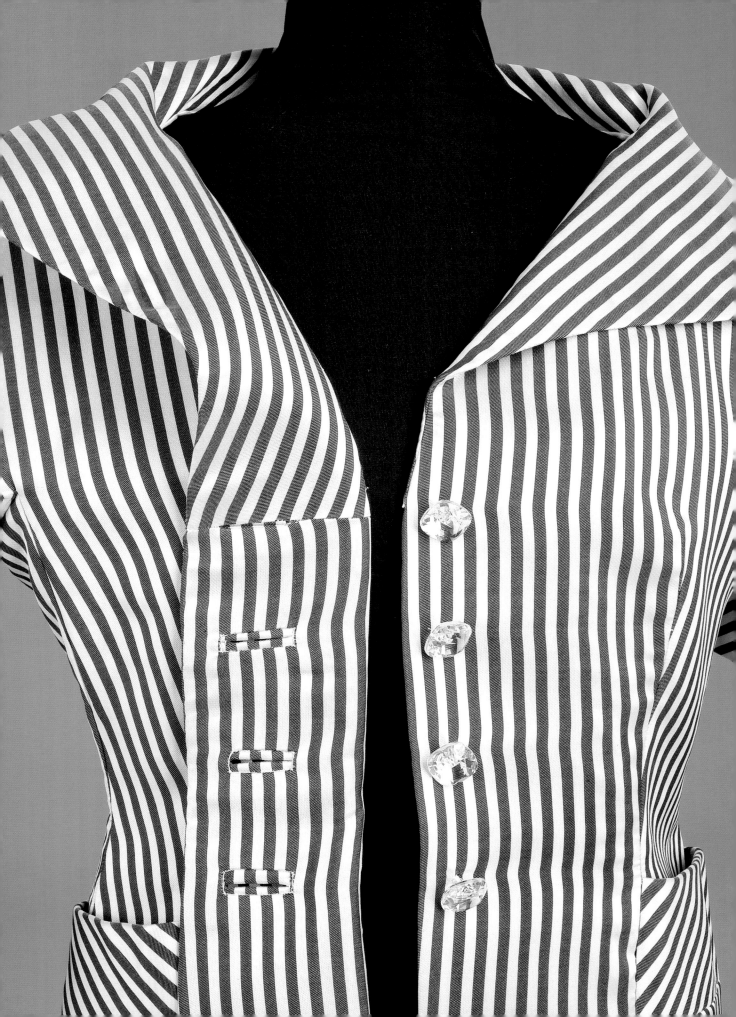

4

边缘收口

定制时装中广泛使用的收口方式有三种：下摆、贴边、滚边。

影响选择收口方法的因素有很多，包括需要收口边缘的形状、其在服装上的位置、服装的类型、设计与面料、时尚流行趋势以及顾客与设计师的个人偏好等。例如，连衣裙下摆呈直线，可以用下摆、贴边或滚边方式收口。若为不对称、弧形、波浪形等特殊造型，则需要用贴边收口。即使领圈与下摆部位的形状看起来相同，也需要根据领口弧线弯曲的形状，或是面料的下摆厚度采用不同的收口处理方法。下摆、贴边与滚边都是边缘收口方法，但是功能各有差异。

这款20世纪90年代的迪奥上装开口采用连口式贴边，其领口与驳领处采用独立贴边（图片由凯恩·豪伊拍摄，作者收藏品）

下摆、贴边与滚边的结构

下摆

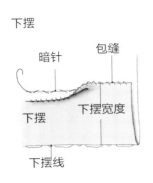

贴边

滚边

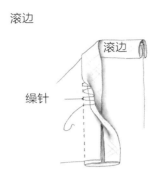

下摆用于服装底部与袖口边缘的收口，并可以通过增加边缘部位的厚度使服装的垂感更佳。贴边常用于上装竖直方向的边缘收口。滚边常用于上口、下口与竖直边缘，可以替代贴边的作用。

下摆是服装上的延伸部分，下摆的宽度因下摆所在部位、设计以及面料厚度或薄透等特点而异。下摆部位也可以用单独分开的贴边收口，这种处理方法通常用于形状特别的下摆。

贴边可以作为单独的部分用于对弧形部分进行收口处理，也可以对直线型或稍带弧形的边缘加以收口。只能从一面看出贴边与下摆——通常是从服装内侧。

与之不同，滚边是用一条单独的面料包住服装边缘，从而使服装里外两面都很美观。

在高定中，人工与材料成本会直接影响所要实现的效果。收口不会总采用最简单的方法处理，也不会总用常规的成衣或家庭缝纫方法处理。无论采用哪种方法收口，下摆、贴边与滚边都会用手工、车缝或是两种方法组合制作。手工收口仅仅是传统高定服装的一种制作方式。

下摆

在客户初次试衣前，可以用缝线标出下摆线的位置，然后将下摆折叠并粗缝固定。这样可以便于看出设计的整体效果与客户的试衣效果。试衣后再拆除粗缝线，然后根据需求加以调整，并缝制竖直方向的接缝。在此阶段可以调整服装的长度并用缝线标出。在第二次试衣时重复以上步骤以确定服装正式长度。

平下摆

有时称为高定下摆或暗下摆。平下摆是种简洁的下摆。由于平下摆平整，制作简便，因此应用最广泛。无论服装下口边缘的平下摆是宽或是窄，其竖直方向接缝应位于面料直丝缕方向，并且其下摆的缝份不应有任何余量。

当用缝线标出下摆线后，就可以翻折下摆并将下摆缝份与面料反面粗缝在一起。其毛边应包缝并向下翻折或滚边以避免面料脱散，然后以手工方式在上口部位暗缝固定。经过合理的收口处理，从服装表面根本无法看出下摆。

下摆调平

通过服装收口处理确定服装最终长度称为"下摆调平"。无论是直身裙还是喇叭裙，其下摆应与地面平行。为了能达到设计目标，设计师会根据体型使裙子的后中比前中长出1.5cm。

1. 在每一裙片上用缝线标出下摆线。

2. 以珠针别合或粗缝的方式将服装粗缝起来以备首次试衣，沿下摆线以上0.6cm粗缝，然后距离下摆毛边向下约0.6cm处再粗缝一道。稍微熨烫一下下摆折边。

3. 试穿服装，对齐开口并用珠针固定。

4. 检查下摆是否与地面平行。用一米的直尺测量前中、后中及侧缝各点下摆到地面之间的距离。

5. 用1~2根珠针作标记，加长或缩短下摆。拆去粗缝线，保留标记缝线。将服装平摊于桌子上，测量并用不同颜色的线标出新下摆的长度。

6. 若原下摆不平，则必须重新做标记。在试衣时拆去粗缝线但保留原来的标记缝线，根据所测的与地面平行位置用细珠针水平标出下摆位置。向上用珠针别住下摆，在后中部位向上别住1.5cm，侧缝部位别住0.6cm。

在这几点之间的别针应保持平顺，然后检查一下下摆是否呈水平状态。若有必要应继续调节直到取得满意的效果。

7. 当制作及地长裙时，由于裙长接近地面，因此测量会有难度。为了便于操作可以先用珠针沿臀围以下最宽位置标出一道标记，约距离地面30cm，以此作为下摆调平的参照线。在前中部位标出最终裙长。

8. 取下裙子，平摊在桌子上，测量前中部位两珠针之间的距离。以该尺寸为参照用珠针在参照线下标出新下摆线。

下摆制作过程

下摆宽度受面料厚度与设计款式的影响。中厚型面料制作的直筒裙，其下摆宽度在6.5~7.5cm之间。

通常，厚料或弹性面料以及宽摆（包括带有褶裥、抽褶或喇叭型）裙子的下摆宜窄一些，约2.5~5cm之间。直筒抽褶裙的下摆宽度与纤薄面料制作的半身裙相同。

当确定了裙长后就可以开始制作下摆了。

1. 反面朝上，将下摆沿标记线向上翻折，然后距离下摆线0.6cm处粗缝。

提示：若为厚重面料，可以减小面料层下摆缝份宽度，但是不可减小底层料的下摆宽度。因为薄料做的下摆可以起到间隔作用。

2. 反面向上置于烫枕或烫凳上。

提示：宜将烫凳置于桌上熨烫裙子，这样裙子可以放在桌上。若没有烫凳，可以用一桌面靠在烫板上。

3. 烫挺下摆折边部位。应避免拉伸或皱缩下摆。切勿在下摆上来回搓熨斗，因为横丝缕易变形，应采用一下一下压烫面料的方式。

修剪接缝处下摆缝份的厚度

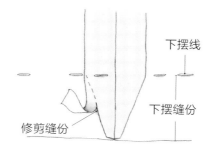

下摆线

下摆缝份

修剪缝份

折叠平下摆并用珠针固定后粗缝

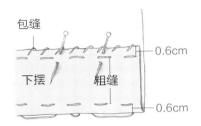

包缝

0.6cm

下摆 粗缝

0.6cm

4. 继续熨烫下摆直到完成。若是采用蒸汽或湿烫布熨烫，第二次熨烫时应用干烫。

5. 用划粉标出下摆缝份宽度。将反面朝上，下摆朝自己。

测量下摆宽度后折叠。根据所需宽度加宽0.6cm，将划粉线上方多余面料修剪去。

6. 以合适的方法将毛边收口。

7. 将下摆与服装用珠针平服地别合，别合时珠针与下摆之间应有一定角度且方向朝自己。然后在别合边缘下方约0.6cm处以粗缝固定。这样当服装正面翻出后，下摆完全不会外露。

8. 正面朝外，将服装平铺在桌面上，下摆朝自己。

9. 若面料不易皱，可以将下摆上口竖起，沿粗缝位置向内折叠形成正面相对的两层面料。

10. 若面料易皱，可以在裙子底部进行制作。将下摆置于桌上后再将下摆上口向后折，而不是整个下摆贴边。

11. 用一细针与相应缝线，先将缝线固定在下摆缝份上。用拇指按住向反面翻折的边缘，同时用较松的缝线固定边缘。缝线既应将下摆缝份固定到位，又不可在正面露出痕迹。若服装有衬布，应避免针钉穿衬布缲到表层面料。

提示：若服装用的是厚重型面料，应用暗三角针从左向右缲缝。

12. 完成下摆制作后拆除全部粗缝线。将裙子反面朝上，仔细熨烫下摆，不可熨烫到下摆上口边缘以免在服装正面露出印痕，然后用熨斗尖头部位在下摆与裙身上来回熨烫。检查一下表面是否有粗缝留下的痕迹，如果有痕迹，可以用本身料或羊毛质地的烫布加以蒸汽熨烫以消除痕迹。

两种制作服装下摆的方法

不易皱面料的下摆制作方法

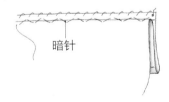

暗针

易皱面料的下摆制作方法

0.3cm

将贴边部分的余量与里布缝合

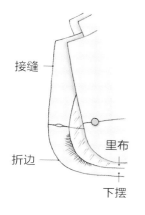

接缝

折边

里布

下摆

平下摆的变形

在展开廓型的设计中，如三角插布，A型裙与环型裙，展开会导致接缝部位出现大量余量。若无法合理消除或控制好这些余量，下摆就无法呈现理想的悬垂效果，0.3cm多余的面料就会导致下摆部位变形。

最简单的处理毛料下摆部位余量的方法是以蒸汽熨烫归拢，如巴伦夏嘉那款羊毛圆摆上衣就是采用这种方法处理的。若用熨烫归拢不能奏效，就需要在下摆部位制作小省道控制余量，这又是一种有效的方法。虽然熨烫归拢后下摆内侧看起来不是很平挺，但是服装上身后下摆效果会十分理想。这种处理方法适用于制作有里布的服装。

控制余量

1. 沿标记线向反面翻折下摆，然后在距离折边0.3cm处粗缝。余量会导致下摆出现皱痕。

2. 将反面朝上熨烫翻折线，但不需要熨烫下摆缝份部位的皱痕。

3. 测量并标出宽窄均匀的下摆缝份，修剪去多余的量。

提示：通常下摆份修剪后宽度应控制在2.5~4cm之间，鉴于下摆本身有重量，若贴边修剪得过窄会影响裙子的垂感。

4. 对齐裙摆部位的接缝线后用珠针固定。将下摆平贴于服装反面，从前中与后中部位向侧缝操作。若裙摆呈喇叭型，下摆处会形成与下摆线垂直的皱痕。

5. 将下摆缝份与服装以珠针固定，珠针与边缘呈直角，每针间隔2.5~7.5cm。

圆弧越紧密，珠针越贴近，将余量转化为珠针之间立起的细小皱痕。为了避免影响服装的悬垂效果，皱痕应与下摆线垂直。

6. 在靠近下摆缝份上口以粗缝固定，并以暗针在皱痕之间缲缝。

这件20世纪30年代制作的斜裁的连衣裙领圈部位自然下垂。其服装展开量形成了平顺自然的垂感，下摆贴边处理得十分老练。此外连衣裙在肩部、腋下有拉链，袖口部位有纽扣与扣环

从内里看，贴边部位的线迹与皱痕呈间隔分布

控制下摆份上的余量

双针下摆。若面料太厚重，其重量会牵扯下摆缝线使其正面露出印痕。最简单的解决方法是在下摆部位多加缝两道，先在下摆份中间缝一道然后在收口部位边缘缝一道。

1. 制作双针下摆时，标出下摆宽，然后在下摆缝份中间位置上口到下摆线中间粗缝一道。若制作三针下摆，可将下摆缝份分成三截。

2. 沿粗缝线以暗针或暗三角针将下摆与衣身缲缝起来。

3. 用常规方法沿下摆缝份上口粗缝并缲缝下摆。

双针下摆

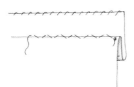

加衬下摆

上装下摆部分可以加入一条斜丝缕衬布以避免服装表面出现皱痕。若想在整个衣身部位加衬，最理想的方法是加入传统的非黏合衬布，如毛鬃衬、坯布、棉衬、真丝欧根纱与山东绸之类。若需要柔软的带衬垫效果的下摆，羊毛衬垫与全棉法兰绒是最理想的材料。若需要更明显的衬垫效果，可以用涤纶衬垫、涤纶或羊毛法兰绒衬垫。若希望下摆硬挺，毛鬃衬、硬衬布与穗带是最佳选择。

应根据下摆对于柔软或硬挺度的要求决定衬布的宽度以及确定是否需要里布。若需要柔软的边缘，衬布应距离下摆线1.2~2.5cm。若要形成硬挺的下摆，则衬布应靠齐下摆线。

在无里布的服装上，应将衬布隐藏在下摆内，衬布上口应比下摆上口低1.2cm。带里布的服装对衬布宽度没有特别的要求，但通常衬布宽度至少为7.5cm。其宽度至少应超出下摆上口1.5cm，位于服装与下摆之间，以防下摆边外露出来。通常那些比日常装更长的连衣裙用衬布的长度在25~30cm之间，而日常装的衬布宽度在5~10cm之间。伊夫·圣洛朗为迪奥设计的梯形连衣裙（见第127页），用宽度为60cm的衬布制作服装造型。衬布宽度取决于服装廓型、面料厚度与裙长等因素。

1. 应根据下摆长度裁剪足够量的斜丝缕衬布。

2. 将服装反面朝上平摊在桌子上，将衬布与服装以珠针别合，搭住下摆线1.5cm。

提示：拼接衬布条时，两端衬布应重叠1.5cm后以细小平针缝合。

加衬下摆

边缘柔软的下摆线

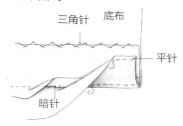

展开的弧形下摆线

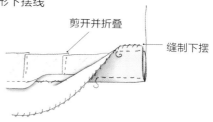

3. 用三角针将衬布上口与底布竖直接缝缭在一起。

4. 在下摆线部位，以大针距平针将衬布与服装缝合，或沿下摆线折叠衬布后以大针距的暗针将其固定。若服装有底衬，应将衬布与底衬缭缝在一起，但要避免缭缝到服装表面。

5. 对于带里布的服装，将衬布上口与服装或服装底衬缭缝在一起。将下摆折叠并粗缝，用三角针或平针将下摆与衬布缝合。

6. 若裙子为喇叭型，可以将衬布平摊在服装上，通过剪开或折叠小省道的方法制作出衬布的造型。若在喇叭型裙子上使用毛鬃衬，应使用穿线抽拢余量的方法，而不适合用剪开的方法制作衬布造型。

7. 对于较宽的衬布，可以将两截衬布用珠针别合在一起。通常，上装的下摆部位可以用两条10cm宽的衬布，一直延伸到腰部。两条衬布拼接部位不需要与衣身缭缝。

加毛鬃下摆。 不同于传统衬布材料，毛鬃衬太僵硬不适合折叠或沿下摆线折叠。宽毛鬃衬有一边有线绳，可以抽紧使其能与展开的弧形下摆造型自然相符。

1. 用5cm宽的毛鬃衬。

2. 将其边缘与下摆线对齐，并用暗针正式缝合。

3. 将毛鬃衬边缘重叠1.5cm，再用滚条或缎带扣住切边。

4. 用三角针对毛鬃衬上口和接缝缝合。

5. 可根据需要，通过抽缩边缘线绳的方法制作毛鬃衬造型。

窄下摆

窄下摆有多种不同的变化：手工卷边下摆、针钉下摆、缭缝下摆以及几种女式衬衣下摆，其中手工卷边下摆与缭缝下摆的应用最广。高定服装下摆常用手工制作。高档成衣与家庭缝纫制作的服装窄下摆多为车缝。手工缝制的下摆比车缝的下摆更柔软。

提示：无论选择哪种式样的下摆，在修剪多余部分之前必须仔细确认衣长，因为一旦动刀之后就无法补救了。

手卷下摆。 手卷下摆常用于轻薄的真丝与羊毛面料以及雪纺与欧根纱面料，但不适用于厚重面料或是薄料制作的波浪、刺绣、金丝线或珠片，因为这类衬料边缘不均匀，难以卷出平顺的效果。

手卷下摆

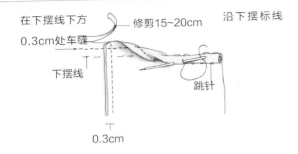

手卷下摆可以将缝线藏于卷边中。

1. 反面朝上，将下摆部位竖直方向的接缝缝份宽度修剪至0.3cm，然后向左侧烫倒。

2. 用缝线标出下摆线。

提示：制作方巾时，通常默认其缝份宽为1.2cm。

3. 将车缝针距设为小针距（7针/cm），距离下摆线下0.3cm车缝一道。然后贴近缝线修剪15~20cm。为了避免面料脱散开，每次修剪距离控制在3~5cm，一次不宜修剪太长距离，应按实际需要修剪。

4. 将反面朝自己，用食指持卷边，再用左手食指与拇指卷边，包住车缝线，一直卷到标记线为止。卷边前可以湿润一下手指，这样可以卷得更结实。

5. 用一细针穿棉线、蜡光线或丝线，长30cm左右，不需要打结，将缝线固定在卷边部位。

6. 可以用缲针、明缲针或拱针缝制卷边。若用缲针或明缲针可在服装上缲一根纱线，然后在卷边部位缲缝一小针，连续缲缝几针后再一次拉紧缝线。

针钉下摆。宽仅为0.3cm，比手卷下摆平坦，适用于那些较硬、难于卷边的面料。

1. 反面朝上，将下摆中竖直方向的接缝缝份宽修剪至0.3cm，然后熨烫。

2. 以缝线标出下摆线。

3. 将缝纫机针距设为小针距（7针/cm），沿下摆标记线下方0.3cm处车缝。

4. 反方向折下摆，然后在距离折边0.1cm处车缝止口线，熨烫。

针钉下摆

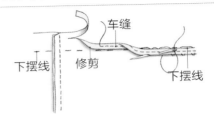

提示：制作止口线时应降低底缝线张力，这样便于在下摆收口完成后拆除缝线。

5. 尽量靠近止口线修剪，可以用5号剪刀，便于贴近修剪。

6. 向下翻折下摆，用缲针或明缲针固定。

7. 拆除粗缝线。

缲缝下摆。适用于轻薄面料，但不适合制作卷边下摆，可以做成明线缲缝下摆。这种方法也适用于处理中厚型面料，这比用车缝更漂亮，而且从正反两面都看不出线迹。

1. 反面朝上，将下摆部位所有竖直方向的接缝缝份宽修剪为0.3cm，然后熨烫。

2. 以缝线标出下摆线。

3. 根据下摆缝宽度另加0.6cm后修剪下摆。例如：下摆份需要2.5cm，实际修剪后的宽度为3.1cm。

缲缝下摆

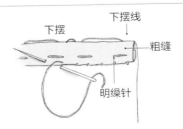

4. 反面朝上，向反面方向折叠0.6cm，用手指一小段一小段地折叠。

5. 将下摆沿下摆线向下折叠。若下摆宽0.6cm，可沿下摆线上方0.3cm处以粗缝固定。若有需要，可在下摆折边下方0.6cm处再多加一道粗缝线。

6. 用明缲针或缲针固定下摆，然后小心地拆去粗缝线。

7. 对于弧形、波浪形或环形下摆，可以在距离下摆毛边部位0.6cm处缝一道抽缩余量的粗缝线，抽紧粗缝线后向下翻折下摆，在距离折边0.3cm处，将下摆与服装固定。

女式衬衣下摆。对于带塔克褶的女式衬衣，其下摆应窄而平整，以避免下摆部分出现拱起。经常用简单的包缝止口线或针钉下摆的方法处理。

边缘包缝的效果最平整。边缘包缝是包缝接缝的变形，由于没有下摆缝份，因此很平坦。

1. 用缝线标出下摆线。

2. 沿标记线上方0.3cm处车缝一道，沿标记线修剪。

3. 用手工包缝边缘。

4. 对于易脱散面料或需要光挺的收口效果可以来回包缝2次。

5. 拆去粗缝线。

类似于包缝接缝，包缝车缝止口就是先包缝再车缝止口。

1. 用缝线标出下摆线。

2. 将下摆下方缝份宽修剪至0.3cm。

3. 边缘做包缝。

4. 向下翻折下摆，沿折边0.2cm车缝止口线。

斜丝缕下摆贴边

对于有造型的下摆式样，在平缝或抽余量下摆上，加贴边是理想的处理方法，无里布服装可以用贴边盖住下摆部位的衬布，还可以加放出衣长，并确保有美观的下摆份。对大多数设计而言，斜丝缕贴边的宽度在2.5~7.6cm之间。对于那些较弯曲的下摆，宜选用较窄的贴边。对于那些基本平直稍有弧形的下摆宜用宽下摆。贴边材料应使用紧密轻薄的里料。

1. 裁剪1.5cm宽的斜丝缕条，宽度大于实际贴边的宽度，并根据实际下摆所需长度拼接足够长度的斜丝缕布条，分烫开接缝并修剪去布边。

2. 根据实际需求用缝线标出下摆线与衬布。

3. 向下翻折下摆缝份后用粗缝固定。若是直身裙，将摆份宽修剪为2.5cm，若是圆摆或异形的裙摆，将缝份宽修剪为1.2或0.6cm，根据需要将毛边部位拔长或做剪口使其能摆放平整。以珠针固定并粗缝。

斜丝缕下摆贴边

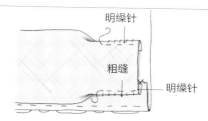

4. 将服装反面朝上平摊在桌面上，下摆朝自己。

5. 将斜丝缕布条一边向下翻折0.6cm，然后将其盖在下摆份上，重叠0.6~1.2cm，粗缝固定。

6. 将斜丝缕布条上口向下翻折0.6cm，用珠针固定并粗缝。

7. 用明缲针将上下两边正式缝合。

8. 拆除所有粗缝线并熨烫。

贴边

贴边的功能与下摆一样，用于服装收口处理。不同之处在于贴边上口或外口不用和服装缝合在一起，否则会影响服装的垂感。加贴边后，服装可以做得更加贴体，同时也会对廓型产生微妙的影响。贴边用于服装开口、圆弧和有造型的部位，有助于构建结构理想的服装。

贴边可以分为3种：连体、分体和斜丝缕贴边。其中，连体贴边与服装为一个整体，与平下摆做法一样。分体贴边与斜丝缕贴边都是单独裁剪的，可以用自身面料也可以用完全不同的面料或是轻薄的里布。连体贴边犹如一个

该款由赫迪·雅曼设计于20世纪50年代。其特点是领口为贝壳形弧线，低腰，大裙摆。该领圈贴边是分体贴边（图片由凯恩·豪伊拍摄）

1.2~12.5cm宽的下摆，其制作方法与平下摆相同。当边缘沿直丝缕方向时，连体贴边的形状与丝缕方向与边缘部位相同。若边缘呈斜丝缕的斜角，或稍带弧形，其贴边形状与丝缕方向与边缘不同，必须经过抽缩余量，做斜接角或是做剪口之类，使其边缘保持平顺。连体贴边广泛用于高级定制，因其折边比分体和斜丝缕贴边的边缘更平服柔软，因此垂感也更好。

分体贴边的形状与所缝合的边缘形状及丝缕方向一致。分体贴边常用于领口和边缘以形成卷曲有造型感的外观。分体贴边也可用于波浪形边缘。

斜丝缕贴边是斜裁的一条窄边，由轻薄的面料制作，宽度窄，由于其造型与所缝合的边缘形状无关，它必须适应于边缘的形状。

高定中，即使是在同一条边缘上，也会同时应用多种贴边。左图中的连衣裙，其前领口与后开口采用与之相似的分体贴边。在第66页所示的上装中，其前部边缘上半部为分体贴边，下半部是连体贴边。

在处理贴边前，应先检查一下服装的合体性，以及边缘部位是否需要固定或用牵带等定型或加衬布。

分体式贴边

可以用手工或车缝缝制分体式贴边，这两种方法在高定中都比较常见，而在成衣中仅用车缝。以下是关于手工缝制贴边的方法。

若在试衣中边缘未出现变化，可以直接从衣身样板上裁出贴边。当用服装衣身作为样板时，可以用缝线标出领围线，从而在贴边上构成相应缝制线。收口后的领口也可以成为手工绱缝贴边时的参考。

领口贴边可以裁剪成多样形状，最传统的是环形，根据领口裁出一个与之平行的贴边。还可以是长方形，直接延伸至袖窿部位。

分体式贴边

环形贴边	方形贴边
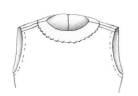	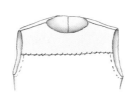

当处理较大形状的贴边时，可以先将其固定在袖窿部位，捋平服。运用大块的贴边在服装表面形成的痕迹不会太突兀，比较明显的缺点是在服装肩部增加了一层面料厚度，会使服装看起来很厚。

一种改进方法是改变原来的肩缝接缝位置。与成衣和家庭缝纫不同，高定服装的贴边通常不与大身肩缝对齐。

以下是为不熟悉长方形贴边制作工艺的读者所提供的指导，方便读者做出较小的贴边或里布。

1. 用服装本身料或是质地轻薄紧密的布料制作贴边。先用一块长40cm的长方形布料作为后身贴边，可以根据服装尺寸调整布料大小。

2. 在制作贴边样板前，先处理服装领口。根据需要加衬布或牵带，将缝份宽度修剪至

这款真丝印花连衣裙由巴伦夏嘉设计于20世纪50年代。其从领圈到袖窿用一大块贴边，上下口分别用缎带收口。这款连衣裙腰身部位原有一条宽牵带固定，现在被拆除了

2cm后向下翻折再用珠针固定，然后在距离边缘0.3cm以粗缝固定。

3. 反面朝上，将领口置于烫枕上用蒸汽熨烫边缘。用手指将毛边部位展平。如有必要，对于质地紧密的面料，可以将其边缘修剪为0.6cm或1cm，比结构松散的面料缝份略宽。

提示：在处理领圈弧线部位时，除了尽量将缝份宽度修剪得窄一点以外，应沿弧线每2~3cm对弧线的缝份做一个剪口，使领圈可以放平，但不要剪断领圈部位的粗缝线。

4. 用较松的三角针将缝份与底衬或衬布缲缝在一起。若没有底衬与衬布，缲缝时应避免服装正面露出线迹。

5. 裁剪一块长方形布料用于贴边。在制作前应仔细检查一下缝份的厚度，若缝份过厚就应重新安排贴边接缝以减小厚度。

6. 反面朝上，从前中开始处理贴边，对齐服装丝缕方向用珠针固定。

7. 按穿着的效果一边手持领圈，使贴边平服，一边用珠针固定。

8. 在肩部接缝部位，用前身贴边平服地盖在上面，使接缝缝份平整后用珠针固定。将肩部与领圈部位的多余量修剪去，贴边部位缝份留1.2cm。

9. 将底衬与贴边用珠针固定到位，将肩部毛边修剪后向下折叠，用珠针固定后缲缝。

10. 沿领口修剪多余量，保留1.2cm缝份。

11. 反面相对，将贴边与服装用珠针别合，将毛边向下翻折后，贴边比服装边缘低0.2~0.6cm，应盖住服装缝份上的剪口，并用珠针固定。

12. 将贴边朝自己，粗缝到位后再小心地熨烫。用缲针与明缲针将贴边与衣领边缘缝合。

13. 拆除所有粗缝线并小心熨烫。

手工缝制贴边

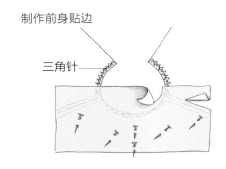

制作前身贴边

三角针

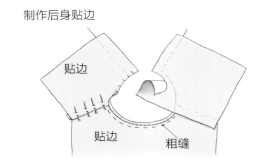

制作后身贴边

贴边

贴边   粗缝

斜丝缕贴边

斜丝缕贴边是用工艺处理的方法而非用裁剪的方法做出与服装边缘相同的形状。由于斜丝缕贴边可以形成与服装形状相同且垂感良好的效果，因此常用于轻薄全棉与真丝面料制作的女式衬衣与连衣裙的贴边。在高定工场里，若面料轻薄，则用本身料制作贴边，若面料厚重可以用里布制作贴边。设计师曼波切尔常用雪纺制作领圈与袖窿贴边。

斜丝缕贴边比分体贴边更窄，手感更柔软且不引人注目。常用真丝雪纺、欧根纱或本身料制作，其用料不多，斜丝缕衣领贴边贴身穿着起来舒适且制作成本低。但这种贴边也存在两个问题：因为很少用衬布所以可能出现不平服；另外，制作时用缲针缝合，所以难免会在正面露出线迹。

大部分斜丝缕贴边收口后的宽度在

1~1.2cm之间，但有时其宽度能收窄到0.6cm，如鸡心领，而有时其贴边宽度可达5cm，如裙腰部分。

通常斜丝缕贴边宽度越大，通过工艺塑造形成弧形的难度越高。

1．在处理斜丝缕贴边前应先对服装边缘进行收口处理。将缝份向反面折叠0.3~0.6cm后用粗缝固定。根据需要对缝份剪刀眼使其平服。服装反面朝上熨烫。

2．测量服装从其边缘到加贴边部位的长度，然后根据实际需求裁剪数条斜丝缕布条。若贴边宽1.2cm，则用于直线贴边的布条宽应为2.5cm，用于弧形贴边的布条宽为3.5cm。

3．对于直丝缕的服装边缘，先将反面相对，再将较长一侧的边缘向下折0.6cm，将折边与粗缝线对齐，距离边缘向下0.3~0.6cm，用针固定。

4．对于有造型的服装边缘，先熨烫斜丝缕，稍稍拉长形成与边缘形状相同的平服造型。反面相对，将斜丝缕边缘向下折叠0.6cm。将折边与粗缝线对齐后粗缝固定。

5．反面向上，将边缘置于烫枕上，熨烫边缘与斜丝缕布条部位，贴边应与服装反面平服地贴合在一起，若不伏贴，应拆开粗缝线重新调整。

提示：熨烫时可以用缎面的真丝欧根纱作为烫布，这样可以在熨烫时观察到裁片并能保护面料。

斜丝缕贴边

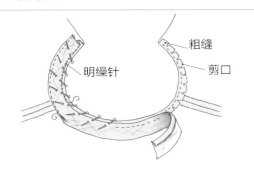

粗缝

明缲针   剪口

6. 用缲针或明缲针将贴边与服装边缘缝在一起。若有底衬则不可缝到服装表面。

7. 将斜丝缕贴边宽度修剪到1cm，然后向下折叠0.6cm，用珠针固定后粗缝。

8. 用非常细小的手工针，以较松的缲针或明缲针将边缘与服装缝在一起。若有底衬则不可缝到表面。

9. 拆除所有粗缝后小心熨烫。

袖窿斜丝缕贴边

1. 可按以上指导完成袖窿部位收口。

2. 先从腋下袖底部位开始，将结束部位向下折叠后沿袖窿用粗缝固定斜丝缕贴边。

提示：建议从前袖窿部位开始制作，因为越是弯曲越难于制作造型，前袖窿比后袖窿更弯。然后慢慢朝肩部捋平贴边，再捋平后袖窿部位。

3. 结束部位收口时，向下翻折后将两部分折边用缲针缝合起来。

4. 按以上指导完成贴边制作。

提示：没有开口的领口与袖窿十分相似。可先从左肩部开始，再到前领圈。前领圈部位由于十分弯曲所以制作起来比较困难。

沃斯式带绳芯的贴边

查尔斯·沃斯常用一包裹了绳芯的斜丝缕面料作为贴边，所用的面料可以与服装协调，也可以有反差。从正面看贴边就像是加绳的滚条，从反面看是一条窄边。

1. 按以上指导步骤完成边缘收口处理。

2. 裁剪2.5~3cm宽的斜丝缕布料。

3. 反面朝上，将绳芯置于距离边缘0.6cm处。

4. 用斜丝缕布料包住绳芯，然后贴住绳芯粗缝。

5. 反面相对，将贴边置于服装上用珠针固定，这样只有边缘部位能见到绳芯，用细小

这件沃斯于1860年设计的服装，其边缘部位用包芯的滚条收口，其面料为带银丝的天鹅绒花卉面料。其典型特点是有两条分离的滚条。第一条是将较窄缝份缝制到位，第二条的缝份较宽以满足能在反面制作一斜丝缕贴边（图片由大卫·阿基拍摄）

的平针沿粗缝线正式缝制。

6. 收口处理时，将斜丝缕贴边边缘向下翻折0.6cm后以明缲针正式缝制。

提示：若边缘部位有转角，在加缝贴边时在转角部位制作斜接角，然后将折边用明缲针缝制。

7. 拆除粗缝线。

滚条

滚条是种适合各种边缘收口的处理方法，且能产生优雅的效果。滚条是先将一条面料正面与服装相对沿边缘车缝，然后包裹边缘再在反面固定。用这种方法制作的收口正反两面看起来都十分漂亮。滚条的处理方法常用于透明面料、双面面料、无里布和双面穿服装的边缘处理。

为了能制作出不同的造型与弧形，大部分滚条以45°的斜丝缕方向裁剪。若边缘部分是直丝缕或近直丝缕，滚条布的丝缕方向可以是直丝缕或是横丝缕，这样可以确保设计造型不变形。以下指导主要适用于斜丝缕滚条。

大部分滚条收口处理后其宽度为0.6cm，若为轻薄面料，其宽度可以收窄到0.3cm，对于厚重面料其宽度可改为2.5cm。滚条可以是单面也可以是双面的，双面滚条由于面料层数多，因此更加硬挺。其优点是若使用轻薄面料可以做出平挺的边缘，若面料较为厚重则用单面滚边的效果更好更柔软。

总之，应在确定好衬布与底衬、服装试穿并修改之后，再确定如何处理滚条。

带里布的高定服装的滚条先用手工或车缝制作，然后用里布盖住毛边部位。

斜丝缕布条的裁剪与缝制

若有机会去意大利，可以去逛一下默瑟里亚或缝纫用品商店，去找找斜丝缕滚条之类。那里可以找到各种面料的滚条，包括一边已经裁剪成45°的斜丝缕毛边。当确定好所需要的面料后，店员可以将面料裁剪成平行四边形，这样便于将其裁剪成斜丝缕布条。很遗憾在英国、美国与法国未发现按这种方法销售斜丝缕布条的商店。

转角部位收口处理

当贴边与下摆在上装大衣、裙子或袖子开衩边角部位相接时，为了能形成平整的收口效果就必须减少接缝部位的厚度。在处理下摆制作时，可以将转角部位的下摆修剪去一部分，或是对竖直边缘采用相同方法，或是采用斜接角的方法处理。以下是对有里布服装或部分用里布挡住毛边的服装转角部位收口的处理方法。

斜接角制作

1. 用缝线标出贴边与下摆折线。

2. 将贴边与下摆沿标记线折下后熨烫。

3. 用珠针标出毛缝接口部位。

4. 用划粉在下摆到转角点标出斜接角接缝线。

5. 放平下摆，用划粉从珠针到转角点标记贴边。

6. 沿划粉线折叠转角后粗缝，转角部位以回针缝制，将缝份修剪为0.6cm后熨烫。

7. 折叠贴边与下摆，对齐折边然后粗缝固定。

8. 将斜接角与服装粗缝

转角做斜接角

制作直角

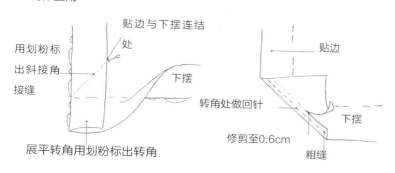

用划粉标出斜接角接缝

贴边与下摆连结处

展平转角用划粉标出转角

贴边

转角处做回针

下摆

修剪至0.6cm

粗缝

转角做下摆

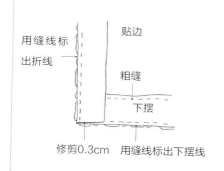

用缝线标出折线

贴边

粗缝

下摆

修剪0.3cm

用缝线标出下摆线

制作锐角 | 制作钝角

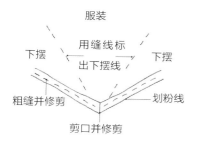

服装

用缝线标出下摆线

下摆

下摆

粗缝并修剪

划粉线

剪口并修剪

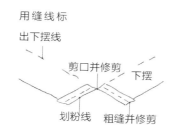

用缝线标出下摆线

剪口并修剪

下摆

划粉线

粗缝并修剪

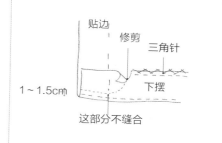

贴边

修剪

三角针

下摆

1~1.5cm

这部分不缝合

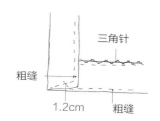

三角针

粗缝

粗缝

1.2cm

固定，缲针，然后小心地熨烫。

9. 处理锐角时，划粉与粗缝线在转角处可形成V型，对转角作剪口并修剪多余部分。

10. 处理钝角时，划粉与粗缝线在转角处形成倒V型，对转角作剪口并修剪多余部分。

转角处下摆制作

1. 用缝线标出下摆与贴边部位的折线。

2. 反面朝上，将下摆沿标记线向下折，然后粗缝熨烫。

3. 将贴边向下折，然后将其底部修剪至0.3cm，比下摆窄，然后粗缝并熨烫。

4. 若面料较厚重，可拆去贴边部分粗缝，然后修剪。

5. 以三角针缲缝下摆。

6. 距离边缘1.2cm粗缝固定，沿下摆修剪，粗缝然后小心熨烫。

7. 手持贴边下口部位向

后，将其暗缲至转角。

8. 将贴边的毛缝与下摆以三角针缲缝在一起。

提示：在对袋盖、口袋与腰身部位的转角进行收口处理时，在将转角与缝份以三角针缲缝好后，就可以将里布与反面合在一起。

确定45°斜丝缕。确定45°斜丝缕十分重要，因为滚边布条必须按45°斜丝缕，否则滚边缝制完成后会出现褶皱、扭曲或不平整等问题。最佳方法是用直角三角板辅助缝制。

1. 将面料平摊在桌面上，在距离布边2.5cm处标出直丝缕。

2. 拉挺面料，使横丝缕与直丝缕方向垂直。

3. 将三角板一边与直丝缕线对齐，另一边与横丝缕对齐，斜边部位即为45°斜丝缕。

标斜丝缕

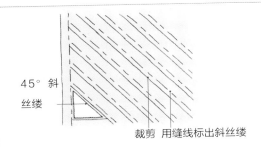

45°斜丝缕

裁剪 用缝线标出斜丝缕

4. 根据第一条45°斜丝缕用划粉划出一系列平行线，然后用缝线标出车缝线。单边滚条每根布条的宽度标为2.5cm。距离标记线0.6cm处裁剪。双面滚条的宽度是实际完成后滚条宽度的4倍，再加1~2cm缝份量；然后沿标记线中间剪开。

连接斜丝缕布条。若在服装显眼部位制作斜丝缕滚条，滚条不应出现接缝。若是较长的边缘，可根据实际长度拼接足够的布条。

1. 按45°角修剪布条的两端，这样两端正好与面料丝缕线方向一致，通常是直丝缕方向。若面料有清晰的水平条纹时，接缝与条纹平行就不会显得突兀。

连接斜丝缕布条

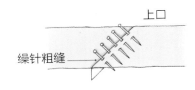

上口

缲针粗缝

2. 正面朝上，将布条一端向下折0.6cm，将两条布条对齐丝缕后用珠针固定，沿折边以缲针粗缝。重复以上步骤，将所有布条拼接起来。

3. 将粗缝好的布条展平，用细小针距（8针/cm）车缝后拆去粗缝线。

4. 将接缝熨烫平整后，修剪去接缝头部多余的量，将缝份宽修剪到0.6cm。

5. 用缝线标出接缝线，然后用缝线标出缝制滚条的位置——接缝线以下0.6cm或是滚条完成后的宽度。在加滚条前应先用样板与领口比较一下，确保其大小、形状一致，不要修剪缝份。第一道标记线用于标出服装的边缘，第二道标记线用于标出车缝滚条的位置。

滚条可以缝在服装上任何部位，此处指导如何在领口这个最常用部位缝制单面或双面滚条。

准备领口边缘滚条

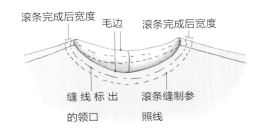

滚条完成后宽度　毛边　滚条完成后宽度

缝线标出的领口　滚条缝制参照线

单面滚条

用高级定制工艺制作单面滚条与普通家庭缝纫工艺制作相比更有优势，由于是正面向上，可以在制作时看到滚条。

单面滚条可以全手工制作，用这样的方式处理收口手感十分柔软，最合适的滚条宽度需要经过用滚条布试验后方能确定，然后才可以动手裁滚条布。

1. 用缝线标出服装边缘，并裁剪斜丝缕滚条布，滚条布的宽度为实际滚条所需宽度的6倍另加1.2cm。例如滚条完成后的宽度为0.6cm，斜丝缕滚条布的宽度为5cm。熨烫滚条布时应沿直丝缕方向稍稍拉伸，不必考虑滚条实际完成后的宽度，将一侧长边向下折叠0.6cm，并距离折边0.3cm粗缝。

2. 正面朝上处理滚条，将斜丝缕折边与服装对齐后以珠针固定，然后将斜丝缕平服地包在领围线上，并用珠针固定，固定时应稍拉紧滚条布。

3. 沿折边用明线粗缝钉穿所有层面料，并用缲针粗缝将滚条与服装缝合起来，然后拆除

用于固定滚条布的第一条粗缝线。摊平滚条布使其与服装正面相对，然后沿粗缝线车缝。沿领圈修剪缝份，然后拆去粗缝线并稍作熨烫。

4. 将滚条折向领围线后以手指按压滚条接缝，沿领围线毛边用滚条布包裹并以手指按压。从反面以珠针将滚条布固定，珠针应贴住滚条下方。测量滚条的宽度，若滚条宽度大于0.6cm，完成后的实际领口有可能太小。出现这种情况就需要拆下珠针，修剪缝份宽度从而使滚条的宽度小于0.6cm。

5. 将毛边向下折叠从而使折边贴在缝份上，若折边不到缝份边缘，可以拆开滚条后将其修剪至所需的宽度。用粗缝固定后再用缲针将折边与缝线位置正式缝合起来。拆去粗缝线后，小心熨烫。

6. 有些面料太厚，因此无法制作出两面一样的外观，若服装有里布，可以用里布盖住滚条，这样可以减小厚度。用细小平针将滚条布手工缝制到位，沿缝线以下宽度修剪为0.6cm，然后用里布盖住毛边。

7. 若出现滚条布凸起，如在衣领与袋口等部位，可以将凸起变为抽缩余量使斜丝缕滚条毛边平服，然后按处理领圈弧线的方法进行处理。

双面滚条

美国的高定工艺技师查尔斯·克莱贝克，使用一种特别的双面滚条制作方法，这种方法可用于修剪蕾丝设计的边缘并对其收口，还能在裙子下摆部分制作出宽边效果的滚条。他先将斜丝缕滚条布平摊在桌上，然后将服装置于上层缝制，而非将滚条布置于服装上。这种方法更容易控制好斜丝缕滚条并制作出十分理想的效果。

制作这类滚条收口需至少包裹7层布料，因此布料的厚度尤为重要，在设计滚条宽度时必须对此加以考虑。中厚型面料如厚度为

单面滚条

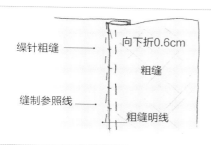

缲针粗缝 ←   向下折0.6cm

粗缝

缝制参照线 ←

粗缝明线

0.3~0.6cm

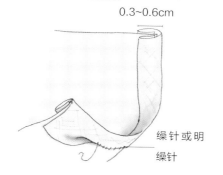

缲针或明缲针

双面滚条

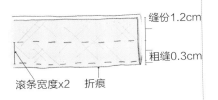

准备斜丝缕滚条布

缝份1.2cm

粗缝0.3cm

滚条宽度x2　　折痕

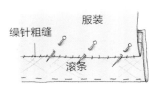

缝制服装与滚条布

服装

缲针粗缝

滚条

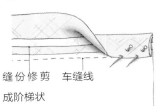

滚条收口

缝份修剪　　车缝线

成阶梯状

0.4cm的真丝或真麻面料，其滚条的理想宽度应在0.6cm以上。对于轻薄面料如绉纱、雪纺与欧根纱其滚条的理想宽度为0.3cm。

以下指导适用于成品宽度为0.6cm的滚条。若滚条宽度为0.6cm以上，可根据以下方法加以调整。

1. 滚条布的宽度应为滚条宽度的4倍加上2.5cm作为缝份，若完成后滚条宽为0.6cm，则滚条布宽约为5cm。

2. 将反面相对，将滚条布沿长度方向向中间对折，然后距离折边0.3cm粗缝一道。

曼波切尔常会使用细窄的斜丝缕贴边而非宽大的贴边。用轻薄的真丝雪纺制作，质地轻盈，不显眼，而且易操作

3. 将滚条布平放在桌上，折边朝自己，然后在距离滚条宽度的两倍处，用划粉画出一条均匀的直线作为标记线。如滚条宽为0.6cm，则标记线距离折边应为1.2cm。沿标记线钉合两层布料。

4. 将服装平摊在桌面上，需包滚条的边缘朝向自己，在服装上用缝线标出收口的边缘线与滚条的缝辑线。

5. 根据所标记的缝线，将滚条布沿服装边缘向下折0.6cm用珠针固定。

对于领口或凹进的弧线，折进的边缘会比对应的服装部分的弧线短，这时可以适当根据需要做几个小刀眼，这样既不需要拉长布料又能做出平整的效果。

6. 将滚条接缝线与服装的折线对齐并用珠针固定。用细小的明缲针或缲针将滚条与服装粗缝起来，将各层面料正面相对，沿粗缝的接缝线车缝，然后拆去粗缝线后小心熨烫。

7. 沿领口修剪最初标线的缝份以减少接缝厚度，然后用滚条布包住毛边部位。滚条的折边正好对齐反面缝线位置，这样完成后的滚条宽度刚好为0.6cm。如果达不到这样的宽度可以将缝份多修剪一点，否则缝份太宽会影响穿着的舒适性。

8. 根据需要将缝份修剪成阶梯状后用珠针固定到位。插入珠针时应有一个角度，针头朝着领口，这样易于制作粗缝。

9. 以明缲针将折边与缝线缝合。

滚条头部收口

　　滚条头部通常位于服装开口部位，如领圈开口、拉链开口。为了能做出平整的收口，将滚条头部向反面折叠，然后再将滚条包住领围线边缘。

　　1. 完成开口制作后修剪余量，然后开始制作滚条。将斜丝缕滚条布与领口用珠针别合，两头伸出开口2.5cm。

　　2. 将滚条布与服装正面相对缝合，沿开口将滚条头部向反面折叠。

　　3. 将滚条头部缝份宽修剪为0.2cm，然后将其在反面以三角针的方法缲缝起来。按相同的方法制作滚条另一端。如果开口有风钩、纽扣或扣环之类的，可以先将其缝制到位后再隐藏在滚条与面料之间。

滚条头部收口处理

开口的一头

车缝线

1.3cm

无开口的边缘

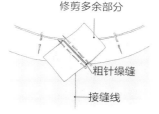

修剪多余部分

粗针缲缝

接缝线

　　斜丝缕（滚条）接缝制作。在高定以及高级成衣中，对于没有开口部位的滚条（如环形领、袖窿、袖口边缘以及裙摆）其接缝处为直丝缕。在制作滚条前，应先确定接缝的部位，以确保在收口处理后不显眼。

　　领口的接缝通常设置在左肩处；袖子与袖窿的接缝通常置于腋下；下摆处的接缝通常置于左侧。

　　1. 先准备足够长度的斜丝缕滚条布，两头至少应多留出10cm的余量。将滚条布与服装用珠针别住，沿直丝缕方向将滚条布一头向反面折叠后用珠针固定。以同样的方法处理另一头。

　　2. 用缲缝将折边两头缝合起来。将接缝两侧2.5cm之内的珠针拆去，以便更方便地缝制接缝，或用手工回针的方法缝制接缝。将缝份分烫开，将缝份宽度修剪为0.6cm。

　　3. 再次用珠针将滚条布与边缘别合并完成滚条制作，使滚条包住接缝的毛边。

这款带细窄斜丝缕滚条的女式雪纺衬衣为伊夫·圣洛朗的俄罗斯系列。在真丝软缎上加了一道细窄的金丝辫带

5

门襟开口

门襟开口为服装上的开口、开衩以及扣合部件。这些部件可以是装饰性的也可以是不显眼的，可以位于服装的接缝或开口部位，可以并齐或重叠，可以是直线型或异型的，可以是外露的或隐藏的，也可以是均匀分布的或一种貌似随意的设计。

开口可以是5~8cm长的开衩，也可以是整件服装的门襟，可以是在服装上半部、下半部或是中间位置。开口可以用不同的部件扣合，包括拉链、风钩、钩环、揿纽，还有纽扣加扣眼或扣环。

这款靓丽的晚装是马克·博昂为迪奥设计的。其开口结构相当复杂，当其扣合后拉链几乎就看不出来了，只有贴近观察才能看出其拉链头在领圈下约5cm的位置（图片由布莱恩·桑德森拍摄）

在高定中，其开口方式即使是隐藏的，都应在实际制作之前先确定好。开口方式应根据服装的不同设计与功能、不同的面料、不同的设计效果以及不同的开口部位确定。例如，轻薄型面料不宜使用滚条扣眼，通常腋下部位不宜设置纽扣。斯奇培尔莉就是第一位用拉链作为装饰元素的高定设计师，她还擅长应用特殊的纽扣与拉链。香奈儿所设计的服装上常使用镀金纽扣，如第64页的上装就是她的典型代表性设计。

开衩

开衩最早见于16世纪，指衬裙的开口，现在用于表示服装上经收口处理的开口、分衩。通常位于服装中心部位、侧面、领口、袖子边缘和腰围线等部位。经收口处理后，开衩的理想效果应平整光洁，服装上身后开衩部位没有空隙，其长度应以穿脱方便为宜。

高定中有几类不同的开衩，其中带贴边开衩与滚条开衩也常用于家庭缝纫，大部分缝纫指导书中都会介绍这类开衩的制作工艺。本书中所介绍的三种工艺（及其变化工艺）在普通的家庭缝纫手册中介绍较少。三种工艺包括：下摆开衩、滚边开衩和隐形开衩。

下摆开衩

下摆开衩是最简便的开衩工艺，用于处理下摆部位接缝上下两端。常用于女式衬衣和连衣裙袖子开口，有时也用于领口。下摆开衩不耐拉扯，用力拉扯后易破裂。为了避免受到拉扯，若开衩位于领口部位，应留有足够的长度以便于穿脱。

1. 根据丝缕线方向用缝线标出开口的位置与长度。

2. 沿标记线0.2cm车缝，从开口端起针，车缝至开衩底部，然后车缝1~2针跨过开口缝，再完成另一侧的车缝。

下摆开衩

下摆开衩工艺步骤

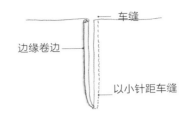

下摆开衩收口

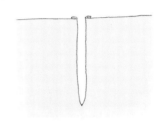

提示：在接近顶端2.5cm处，将针距减小，沿开口左右两端形成U形的车缝，而非V形，这样能更方便地制作。

3. 小心地沿标记线剪开口。

4. 用一根细手工针和配色线制作下摆卷边（见第74页）。

滚边开衩

滚边开衩是女式衬衣或连衣裙常用的领口开衩装饰工艺。滚边开衩两边应分别用一段短的斜丝缕滚条布滚边。对于无里布的服装，或是里布缝制完成后，可用缝制滚边的方式进行服装的收口制作，用这样的方式制作的服装内侧没有毛边（见第84页）。若在加缝里布后加滚边，可以盖住毛边部位。

滚边开衩

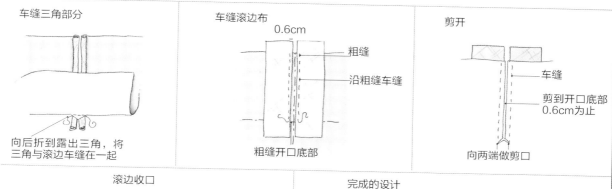

车缝三角部分

向后折到露出三角，将三角与滚边车缝在一起

车缝滚边布

0.6cm

粗缝

沿粗缝车缝

粗缝开口底部

剪开

车缝

剪到开口底部0.6cm为止

向两端做剪口

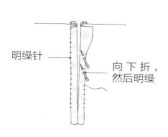

滚边收口

明缲针

向下折，然后明缲

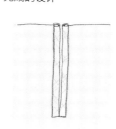

完成的设计

　　滚边开衩的收口可以做成尖头的，也可以做成方头的，看起来就像是滚边扣眼。以下是方头收口开衩的工艺指导。

　　1. 用缝线标出开口的位置与长度。

　　2. 裁2条斜丝缕滚条布，其长度应比开衩长2.5cm，其宽度是滚边宽度的5倍。

　　3. 正面相对，将一条滚条布置于开口标记线一侧，在距离标记线0.6cm处粗缝滚条布，直至开口底部，然后以相同方法处理另一侧。翻开布条检查粗缝线，线迹应均匀平整，两道粗缝线应彼此平行。

　　4. 车缝滚边，将顶端缝线打结。

　　5. 沿两道缝线中间剪开，一直剪到距离底端0.6cm处。做剪口时只能剪在服装上，不可以剪到滚边。

　　6. 用滚边包住毛边，向下折滚边包住毛边时，折边要正好到缝线的位置，用珠针别好，收口后的滚边宽度应为0.6cm，以粗缝固定。

　　7. 以明缲针将滚边的折边和缝迹线缲缝在一起。

　　8. 将服装向后折，露出开口顶端的小三角以及滚条布底部，沿底部横向车缝固定所有毛边，然后拆除全部粗缝线后熨烫。

　　提示：在缝制前应拉紧布条与三角，缝制时在转角处稍向内侧偏进一些以确保缝针固定住所有的纱线。

隐形开衩

　　隐形开衩设计可以内藏扣合件。完成后的隐形开衩下层有一块分离的面料，服装边缘部位有一块加出的贴边，其下层可以用本身料或里布面料。隐形开衩可以避免服装门襟部位过于突出。通常隐形开衩有纽扣扣眼、揿纽或拉链，这样开衩部位可以重叠，形成一个带里襟的开口或是两边并齐形成一个阴褶。

带里襟开衩。女士衬衫、连衣裙与套装裙上常会采用带里襟开衩。有些带里襟开衩采用车缝明线，其他可以采用平缝。其下层可以用手工缝制，用纽扣与扣眼扣合，有时也会用揿纽。

1. 安排设计开衩，先确定其边缘是否车缝明线。若带明线，则需在裁剪时加出比完成后的明线宽度宽0.6~1.2cm的贴边。否则需要单独裁一块3.5~5cm宽的贴边，然后将贴边收口，包缝边缘，再根据设计车缝明线。

2. 对于连衣裙及其底布，沿直丝缕裁剪7.5cm长、10cm宽的面料，长度需比开口长。

3. 将正面相对，沿直丝缕方向折叠底布后粗缝。沿长边在边缘向内0.6cm处车缝。包缝其边缘与底部。

4. 将底布正面翻出后熨烫。

暗门襟/隐形门襟

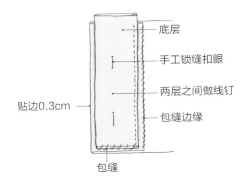

底层
手工锁缝扣眼
两层之间做线钉
包缝边缘
贴边0.3cm
包缝

5. 缝合女式衬衣并将下摆收口，但不需要将领圈收口。在底布上标出扣眼，并用手工锁缝扣眼。

6. 反面向上，将底布置于贴边上，在前中边缘露出0.3cm宽的贴边。粗缝后，用细小的平针正式缝合。

7. 用小线钉将底布与贴边部位的扣眼连接起来。

8. 将领圈与贴边或衣领一起收口，拆去所有粗缝线。

多层开衩

多层开衩是在服装同一位置或接近的位置包含两个或多个开衩。对于整体式的设计，设置两层、三层甚至四层开衩是十分必要的。多层开衩可以设计在连衣裙的后中或腋下部位，结合开口形成复杂的组合方式，如浪凡的斜襟式底层带开口三件套晚礼服。其腋下部位的开口用风钩与钩环扣合，其左前身衣片与前中用风钩与钩环扣合，其右前身用相同的方法与左侧衣身扣合。由于斜襟本身不规则，其绕领圈后用风钩与钩环扣合形成隐形门襟。

伊夫·圣洛朗20世纪70年代的设计，这款连衣裙的门襟为一隐形及腰长的开襟（图片由泰勒·谢莉拍摄）

这件华伦天奴女式衬衣制作于20世纪80年代，面料为真丝雪纺，其采用双层开衩来扣合下层贴身的女式衬衣与上层的带褶裥衬衣。下层衬衣贴体合身，用拉链扣合，上层用雪纺包纽扣合，使其形成自然的垂感（图片由泰勒·谢莉拍摄）

带纽扣门襟

通常带纽扣门襟是服装的必备部分。它可以用各种面料制作，既可以作为一种装饰元素，也可以成为一种功能部件。

高定中，纽扣可以与各种式样的手工锁缝或加贴边扣眼搭配，也可以与扣环搭配。这应根据服装款式与风格、功能与面料、希望的收口效果、设置的部位以及设计师的喜好等不同因素加以选择。选择起来有时很简单，有时需要有周全的考虑。通常在下午或鸡尾酒会上穿着的柔软的、女性感十足的礼服会采用滚边扣

眼，手工扣眼常用于细腻的内衣、传统的男西装与裙子，接缝间扣眼常用于结构完整以及面料硬挺的服装，带贴边扣眼可用于造型独特的裘皮或仿裘皮服装。

缝制扣眼

无论选择哪种扣眼，在缝制前都应该仔细准备。除了那些新奇的、非常规的设计之外，所有扣眼都应标出扣眼的长与宽、扣眼间距以及距离边缘的长度。在缝制扣眼前，必须在扣眼部位加衬布，否则就无法保持其形状，影响穿着效果。

对于需要试穿的服装，必须用缝线标出服装中线。在试衣时，门襟应与中线对齐，并用珠针别合。

1. 测量扣眼的直径与厚度。

提示：可以用一条布边或织带包住纽扣并用珠针别住，然后测量布条两端，在别针与折边之间的距离上另外再加0.3cm。通常布条会稍有收缩，因此按照这个尺寸制作扣眼样品。

2. 用纽扣试扣扣眼，太紧或太松都无法理想地扣合好。一旦确定好扣眼长度，应用水平缝线标出扣眼位置，用垂直线标出扣眼宽度（见第93页图示）。

滚边扣眼

滚边扣眼开口处有两条滚条。该类扣眼可以分两步缝制：第一步，先在服装正面完成扣眼；第二步，完成服装内侧贴边部位的制作。可以采用多种方法制作扣眼，本书所介绍的制作方法适用于高定服装。

滚边扣眼的嵌条应选用直丝缕、横丝缕或斜丝缕面料制作。面料可以用本身料、对比面料、辫带或滚边。

图中海恩莫瑞设计的扣眼与包纽制作于20世纪70年代，其衣身部位的面料花型对齐效果相当好

在家庭缝纫与成衣缝纫时，扣眼滚条是在服装缝合前完成。在高定制作中，扣眼是在所有部件缝合后才能最终确定的。若服装仅以粗缝方式缝合，拆除所有粗缝线后可以将前身摊平后缝制扣眼。若服装已经以车缝缝合，扣眼的制作会很繁琐，但依旧可以缝制。

加贴片方法。该方法最适合易脱散面料，适用于轻薄型与中型面料，但不适用于需要对花型的面料。虽然用斜丝缕贴片制作的嵌条易于塑型，但通常还是沿直丝缕或横丝缕方向制作补丁布片。制作时大多数采用本身料，有时也会采用对比反差面料。

1. 每个扣眼需要裁剪2片5cm长、3.5cm宽的贴片，这比完成后的扣眼稍长一些。

2. 反面相对，沿长度方向对折贴片，然后熨烫折边，在熨烫嵌条时应拉挺折边，从而使其造型在扣眼完成后能保持不变。

3. 正面相对，将贴片折边对齐服装上扣眼中心标记线后用珠针别合。用细小的粗缝针将贴片沿折边固定。起针与收针点分别超出扣眼宽1.2cm，粗缝必须准确。

4. 将针距设置为6针/cm，若面料较轻薄，应再减小针距。

5. 布面朝上，沿扣眼粗缝线，从中间起针，车缝一长方形。车缝一周后返回起针处，重叠2~3针后结束。完成所有扣眼的车缝，所有长方形缝线框必须对齐。

6. 加衬布面朝上，从中间开始剪开扣眼，然后向两角做剪口。先从中间剪开，至两端约0.6cm处停止，然后小心地向两角做斜向剪口，熨烫。

7. 反面朝上，将贴片翻过开口，然后拉挺贴片两端，再小心熨烫。

8. 正面朝上，用贴片包住毛边，形成嵌条，然后用珠针别住接缝。若嵌条太宽，可以修剪毛边缝份宽度，直到嵌条两条折边能对齐并拢。

9. 以细斜角针将嵌条缝合后稍稍熨烫。

10. 用细针以垂直针沿接缝正式缝牢嵌条。若嵌条中间有包芯，可以用长尾的大号手缝针将绳芯穿过嵌线条。

11. 将两头的三角车缝住，正面朝上，折返后露出三角部分，然后拉挺嵌条，放平三角，以细小的针距车缝三角。为了能更好地固定三角，车缝线应稍带弧形。

12. 将贴片修成圆角并修剪边缘。

13. 拆去粗缝线，反面向上将扣眼置于柔软的海绵垫或毛巾上熨烫。

14. 绷缝好挂面或里布后，反面按第94页图示方法收口。

加贴片的嵌线式扣眼制作

将扣眼布缝至扣眼处

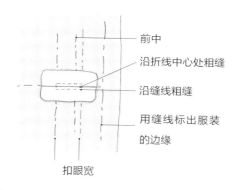

前中

沿折线中心处粗缝

沿缝线粗缝

用缝线标出服装的边缘

扣眼宽

转角做剪口

0.3cm

对着转角做剪口

剪开

车缝

衬布

正式缝合扣眼嵌线条

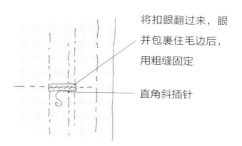

将扣眼翻过来，眼并包裹住毛边后，用粗缝固定

直角斜插针

固定扣眼两端

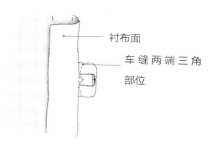

衬布面

车缝两端三角部位

条形布方法。用条形布制作滚边扣眼时，可以采用不同厚度的面料，包括易脱散面料，当面料需要对条对格时，这是种理想的方法。

每个扣眼需要裁剪2片长5cm、宽2.5cm的布条，比实际扣眼宽度稍长。沿横丝缕方向剪开，以便于能够沿车缝线对齐面料花型。然后根据第166页制作嵌线袋口的方法准备与缝制滚边布条。

手工制作扣眼

有时也称手工锁缝扣眼，用于制作各种高定服装，包括内衣、外套与套装。手工制作扣眼时，首先剪开口子，待服装其他部分制作完成后将扣眼收口。在大部分高定工场中，扣眼由专业手工制作技师完成。

以下关于扣眼制作的介绍均以事先仔细准备为前提。在正式缝制服装扣眼前，应先掌握手工锁缝扣眼的技法，然后试做一些样品。锁缝薄型与中型面料扣眼可以用棉质或丝质车缝线，锁缝厚型面料扣眼应使用真丝扣眼锁缝线。

滚边扣眼收口

根据以下指导对滚边扣眼处的挂面或里布收口。

1. 沿扣眼粗缝一周，将各层缝合起来。

2. 正面向上，用珠针标出两端。

3. 将服装翻转，沿两针之间剪开贴边或里布，然后在每一端做0.2cm剪口。

4. 用一细小的缝针，将开口边缘向下折0.3cm后，以明缲针将折边与扣眼嵌条缝合。

5. 在开口每一端用手工针制作方形的头部，然后用包缝制作转角部位，固定住方头形状。用车缝方法比用手工缝制更方便。

扣眼背面收口

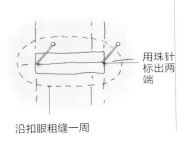

沿扣眼粗缝一周

用珠针标出两端

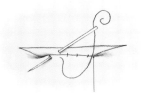
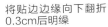

将贴边边缘向下翻折0.3cm后明缲

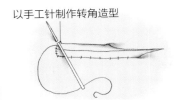

以手工针制作转角造型

计算线长与扣眼大小之间关系的简便方法是：缝线长度约为扣眼大小的36倍。例如，扣眼宽为2cm，则需要使用72cm长的缝线。

通常应采用单股线锁缝扣眼，准备锁缝线时需要对缝线进行蜡光处理并熨烫。在剪断缝线后马上将一端打结，这样可以确定哪一端需要穿针眼。

1. 用缝线标出扣眼与两端的位置。

2. 为了减少面料脱散以及上下层面料出现移动，可以绕扣眼一周车缝一长方形线框。将针距设为8针/cm，车缝线距离标记线0.2cm。

提示：可先从长度一边起针，车缝一周后在起针处重叠缝3~4针。

3. 用一锋利的小剪刀，沿缝线准备剪开扣眼。在处理中厚型或厚型面料时，为了降低面料脱散，可用蜂蜡将毛边封口（见第96页）。

4. 包缝开口边缘。

对于西装与外套，可以先进行埋线，即在锁缝扣眼之前先钉一道线，这样可以使完成后的扣眼有立体感，并且更美观。埋线应在毛边封口完成后，锁缝之前制作。

5. 用车缝线制作埋线，先将缝线固定在扣眼一端下方0.2cm处，然后将针插入另一端下方相同位置处。再穿过两层中间钉一小针，从扣眼上方0.2cm处出针。以相同方法钉缝开口上侧，最后返回起针处。如果想要扣眼的立体感更强、更美观，可以再埋一圈缝线。

6. 用手工锁缝平头或圆头扣眼。

平头扣眼。平头扣眼是在面料上开一口后用手工锁缝扣眼，扣眼两端可以用套结封口，也可以一端为套结，另一端为扇形。通常衬衣扣眼两端为套结，女式衬衣暗衩与内衣上的扣眼两端都是扇形。腰身、袖克夫上的扣眼一端是套结，另一端是扇形。

1. 先从扣眼内侧起针，锁缝时线结应在面料表面而非夹在两层中间。

2. 在末端根据缝线粗细不同以5针、7针或9针/cm锁缝出扇形。线迹应平整，其中心应与开口对齐。

3. 完成另一侧扣眼。

这件20世纪70年代的圣洛朗上装扣眼的正反两面都很精致。若想了解更多关于锁缝扣眼的内容，见第96页（图片由苏姗·凯恩拍摄，服装为作者的收藏）

平头扣眼

扣眼埋线

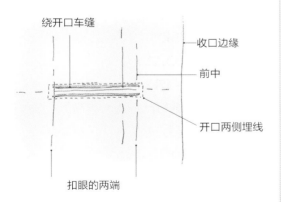

绕开口车缝

收口边缘

前中

开口两侧埋线

扣眼的两端

制作套结与扇形组合扣眼

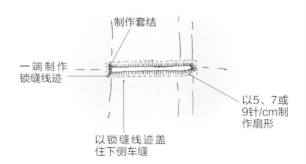

制作套结

一端制作锁缝线迹

以5、7或9针/cm制作扇形

以锁缝线迹盖住下侧车缝

双色锁缝扣眼

美国设计师诺曼诺兰与詹姆士格拉诺司的设计十分细致，他们用双色锁缝扣眼，用缝线颜色的变化来与面料图案搭配。

1. 先从平头扣眼开始。

2. 为了使颜色变化，先沿扣眼毛边埋第一道缝线，然后用另一种不同颜色的缝线沿着埋线锁缝扣眼。不可剪断第一道埋线，因为要用这道缝线锁缝扣眼另一侧。

3. 在用第二种颜色制作前，首先应打一个假结，然后将缝线穿入锁缝线结中打紧新的锁缝线与开口，再用新缝线锁缝扣眼另一侧。

4. 当锁缝返回到原来第一种颜色的缝线时，挑起第一种颜色的缝线的最后一个线结，用原来颜色的缝线再锁缝2针盖住第二种颜色的缝线。

5. 固定住第二种颜色的缝线，用第一种颜色的缝线完成扣眼。

鲜有设计师能像诺曼诺兰在20世纪60年代制作的真丝女式衬衣那样在锁缝扣眼过程中更换缝线颜色

4. 锁缝至最后一针时，将针缲缝入第一针线结中，收紧开口两端。

5. 在扣眼端部制作套结。先沿竖直方向跨开口钉缝0.3cm长的3小针，然后拉紧缝线。

6. 用锁缝针包住之前的缝线，将线结朝扣眼方向拉紧。

7. 收针时，将针穿入一侧后固定缝线。然后用斜角针粗缝缝合扣眼后熨烫。

8. 拆去全部粗缝线。

圆头扣眼。常用于中厚型面料的西装与外套。其一端有较长的开口，用于包裹纽扣的扣柄。

1. 先用锥子在扣眼设置纽扣位的一侧凿出一孔，然后绞一下形成圆孔。

2. 沿着扣眼边缘0.2cm车缝出扣眼形状。

3. 剪出一直线扣眼开口，用蜂蜡封口以防面料脱散。

提示：用蜂蜡封口时可以沿长度方向对折扣眼，使正面相对。用熨斗加热一小刀片后抹上蜂蜡，然后用带蜡的刀片将毛边封口。

圆头扣眼

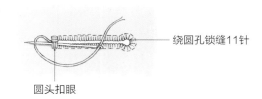

绕圆孔锁缝11针

圆头扣眼

4. 从直线端起针向圆孔锁缝，然后绕圆孔锁缝11针。

5. 锁缝另一侧后以套结收口。

双面扣眼

双面扣眼有两层扣眼，一层在服装上，另一层在挂面上，反面相对。香奈儿套装就以此为特色，不过使用双面扣眼并非香奈儿首创，查尔斯·沃斯在20世纪初就曾使用过该工艺。

香奈儿上装通常在表层手工锁缝扣眼，里层采用滚边扣眼。香奈儿利用这一工艺解决了两个问题，既可以对扣眼部位定型，使香奈儿套装所用松结构面料能够支撑手工锁缝扣眼，同时又能隐藏普通的反面。

1. 缝制里布前，先在服装上缝制一个大号的扇形收口的平头扣眼。制作沃斯式扣眼时，先在表层制作滚边扣眼。

2. 在反面制作一个假滚边扣眼。裁剪2.5cm的嵌条，长度比实际扣眼长2.5cm。

提示：若面料有花型或条纹需要对齐，裁剪面料时应对齐花型。

3. 反面相对，沿长度方向折叠嵌条后熨烫。

4. 将嵌条与扣眼反面用珠针别合，并对齐开口。

5. 用细小的平针正式缝合嵌条。

6. 按常规滚边收口的方法对里布收口，见第94页。

扣环

扣环可以用配色料、对比面料制作的细窄辫带和装饰绳线等制作。扣环可以缝在接缝中或折边部位，可以并置在一起，也可以分隔设置。如制作于20世纪20年代的帕图上装，门襟上带有30个扣环与30粒纽扣，每个贴身袖上带有10副扣环与纽扣。

用面料制作的扣环通常又细又窄，呈圆形且细密，若扣环做成大号可以产生特殊的效果。扣环的宽度通常根据面料的厚度与肌理而定。如果用轻薄真丝面料制作扣环，其粗细与

粗绳扣环相近；面料越厚，扣环也越粗。本书中的尺寸仅作参考，制作样品时的实际尺寸要根据服装面料确定。

1. 对于轻薄面料，先裁剪一条2.5cm宽的45°斜丝缕面料布条（见第82页），若为厚型面料，则布条宽度为4~5cm。如果扣环为单个的，可以将布条裁成数小段；如果是多个连续扣环，可以根据扣环的长度与间隔距离另加8cm作为扣环布料长度。

2. 将正面相对，沿长度方向折叠布料。粗缝开始时缝线距离折边略小于0.3cm，然后慢慢加宽到大于0.3cm，缝到尾部时形成一个管状。

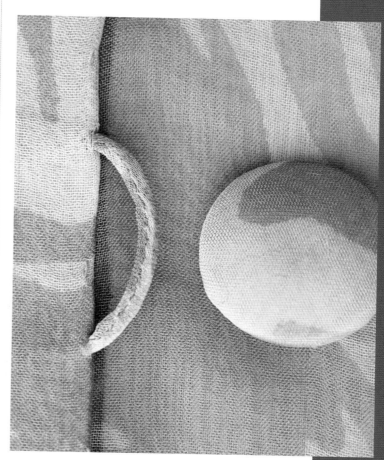

这款制作于20世纪60年代卡丹女式衬衣上的扣环比丝线锁缝扣眼稍大

扣环

车缝布管

尾部扩大
车缝
0.3cm
尾部扩大
修剪

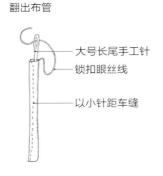

翻出布管

大号长尾手工针
锁扣眼丝线
以小针距车缝

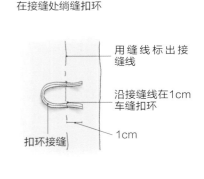

在接缝处绷缝扣环

用缝线标出接缝线
沿接缝线在1cm车缝扣环
1cm
扣环接缝

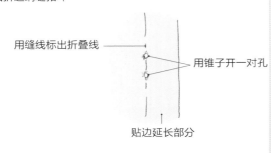

沿折边绷缝扣环

用缝线标出折叠线
用锥子开一对孔
贴边延长部分

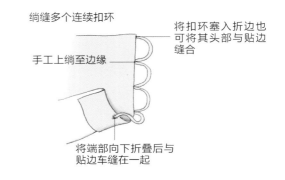

绷缝多个连续扣环

将扣环塞入折边也可将其头部与贴边缝合
手工上绷至边缘
将端部向下折叠后与贴边车缝在一起

3．将针距减小为8针/cm。沿粗缝线车缝，尽量拉挺布条，使其完成后变得比较窄。

4．将缝份宽度修剪至比布管略窄，然后拆除粗缝线。

5．用一根大号长尾手工针穿一根锁扣眼丝线，将线固定在布管头部。

6．将针塞入布管，从另一头拉出，这样可以将布管正面翻出。如果翻起来很容易，说明布管太宽，可以将宽度减小。

7．翻出布管，将其打湿后用毛巾擦干。将布管的一头用珠针固定在烫板上拉直，使其不扭曲，将另一头用珠针固定在烫板上。不必担心布管会留下水迹，因为整条布管都是湿的。

8．在绷缝扣环前，先试一下扣环的设计效果，扣环应该平整地贴在服装边缘或是向外延伸。当确定了扣环形状后，可以用缝线标出扣环两端在服装上的定位。

9．在扣环上标出实际使用长度，两端另加1cm作为缝份。

绷缝单个扣环。单个扣环常绷缝在开口部位的接缝中，也可以缝在折边的边缘部位。

1．接缝中绷缝单个扣环时，服装正面朝上，将扣环用珠针固定并粗缝后，将扣环上的标记与服装上的标记对齐。在车缝前应检查一下所有扣环的形状、长度与间距是否相同。

2．将贴边与服装正面相对后粗缝，车缝在一起，以固定所有扣环。

3．将所有扣环绷缝至折边或延伸出的贴边上，应小心地分段进行车缝，以避免断线。从正面在每个开孔处插入扣环的一头，调整扣环的长度，依次重复装完所有扣环后，将扣环与衬布或定型料车缝固定在一起。

绱缝多个连续扣环。有几种方法能制作出单根布管构成的多个连续扣环。

1. 对于带有一道接缝的边缘，可以按照之前制作单个扣环的方法制作。

2. 若边缘有一折边而非接缝，可以按以上在折边部位缝制扣环的方法固定扣环布条的两端，或是将布管的毛边向下折叠后将其与贴边缝合在一起。将布管的一端与边缘缝合在一起。若扣环之间有间隔，可以先装完第一个扣环然后根据设计的间距将布管与贴边缝合。依次反复缝制完所有扣环，然后修剪多余部分，将端部向下翻折后再正式车缝。

提示：为了避免在穿着时拉破服装扣环部位，可将扣环与衬布或定型料缝合在一起。

香奈儿式纽扣

香奈儿上装的镀金纽扣以及达维杜夫制作的仿制品在面料包纽中间有个狮子头，显得十分美观。这种工艺的优点是可以用较小且便宜的纽扣制作出高档的品质。根据以下指导可以制作出这种纽扣。

1. 用一枚有扣柄与塑料外圈的金属纽扣，1.5cm直径的纽扣可以正好嵌入2.5cm的外圈中。

2. 测量纽扣外圈的直径，按直径的2倍大小裁剪一片面料。

提示：用女式衬衣面料或里布包裹纽扣的效果最佳。

用布片包裹圆圈是将小纽扣变大的好办法

3. 用锁扣眼的丝线绕布片包缝一周，两端各留一段线头。

4. 布片反面朝上，将纽扣圈放在布片中间，用蒸汽熨烫。抽紧缝线，使布片包裹住纽扣圈，再次用蒸汽熨烫，使多余部分收缩。

5. 正面向上，以垂直针沿纽扣圈的内侧缝制，形成凸起的边缘。制作时可以先用回针固定面料。

6. 在纽扣圈的反面将布片边缘缝平。在反面缝制时，应避免缝到中心部位，否则会使制作扣柄变得困难。

带圈的金属包纽

抽紧包缝布片的缝线，
使布片包裹住纽扣圈

以垂直针沿纽扣圈内侧缝制

用锥子开孔

里布 —— 扣柄

7. 在圆圈中心位置用锥子开一孔，用于制作扣柄。然后塞入扣柄，并将其与布片反面缝在一起。

8. 在背面来回反复钉缝几针。

9. 为了使背面平整，可以裁一片比纽扣圈稍小的里布，在其中心用锥子开一个小孔用于装扣柄。然后以缲针将其与扣子的反面缝合。

提示：若纽扣没有扣柄，则很难用带扣柄的方法钉缝纽扣，可以用缝线制作扣柄（见第36页）。

钉缝纽扣

服装应在收口与熨烫完成后钉缝纽扣。轻薄至中型厚度的面料应使用细线，中至厚型面料应使用锁扣眼丝线或亚麻线钉扣。

1. 先将单线蜡光处理并熨烫。

2. 做一个假结（见第29页）；从纽扣位出针，然后在该位置钉缝几小针以固定缝线，使纽扣更加耐用。

3. 若纽扣仅是装饰性的，可以将其贴住面料钉缝。若有实际功能，则需要用缝线制作扣柄或线脚，使纽扣能自然地立在扣眼中。若纽扣有扣柄，扣柄长度应与服装面料的厚度一致。若无扣柄，所制作的线脚长度应比服装面料厚度长0.3cm。

4. 伊夫·圣洛朗曾制作过织辫式的纽扣线脚。这种线脚比缠绕式的线脚更耐用，而且纽扣解开时不会下垂。先钉缝6~8针形成一个线制的扣柄，将纽扣与面料拉开一个间隔形成线脚。若为四孔扣，每两孔

辫结式扣柄

为一组钉缝4针形成线脚，然后调整线脚使其长度一致；若为两孔或带柄扣则钉缝6针。

5. 将缝线分为两组。从线柄贴近纽扣处开始，先绕其中一组缝线用锁缝扣眼的针法缝制，然后将针从线束中间穿出，再绕另一组缝线锁缝。以此方式在两组缝线之间来回交替，直到缝到线脚底部为止。

最后在面料上钉缝几小针固定缝线。

拉链与其他扣合部件

拉链发明于1893年，作为靴子的扣合部件，最初被称为"抓锁"或"无钩式或滑动纽扣"。1923年，俄亥俄州的豪富公司将其名称确定为"拉链"。早期的拉链很笨重，如果服装洗涤时不拆下，拉链易生锈。在20世纪20年代，拉链常用于制作廉价的成衣。

20世纪30年代，斯奇培尔莉在高定服装中采用了拉链。在1935年秋冬系列中，她将撞色塑料拉链用于女式衬衣与晚礼服的肩部。到了20世纪30年代，拉链在连衣裙制作中得到了广泛的应用。

如今，拉链受到成衣或服装样板公司设计师的喜爱；但是相比其他扣合部件，在高定服装中拉链却并不常用。除了无法产生更多的设计亮点之外，拉链还会增加厚度，影响服装的悬垂性。

尽管有不足之处，拉链的实用性与方便性仍不容忽视。在高定服装中，常用拉链使裙装的造型对称。拉链可以用于服装的前中、侧缝和袖口部位，还可以将其置于开口中间，用两根嵌条覆盖双嵌线式拉链，或用一根较宽的单嵌线条覆盖，单嵌线式拉链则可以用一里襟覆盖住。

这种设计在20世纪30年代极为罕见。连衣裙肩部有拉链，该款式与第71页为同款，这也许是地位的象征

双嵌线式拉链的应用范围最广，也常见于高定制作。

（以下关于开缝式拉链制作的指导可以为制作单嵌线式拉链提供参考）。

在高定工作室，会在试衣前先将拉链粗缝到位，试衣完成后需要拆下拉链。有些正式缝制好的拉链看起来像是车缝的，实际是用手工缝制的。

在正式绱缝拉链前，应尽量完成其余全部的制作工序，修剪所有水平方向会延伸出开口接缝的缝份宽度，以减少开口部位的厚度。

开口部位的准备

绱缝拉链的第一步是进行开口部位的准备，包括用轻薄的定型料进行定型处理。

1. 用缝线标出开口位置。

2. 反面朝上，将一真丝雪纺或欧根纱薄料用平针缝在缝线标出的开口部位。先测量出样板上开口的长度，然后将该长度减去0.3cm，以此作为开口的实际大小。

3. 将开口边缘向下翻折，沿开口从下往上粗缝两侧边缘，粗缝距离折边0.6cm。熨烫后测量一下开口两边的长度，应确保两侧的长度一致。

为了避免拉长开口，不宜用剪口或拉伸的

方法将边缘做平。若有一边比另一边稍长，可以将其稍作归缩，使两侧长度一致。可根据实际情况重新加定型料制作，然后再测量一下，确保开口两边长度相同。

4. 将拉链码带烫平。若拉链太长，可测量拉链长度并标出正确的长度。

提示：通常应购买比实际长度稍长的拉链，在应用时加以修改。

双嵌线式拉链

双嵌线式拉链可以在完成贴边制作前缝制。

1. 用缝线标出拉链位置，并作定型处理，防止出现拉伸变形或起皱。

2. 若在斜丝缕或弧形部位缝制拉链，应将服装置于人台上或穿在身上后再将拉链用珠针别上，不应在服装平放的情况下缝制开口部位的拉链。如果服装接缝处有多种颜色的面料，如伊夫·圣洛朗在其设计中应用的波普艺术元素，可以用纺织颜料改变拉链码带的颜色，使其与面料颜色协调。

3. 反面朝上，拉开拉链后用珠针固定。从上端开始固定拉链拉头，位置应比接缝线或收口后的边缘低0.6~1cm。拉链齿应正好位于

双嵌线拉链

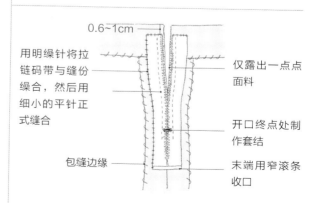

0.6~1cm

用明缲针将拉链码带与缝份缲缝，然后用细小的平针正式缝合

仅露出一点点面料

开口终点处制作套结

包缝边缘

末端用窄滚条收口

开口处折边的内侧。别珠针时，针在拉链码带上呈水平方向与开口平行。完成开口两侧别针后，拉上拉链检查一下面料是否平整，所有水平方向的接缝线以及面料花型图案是否对齐。

4. 从人台或试衣者身上取下服装，然后根据试衣情况小心地调整一下别在服装内侧的珠针。

5. 反面朝上打开拉链，用细小的针距，靠近拉链齿从拉链底部开始粗缝，以固定拉链两侧。为了避免在跨过接缝粗缝时，上下各层之间出现滑动移位，可以在结合部位做一个回针。

最理想的方法是两侧都由底部向上缝制，服装正面朝上粗缝比较困难，除非有的定制工场安排一位左撇子与一位右手常规技师，分别粗缝与缝制拉链两侧。

6. 拉上拉链，左右两侧的嵌线合拢后中间会稍微拱起。在正式缝制前应将服装置于人台上检查一下拉链，嵌线应平整，完全盖住拉链。

7. 正面朝上，用一小号手工针搭配丝线或粗缝用棉线，以小平针正式缝制拉链。平针不同于回针，它可以使面料随着身体活动而产生相应的变化，从而不会在服装表面露出明显的痕迹。

双嵌线式拉链收口

将拉链与缝份缝合在一起　仅在服装上以细小针距缝制

8. 为了能将拉链头藏在顶部，车缝拉链前应在距离缝份2.5cm处留些许空档。将正面朝上，在服装上以细小的针距车缝开口部位余下的部分。应小心避免误缝到顶端的缝份。

明线车缝拉链开衩

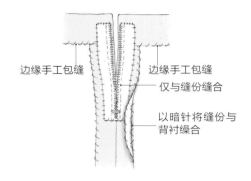

边缘手工包缝　　边缘手工包缝
仅与缝份缝合
以暗针将缝份与背衬缲合

9. 反面向上，将拉链码带顶部向下翻折，然后加以修剪后车缝平整。

10. 将拉链码带与缝份以明缲针缝合，避免其出现卷曲。若要加固，可将布带与缝份车缝缝合。这种方法比手缝的强度高，但是不太柔软。

11. 若需要减短拉链长度，可以跨拉链齿做个套结线，防止拉链头从尾端滑脱。然后将套结以下部分的长度修剪为1.2cm，再将末端以手工包缝或斜丝缕滚条收口。

12. 正面向上，在拉链末尾做一个小套结，用以强化开口。

13. 拆除所有粗缝线后稍作熨烫。

14. 为了防止拉链在穿着时产生不适，可以裁一块宽2.5cm的横丝缕布片将其覆盖住。若要做出简洁平整的尾端，只需要手工包缝毛边，然后将底部与缝份钉缝在一起。

无针迹拉链

无针迹拉链是双嵌线式拉链的变形，这种工艺仅适用于带有背衬的服装。

1. 先用缝线做标记，再对开口部位做定型。

2. 向下翻折缝份后粗缝熨烫。

3. 反面向上，用细小的手工平针将拉链绲缝到缝份处。

这款由马克于1966年为迪奥设计的外套，其"无线迹"拉链是该设计的亮点，在挂面处看不出任何缝制线迹（图片由泰勒·谢莉拍摄）

4. 以明缲针将拉链与缝份缝合。

5. 将缝份与背衬暗缝。

延长拉链

延长拉链仅适用于下摆塞入裙子内的衬衣。这种拉链比服装长出数十厘米，垂在下摆下部，加长的拉链使服装开口更宽，穿着更方便。

延长拉链可以用分开式拉链代替，但是后者比较重，并且可供选择的颜色不多，制作难度也较大。双嵌线式拉链的工艺指导（见第101页）也可应用于分开式拉链的制作。

多根拉链

在同一件高定服装上使用两根及两根以上拉链的情况并不多见，最常见的是带有束身衣的设计，分开缝制每根拉链，束身衣有延长设计，以便于穿脱。

在这款由曼波切尔于20世纪60年代设计的连衣裙上采用了双拉链设计，衣身部分缝了浅色延长拉链（拉链长出腰围线以下约20cm），裙子上则缝了一根深色拉链

曼波切尔在其连衣裙中应用了双拉链设计，一根为浅色拉链，一根为深色拉链。衣身有一配色拉链，长度超出腰线约20多厘米，并用蓝色裙子拉链覆盖（见上图）。

带明线的拉链开衩

这种样式常被称为伊夫·圣洛朗式拉链，因为这种工艺首创于一条YSL裤子。从此以后，各种高定设计包括裤子、礼服上的开合部位和开衩部位等都常常应用到这种工艺。

当开口部位制作明线止口后，将拉链手缝到开口部位。这样做有许多优点：在平摊状态下，明线止口可以缝得更加精确；手工缝制更易于控制面料；由于不受拉链齿的干扰，明线止口可以更靠近开口缝制。

以粗缝标记与固定拉链

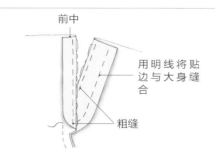

前中

用明线将贴
边与大身缝
合

粗缝

缝制开口

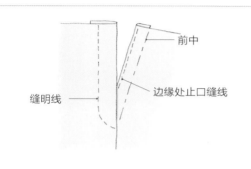

前中

缝明线

边缘处止口缝线

将拉链与里襟缝合

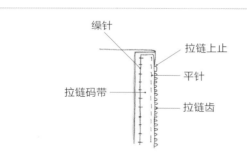

缲针

拉链上止

平针

拉链码带

拉链齿

将拉链与门襟贴边缝合

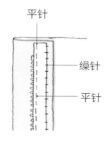

平针

缲针

平针

若面料为厚型，车缝的开衩拉链强度需更高。以下用于带门襟贴边开口的指导也适用于任何拉链的安装。由于门襟贴边几乎不需要再调整，因此可以在服装试衣前完成拉链的安装。

1. 准备开口。将开口缝份向下翻折后熨烫。用粗缝标出重叠部分，并固定上下各层，以防止在车缝明线止口时出现滑动移位。

2. 根据明线的特点选择合适的缝线和车缝针距。沿粗缝标记线车缝门襟贴边部分，然后拆除粗缝线。

3. 将开衩下层的折边边缘贴近拉链齿，将拉链的多余部分置于开口底部以下，然后粗缝固定拉链。拉上拉链，沿前中线将服装粗缝起来后，将拉链置于重叠部分的下方。

4. 将服装反面翻出朝上后将拉链与重叠的贴边粗缝在一起，然后用细小的手工平针正式缝制拉链。为了加强拉链的牢固度，每间隔一段做一个回针。

风钩、钩环与揿纽

在高定服装中通常会用风钩、钩环与揿纽代替拉链，并有多种不同规格可选。风钩可以与直或圆形的钩环搭配，也可以与线套结合，这样会更隐蔽，但强度不高。

风钩与钩环

风钩与钩环用于裙子门襟部位。法国人更偏爱使用美式大号风钩，这种风钩上的扣眼比较平整。在缝制里布与贴边前，应先将风钩缝在腰身上，然后将贴边或里布手工缝制到位，仅露出风钩部分。

1. 使用粗缝明线或与服装颜色相配的车缝线，缝线用蜡光处理以提高强度。

2. 检查以确定风钩与钩环对齐，先缝风钩再缝钩环。

3. 先以回针缝制风钩上的扣眼，然后用贴边或里布盖住风钩。制作缝线套结可按第36页的工艺指导制作。

在开衩的腰围定型部位或束身衣上钉加强风钩时，可以交换风钩与钩环的位置，这样开口两侧都有风钩或钩环分布。为了使风钩在雪纺、蕾丝、轻薄的金丝面料等精致轻巧的面料上使用时不那么显眼，可以弯曲风钩，从而使两边的扣眼重叠在一起。

揿纽

相比风钩与钩环，揿纽更加隐蔽，更易于被面料覆盖，但是其强度也会相应减弱。揿纽常应用在高定服装的重叠部位，与其他扣合部件结合使用，用于扣合那些比较宽松的服装与裙子。当在上装与外套上使用揿纽时，通常会用薄型的配色里布覆盖。

1. 用单股线将揿纽的凸纽缝在门襟内侧。针脚固定后，在第一个孔内反复钉缝几针，但不能钉穿服装的表面，然后将针从面料层中间穿过，钉缝第二个孔眼。反复以上步骤，直到缝合完全部孔眼。

2. 用划粉摩擦凸纽，将上下两层门襟内侧用力按压后确定凹纽位置，然后用相同的方法完成凹纽的缝制。

3. 在拉链开衩的顶端，也可以用揿纽代替风钩与钩环。只需在开口一侧钉缝凹纽的一个孔眼以固定揿纽，然后将凸纽钉缝在另一侧。

包揿纽

1. 剪两片圆形布片，尺寸是揿纽直径的两倍，然后沿布片边缘包缝一圈。

2. 将凸纽面朝下，放入布片后抽紧缝线，在凸纽背面来回缝几针，将布片弄平整，然后固定缝线，用同样方法处理凹纽。

3. 将两部分扣合，在凹纽中间开一个孔。

揿纽

凹纽 凸纽

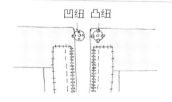

第二部分

高级定制技术应用

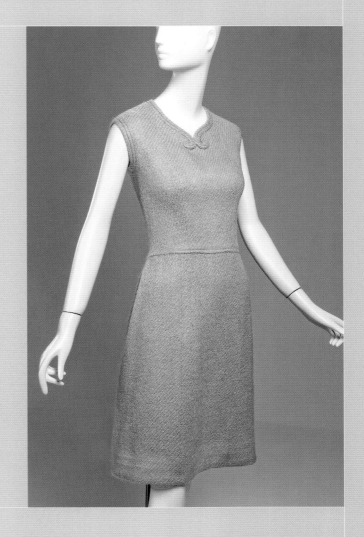

这是一款带公主线的粉色香奈儿连衣裙。其领圈与袖窿部位带有两股绳装饰边。从图中可见公主线一直沿伸至领圈部位

裙子与裤子

　　无论长裙或短裙，直身或宽摆，裙子总是在不断地刷新时尚。一款由法国高定设计师保罗·波列于1910年设计的蹒跚裙尤其与众不同，其下摆宽度仅30cm，长度过膝，且无开衩，当女性穿着吊带蹒跚裙时，膝关节会合拢。相比之下，迪奥1947年推出的"新风貌"裙子，下摆相当宽，达到了63cm。

　　自那以后的几十年里，裙子的廓型有了相当多的变化，但其共同点是都很长。1957年，伊夫·圣洛朗在迪奥的定制店设计出高腰短裙，该款式开启了迷你裙的时代，并使其在20世纪60年代成为时尚的主导。除了迷你裙，浪漫风格的传统长裙也是时尚主角之一。

左图的这款是曼波切尔于20世纪50年代设计的带育克褶裥裙，为合体平整的套装裙造型。套装裙造型见第147页。与其他曼波切尔的设计相似，该款式所用的面料为羊毛呢，育克是用手工缝制的

另外，直到1911年，由波列所设计的土耳其风格长裤取得了时尚界一定的认可，这是在高定系列中第一次出现宽松长裤。1964年，由长裤引发的时尚变革正式开始了。安德烈·库雷热推出了以裤脚口为特色的窄脚裤，该款式裤脚口的边在前面弯曲成狭缝，并在后面垂到脚后跟以下。

三年后，伊夫·圣洛朗推出两项重要的前沿性设计：烟灰色套装以及日常裤套装。随后，他又于1968年推出了裙裤套装，于1969年推出了游猎套装。

仔细观察高定裙子与裤子内里，就不难发现其特点。其中大部分是用手工缝制的，包括拉链、包缝接缝、褶裥、省道与腰身部位的收口，还有下摆里布等部位的缝制等。

腰身

高级定制的裙子与裤子的腰身边缘收口工艺有三种，分别是用本身料或贴边料制作腰身，以及用贴边料制作边缘。对于带里布和不带里布的裙子，理想的收口方法是用里布料或罗缎织带以手工的方式缝制贴边。这种方法适用于缝制各种不同面料和样式的腰身，也可以加以调整后应用于裤子（见第121页），还可以应用于贴袋、腰衫与贴边和挂面等部位。

准备腰身

采用与裙子相同的面料，沿直丝缕或横丝缕方向裁剪。腰身较少采用斜丝缕，除非是为了对齐面料花型。大部分腰身完成后的宽度在2.5~3cm之间，其两端可以并齐，也可以重叠。

1. 测量腰围后另外加2.5cm余量，确定成品腰身的长度。

提示：可用一条坯布条代替皮尺，将其绕腰部一周后用珠针固定。可坐下测试一下尺寸是否舒适，然后测量坯布条长度。

2. 在一较宽的面料上用缝纫线标出成品腰身的长度与宽度，四周留出至少1.2cm宽的缝份，若两端重叠，则腰身长度至少增加7.5cm。用缝线标出所有对位点与标记线，包括中线、侧缝和折叠线等。若打算在裙子后腰部位设计门襟开口，腰身重叠部位的下层一般设置在右侧。

3. 根据腰身的实际长度和宽度裁剪衬布，衬布应选用硬挺的材料如毛鬃衬、麻衬、彼得沙姆硬衬、腰衬以及罗缎织带等材料。若腰身很宽大或有造型，其衬布的材质应比普通的细直式样腰身所使用的衬布更硬一些。

提示：可以将两层毛鬃衬布以之字针的方法绗缝在一起。

4. 反面向上，将衬布与面料粗缝在一起。

本身料腰身

这种腰身有时被称为一片式或常规腰身，通常采用轻薄面料或中型面料制作而成。

1. 根据第161页的工艺指导，将衬布与缝线标注的面料以三角针的方法沿衬布边缘将两者用缲针缝合起来。

2. 将腰身与裙身反面相对，沿折叠线折叠腰身，然后用蒸汽熨烫出平服的腰身造型。可通过熨烫来拔长腰身上口边缘，使其长度能平服地包住腰身，若腰身长度设计偏小，可以熨烫拔长腰身下口，使裙腰能与人体腰线伏贴。

本身料腰身

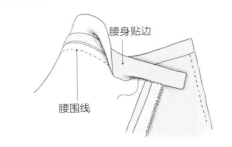

腰身贴边

腰围线

3. 将腰身与裙身正面相对，对齐腰身上的各对位点，将腰身与裙身粗缝起来，然后车缝，并将缝份宽度修剪至1.2cm宽。

4. 拆除粗缝线，将缝份向腰身烫倒。

5. 正面相对，沿折叠线折叠腰身，再将两端粗缝起来，但不可缲缝到裙身。

6. 将缝份分烫开并修剪，然后将腰身正面翻出。

7. 将腰身边缘收口，按袖克夫的制作方法将毛边向下翻折后，用明缲针将折边与接缝线缝合。

提示：许多巴伦夏嘉裙，其腰身缝份并非向下翻折，而是直接剪去缝份后包缝以减少厚度，然后将边缘与接缝线缲缝起来。若腰身两端有重叠，在重叠部分可将其与缝份缲缝起来。

这是伊夫·圣洛朗裙的加里布腰身的内部结构。其面料为绉绸，衬布为毛鬃衬，裙子腰身穿着舒适且较薄。若面料很厚，可将转角做成斜接角，除非下口转角处于重叠位置（斜接角工艺见第81页）

加贴边的腰身

加贴边的腰身比本身料腰身平整轻薄。这种腰身几乎可以完全手工制作。

1. 根据贴边制作的工艺指导，将衬布与缝线标记的腰身缝起来。若使用羊毛类面料，应使用熨烫的方法使面料与衬布更好地结合。

2. 将缝份包住衬布后先用珠针固定，然后粗缝。作为试衣，不必担心转角部位过厚。

3. 用蒸汽将腰身熨烫平整，拔长上口，使其能包住腰衬。

4. 将腰身与裙身粗缝缝合以备试衣。若腰身出现卷曲，说明衬布硬度不足、腰身太紧或面料太厚，可以加长腰身使其伏贴舒适，比如增加7.5cm作为叠门量。

5. 试衣后，用缝线标出需要修改的部位，然后拆下腰身。

6. 拆去下口与腰身两头缝份的粗缝线，将超出开口的衬布长度修剪为5cm，避免其延长至缝份边缘。

7. 裙身与腰身正面相对，将腰身下口与裙身以粗缝缝合，需对齐接缝线与对位点。拆去粗缝线后将接缝烫平，然后分开，将腰缝向腰身烫倒。

提示：若面料很厚，可以在距离腰身头部2.5cm处，在缝份部位做剪口。

8. 修剪腰身以下部分的裙身缝份宽度至0.6cm。

9. 若面料十分轻薄，其腰身转角部位不需制作斜接角。可在两头处加衬布，并将衬布与转角部位粗缝，然后修剪头部的缝份，避免其在向下翻折时外露。需修剪去除衬布的小三角，以避免重叠，然后熨烫。

10. 将腰身开口向下翻折，粗缝固定后再熨烫。用木板敲打腰身两头使其平整。拆去所有定型线，然后用细小的三角针或手工锁缝针固定，并用三角针将面料与衬布缝合。

腰身头部收口

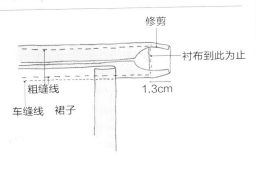

修剪
衬布到此为止
粗缝线
1.3cm
车缝线　裙子

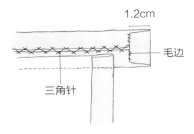

1.2cm
毛边
三角针

11. 可按设计在腰身上，距离腰身下口线边缘0.6cm部位制作明线止口。

12. 若有腰祥，将腰祥在腰身反面折叠，每个腰祥宽度为0.3~1cm，然后手工缝制腰祥。腰身加贴边与收口，在完成腰身制作前，先加缝里布与腰祥，如有风钩，应先将风钩加缝到裙子上。

将贴边与腰带收口。如有风钩，应在收口前加入里布与风钩.

1. 若裙子有里布，将里布缝合后放入裙子内，盖住反面。腰部应对齐接缝与省道，然后用珠针固定，用细小的手工平针将裙子与里布缝合在一起，缝线距离腰部边缘约0.3cm。

2. 用大号风钩扣合裙子。在裙子腰身重叠部位上层加缝风钩，先将腰身反面向上，将风钩钉在腰身头部向内0.3cm。

3. 腰身正面向上，在与风钩相对应的位置用锁缝针将钩环钉在重叠部位下层。若裙腰两头不重叠，可将两个圆眼钉在下层的反面，这样腰身两端可以对齐，再将一个圆孔钉住，然后将风钩钉在上层，这样腰身穿起来就会显得很平整。

4. 在绷缝贴边前，先沿裙子腰身加缝腰祥，使其与接缝线重叠1cm（见第123页）。

5. 沿直丝缕方向裁剪腰身贴边，长度与宽度比实际腰身大0.6cm。罗缎织带也可以作为腰身的贴边，其较长的一边已经收口，长度应比实际长度多2cm。

6. 将腰身与贴边反面相对，并将贴边置于腰身中间，然后用锥子在贴边上钻一孔用以将风钩固定在腰身的一端，再将风钩绷缝到贴边上，将贴边与腰身用珠针固定在一起。

7. 将贴边的上口与两端向下翻折，贴边距离腰身边缘0.3cm，并用珠针固定。在腰线处将毛边向下折，正好盖住平缝针线迹，并用珠针固定。粗缝后稍作熨烫。将贴边与腰身以明绷针缝合。拆去粗缝线后熨烫。若贴边为罗缎，可将头部向内折，然后将所有边缘用明绷针正式缝合。

腰身加贴边

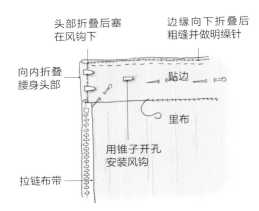

头部折叠后塞在风钩下
边缘向下折叠后粗缝并做明绷针
向内折叠腰身头部
贴边
里布
用锥子开孔安装风钩
拉链布带

腰线加贴边

通常可以用罗缎或里布料制作腰线贴边。香奈儿裙常采用腰线加贴边工艺。由于这类裙子没有腰身，因此常与上装衬衣搭配。贴边可用手工方式制作，通常衬布的上端或下端对齐腰线。以下指导适用于用罗缎织带制作贴边。

1. 腰部用牵带定型，如有需要可沿上口加入衬布。

2. 将裙子的缝份向下翻折包住牵带，然后用三角针将缝份与衬布缝合。

3. 根据腰线的弧度进行蒸汽熨烫、减小省道和做剪口等，如需制作剪口应将边缘包缝以防面料脱散。

腰线加贴边

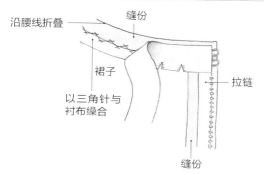

4. 裙子反面向上，将罗缎带置于腰线下缘，以明缲针缝合，腰线顶端向内折后粗缝固定。

将裙子与打底衫连接起来

有些裙子的款式带有一条衬裙或一件贴身背心，裙子与服装其他部位连接在一起，如右图所示，这样穿起来更舒适，但是整件服装的垂感会受到影响。如两件式套装设计，裙子可以与衬衣、衬裙或贴身背心缝合，有的与紧腰饰带缝合，外加一件衬衣或束腰外衣。

也可以先将裙子与打底衫连接起来，然后将其他衣服与打底衫缝合在一起。先完成打底衫制作，再形成连衣裙样式。这种工艺既能制作宽松的款式，也可以制作贴身的式样（见第132页）。

1. 打底衫经过试衣后正式缝制。

2. 在打底衫上用缝线标出需要绱缝裙子的接缝。该接缝可与地面平行，或根据腰线廓型，或完全与结构无关。裙腰位置可以比人体实际腰线低数厘米，以减少腰线处接缝的厚度。

3. 在人台上缝接裙子更方便。将打底衫置于人台上，用珠针别好裙子与打底衫，需对齐标记线与对位标记。若没有人台可以请朋友试穿上服装后再用珠针别好。

这是由马克·博昂在20世纪60年代为迪奥品牌设计的。该裙与一件短上衣搭配一起穿着，裙子被加缝到一件丝绸衬裙上。这样的设计一方面穿着舒适，另一方面又能保持裙子的悬垂感

根据不同的设计要求，裙子的缝份可以向肩部烫倒，以形成平整的接缝，也可以将缝份向下熨烫，形成支撑接缝（见第221页），这样裙子上半身会形成向外凸起的效果。这种工艺尤其适用于制作晚礼服和蓬松裙。

1. 检查一下裙子的垂感，并根据需要加以调整。

2. 取下打底衫与裙子，将其粗缝在一起，观察完成后的效果。

3. 若整体垂感良好则可以进行正式缝制。将缝份宽度修剪为0.6~1cm，使收口平整。然后用三角针将缝份处理平整，再用滚边条覆盖。若是支撑缝，可将其用缲针钉在打底衫上，然后将毛边手工包缝。

4. 在缝合打底衫与裙子时，将打底衫与裙子置于人台或人身上，用珠针固定，对齐全部对位标记，并按设计要求调整打底衫长度，形成合体或宽松的效果，然后将腰线向下折，或者用本色料或撞色料覆盖的方式收口，再手工缝制接缝。

褶裥裙

褶裥有多种不同的变化形式，但大部分都是从基本的刀形褶裥变化而来的，通常其正面有一个单裥，反面朝相反方向有一个褶裥。裙子上的褶裥位置通常会与上衣的褶裥对齐或靠近，形式有单裥和多裥之分。褶裥宽度也会有不同的变化，有时其顶端变窄，在腰臀之间形成收缩，褶裥之间可以有间隔也可以互相重叠。

无论哪种褶裥设计，都有上下两层，有极少数设计会将下层分割开成为单独一层。

若使用垂感良好的面料并结合熨烫工艺处理后，褶裥能形成并保持在最佳的造型状态，

这款为迪奥1955年秋冬系列设计。其特点是前身的倒褶裥。为减少厚度，对其褶裥底层加以修剪，并制作省道。由于采用斜丝缕褶裥，因此采用欧根纱定型，其衬衣褶裥部分为真丝面料

难于熨烫的面料不宜用来制作褶裥。褶裥越宽，其褶痕应越长。相比横丝缕与斜丝缕，沿直丝缕制作的褶裥最挺括。用羊毛粗花呢格子面料制作的传统苏格兰褶裥裙，为了保持面料本身连续数米不断，其褶裥为横丝缕方向。

不同于刀形褶裥，箱形褶裥采用两个相对的刀形褶裥。其褶裥下层可以并列，可以呈重叠状态，也可以之间有间隔（见第114页迪奥的设计）。

用手工平针固定连续的刀形褶裥会产生优雅的下垂效果。

这种工艺曾应用在迪奥于1947年推出的最著名的"新风貌"系列中的"酒吧夹克"，其裙子有60多个刀形褶裥，下摆长度超过6m，裙子上1.2cm宽的褶裥底层宽度很宽，褶裥自育克向下自然下垂。

以手工平针固定连续刀形褶裥

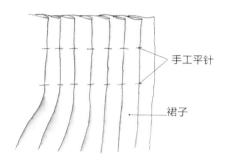

另一种制作细褶裥的方法是用手工明缲针的方法沿垂直方向自腰身向下缲缝2.5~5cm。该工艺应用于褶裥裙与裤子上。在褶裥裙上所有褶裥沿同一方向烫倒，然后以明缲针缝18.5cm。为了在裤子上形成更加平整合体的效果，褶裥反面都应向侧缝烫倒，并以明缲针缝5cm。

倒褶裥

以下指导适用于制作带倒褶裥的裙子，如第114页上的迪奥裙。

1. 用样板在裙子上从腰线到褶裥顶部标出倒褶裥以及缝缉线。缝缉线必须标记准确，然后标出褶裥的褶裥线和中线。褶裥的折叠线是

制作倒褶裥

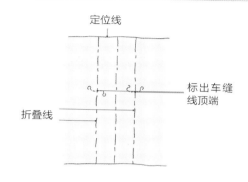

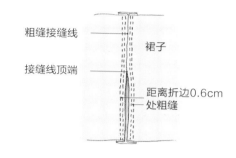

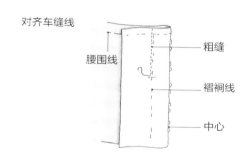

接缝线，沿褶裥中线折叠后对齐折叠线。最简单的方法是将褶裥线当作接缝线处理。若用格子面料制作倒褶裥，其折叠中心线应与折线对齐。

2. 若服装有衬布，应将衬布与服装反面粗缝在一起。

裙子布样试衣

大部分购买高定服装的女性顾客都希望高定服装像自己的第二层皮肤，其舒适性应胜过针织衫，因此在制作过程中必须进行试衣。试衣可以由顾客本人穿着，也可以在体型相同的人台上进行。

由于本书的重点是高定服装的制作工艺而非试衣，因此在此仅介绍几项基本的试衣方法，希望对读者有所帮助。

试衣最好是在人台上进行，有时需要在人身上试穿。如果想自己试穿，应找一位助手进行准确的测量。如果在正式制作服装前先用坯布样试制，能使试衣更容易。

在制作设计款式的坯布样之前，应先制作一个基础型样衣进行试穿。可以购买常规样衣或自己动手制作。基础型样衣有合体、长袖、V形领式样，可以作为其他设计的基础。通过基础型样衣的试衣，可以了解顾客的体型与姿态以及其独特的特点，还可以帮助了解不同面料丝缕线与人体之间的关系，以及如何加以调整从而得到满意的效果。尽管大部分设计比基础型样衣复杂，但试衣方法与基础型样衣的相同（女式衬衣与连衣裙试衣见第126页，袖子试衣见第147页）。

在定制工场里，在正式裁剪服装前都会按设计样式在人台上进行试衣。只有那些基本款直身裙会让顾客本人试穿。

在家庭缝纫中可减免样衣试穿步骤，但样衣试穿的重要性有以下几点：

1. 可以用试衣达到最佳调整效果。

2. 可以减少服装缝合后的试衣次数。

3. 有助于评估设计的效果。

4. 可以用坯布样试验各种不同的缝制新工艺。

5. 有助于更好地创新和利用面料。

6. 有助于提高面料的利用率。

以下指导适用于直身裙试衣，这种款式最为简单，若用坯布样其难度则更小。

布样准备

1. 用铅笔或裁缝用碳笔代替缝线做标记。

2. 在裙子前、后、中加上缝份以便于调整。

3. 所有缝份宽度增加2.5cm。

4. 裁剪布样。

5. 在坯布样两面标出所有车缝线，以便与面料正面相对进行缝制时可以看见车缝线。试衣时应正面朝外。

6. 在前中腰围以下16cm处标出臀围线。

7. 用手工将裙子粗缝在一起，前中部位应留开口以备试穿。

8. 粗缝接缝与省道时，不可缝住腰围处的缝份。

9. 做一条罗缎的合体腰头。裁一条2.5cm宽的罗缎，其长度比实际腰围长10cm，在腰身上标出腰围的长度，然后标出后中线。

10. 正面向上，将腰身下口与腰围接缝线用珠针别合。对齐中心点与侧缝线后，将腰身粗缝至裙子。大多数情况下前身比后身大2.5cm。

服装坯布样衣试穿

1. 穿上坯布样衣后，用珠针别合开口。

2. 先检查一下宽度。若裙子太松或太紧则难以评估裙子的垂感。裙腰与臀围一周至少应有5cm的余量，试衣时既不能太紧也不可太松。可以在前中缝处增加5cm的余量，然后在侧缝处调节余量的大小。若增加量超出5cm，则需要大一号的样板。

3. 评价裙子的垂感，前中缝应位于身体中间，并与地面垂直，侧缝也应与地面垂直。前后片分割比例协调，下

摆应与地面平行。喇叭裙的前中与后中处标出的横丝缕应与地面平行。在靠近侧缝处，横丝缕会随着下摆展开而向下弯曲，但直身裙不会向下弯曲。若裙子的前后身达到理想的平衡状态，其下垂量应相同。

4. 检查一下布纹线。由于体型不同，试衣时出现的情况也会各不相同，通常可根据布纹的变化来调整试衣效果。

若人体臀部两侧有大小差异，前中会偏向较大一侧臀部。因此为了能使裙子达到理想的垂感，应增加较大臀一侧的腰长，也可以提高腰围较低的一侧，或降低腰围较高一侧，或同时调整两侧，直到横丝缕达到水平状态。

对于腹部较大的体型，裙子会向前弯曲，臀部会出现横向褶皱。为了使裙子能自然下垂，需加长前中长度。可提高前身腰线、降低后身腰线或前后身同步调整，直到横丝缕达到水平状态、臀围线以下部

分与地面垂直。也可以将侧缝线向前身调整，使前后身分割更完美。

对于翘臀体型，后中部位会出现不平整，可以用珠针别合不平整部位，直到丝缕线与地面平行为止。

5. 试穿后应标出调整的部位，然后用珠针别合。

6. 服装试穿后，先拆去粗缝线，然后用彩色铅笔标出修改的部分。

7. 再次将服装粗缝缝合后试衣，直到合体为止。

8. 将所有变化都拓印到原始样板上，以备以后使用。

3. 标好裙子后，对褶裥线部位进行定型，以防服装制作时出现拉伸变形，定型衬应比褶裥宽1.2cm、长2.5cm。将反面向上，以中心线为折叠线，用手工平针将其固定到位。线迹不宜太宽，在正面露出缝份（见第54页"定型"）。

4. 正面相对，将腰围、褶裥之间的接缝粗缝，直到褶裥顶部。

5. 粗缝褶裥时，裙子正面向上，将褶裥的一边折到另一侧折边上，反面相对，在距离折边0.6cm处粗缝固定。重复以上方法，缝制所有褶裥。

6. 沿中心线对齐两侧折边后用珠针固定，然后用明线止口的方法粗缝住整个褶裥。

提示：粗缝线用单线，不需要打结，这样便于试衣后拆除缝线。用丝线粗缝面料会更加方便。

7. 用明线止口的方法固定褶裥另一侧。

8. 裙子反面向上，将褶裥底层与腰线缝份粗缝固定。

9. 重复以上方法，完成其余褶裥。

10. 粗缝完所有褶裥后，将裙子粗缝缝合以备试衣。褶裥应平整，以确保不影响试衣效果。若出现拉扯或撑开现象，说明服装太紧，可以加大或减小褶的尺寸或者调整褶裥形状形成锥状，然后重新进行试衣。

11. 试衣时，松开明线止口上用以固定褶裥的粗缝线，但仍需确保两边笔直并互相平行。若褶边重叠，说明定型部位太小。若出现间隙，则应减少定型部位。

12. 试衣后，拆下腰身、育克或其他上身部位，重新调整褶裥部位，然后粗缝再车缝腰线到褶裥顶端之间的接缝，并将线尾打结。

13. 正面向上，重新粗缝褶裥边缘，并明线粗缝每个褶裥使其平整，这与第一次试衣时的做法一致，对齐折线与上口，在熨烫前最后再检查一下褶裥。

14. 将服装反面向上，用熨斗头部熨烫褶裥反面折边部位，不能熨烫整个褶裥，否则会在正面留下印痕。

提示：熨烫前应用一小块面料做试验，调整好熨斗的温度，以达到最佳效果。

15. 正面向上，将每个褶裥上下两端用珠针别合后熨烫使其平整挺拔。熨烫时应使用烫布，仅熨烫褶裥的折线部位，待熨烫部位完全干了后再移动。

减小厚度与褶裥的支撑

可通过修剪部分或所有褶裥的底层来减小裙子的厚度与重量。若将整个褶裥底层剪去，可以用里布固定与支撑整个褶裥。

修剪部分褶裥底层：

1. 在每个褶裥顶端沿水平方向车缝褶裥底部。

2. 从车缝以上1.2cm处，将靠近衣身部位的褶裥底层面料进行修剪。

3. 在余下的褶裥底层缝制竖直方向的省道，这样既能进一步减小厚度，又能更好的支持褶裥，然后修剪省道内多余的部位，并分烫开缝份，再用手工包缝所有毛缝。

定型里布。这是另一种通过修剪褶裥底层来减少服装厚度的方法，适用于松散结构面料。在褶裥顶端留1.2~2.5cm，用里布支撑褶裥并盖住修剪的边缘。若裙子有衬布，则可以修剪面料而保留衬布。

修剪省道褶裥底层来减小厚度

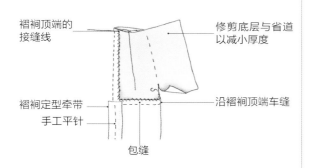

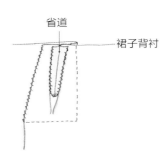

连衣裙制作工艺。这种工艺为迪奥连衣裙制作工艺，见第131页。

1. 车缝并熨烫裙子的接缝。

2. 沿下摆部位将接缝分烫开后，将份宽修剪为1.2cm。

3. 将下摆折叠后并粗缝到位。在完成下摆制作前，先把连衣裙置于人台或穿在试穿者身上，以确定褶裥底层不外露。若底层外露，应将其修剪短。

4. 沿内侧折叠接缝，并将正面相对。然后距离折边0.6cm，将各层粗缝在一起，再将边缘尽可能的压紧使之平整。

提示：在下摆缝份顶部做剪口，将下摆线上的接缝放开后，再进行熨烫。

5. 完成下摆后稍作熨烫。

6. 在底层接缝处沿折边0.6cm，以手工平针将底层边缘缝合并熨烫。

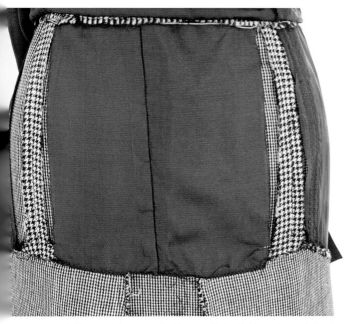

这款20世纪60年代的香奈儿裙的特色在于暗裥设计。通过剪去褶裥底层以减少裙子顶端的厚度，然后用里布作为滚条包住缝份以防褶裥下垂

褶裥裙下摆

褶裥裙的接缝线常设置于折叠线的内侧，这样在下摆部位会明显增加厚度。大部分高定工场会在完成接缝后再制作下摆，这种方法适合轻薄的褶裥裙。在裁缝店也是先完成接缝制作，再制作裙子下摆，这种工艺适合各种不同的面料。

缝制工艺。相比以上的连衣裙制作方法，该工艺可以制作出平整挺拔的褶裥，尤其适用于用毛鬃衬加固的裙摆或礼服。例如，美国的高定技师阿诺德·斯嘉锡常用该工艺制作晚礼服，然后将加毛衬的边缘进行滚边收口，以免刺激穿着者的皮肤。

褶裥裙下摆制作

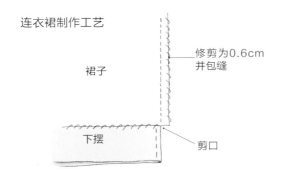

连衣裙制作工艺

裙子

修剪为0.6cm
并包缝

下摆

剪口

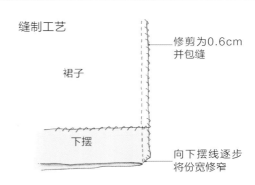

缝制工艺

裙子

修剪为0.6cm
并包缝

下摆

向下摆线逐步
将份宽修窄

1. 在人台或试穿者身上标记下摆线，以确定褶裥底层不外露。

2. 车缝竖直方向的接缝，距离下摆线以上约15cm处收针，拆去粗缝线后将接缝熨烫平整。

3. 将裙子下摆各部分分别折边。

4. 再将接缝粗缝缝合，仔细对齐下摆线，缝制并熨烫接缝。

5. 将下摆部位的接缝宽度修剪为0.6cm，并逐步将缝份宽修剪变窄直到下摆线处的缝份被完全剪去。将边缘包缝在一起后稍作熨烫。

迪奥式倒褶裥

迪奥式倒褶裥非常实用，这种设计是由玛格丽特女士所开创的。20世纪四五十年代迪奥所用的面料对于制作倒褶裥而言太厚，有时会将褶裥底层用里布制作，若裙子无里布，可将褶裥底层缝在裙子的内侧。

1. 将裙子后中部位的缝份宽度修剪为7.5cm，然后单独裁一块15cm宽、25cm长的褶裥底布。

2. 完成裙摆的收口处理。

3. 在完成裙摆延伸部位收口处理前，可根据实际需要，在褶裥开口两边加两个小重片，这样能使褶裥自然闭合。

提示：为了避免因加入重片后导致表面有拱起，可先将其敲扁用欧根纱包住后，再将其固定到位。

4. 将延伸部分向下折叠后，用三角针或暗针将其正式固定，从而完成开口的收口处理。

5. 如有里布则可以绷缝里布。

6. 将底层部位的下摆收口。

7. 反面相对，将里布加缝至褶裥底部，然后将各边包缝。

8. 里布面向上，将褶裥底层置于裙子上并对齐下摆，再将其上端与裙子里布或倒褶裥缝份用珠针别合起来。用三角针缲缝其顶部以及两侧各向下4cm处，应仔细地缲缝延伸部分。

迪奥式倒褶裥

带里布裙子加褶裥底布

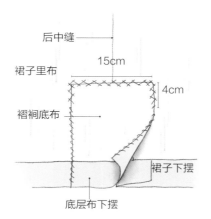

后中缝

15cm

裙子里布

褶裥底布

4cm

裙子下摆

底层布下摆

下摆加重片

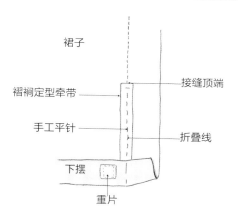

裙子

褶裥定型牵带 —— 接缝顶端

手工平针 —— 折叠线

下摆

重片

长裤

长裤在女性衣柜中具有里程碑式的意义，作为裙子的代替品，长裤兼具舒适性与多样化的特点。

长裤的试穿与造型

当开始设计一款长裤时，我必定会用坯布来试样，有时这需要重复多次，因此必须有充分的耐心与充足的时间。

1. 先在布样上标出接缝线，并在裆部标出横丝缕方向以及位于裆部与下摆线之间膝盖的位置。

2. 在每个裤片的腰线与裤脚口之间标出挺缝线。若样板上未标出挺缝线，可以取膝盖围位置横丝缕的中线处作为挺缝线的位置。

3. 用熨斗与湿海绵对后裤片进行拔伸处理，通过拔伸能使后片臀部更加平整伏贴（见第65页）。先将后裆缝拔长1.2~2.5cm，然后从膝盖围上方大约10cm处开始，将内侧缝拔长1.2~2cm，该拔长量应根据臀围的饱满程度与面料的类型加以调整。

4. 将布样粗缝缝合。

提示：许多裤板里裤中线与褶连成一条直线，否则应该移动褶裥的位置。

5. 试穿时检查横丝缕方向，横裆与膝盖围处的横丝缕应与地面平行，膝盖围处横丝缕纹理

1967年伊夫·圣洛朗革新了女性服饰，于当年推出了代表性的长裤套装。这是他著名的"抽烟装"，这款女式西装套装常与柔软的女式衬衣搭配，一推出就迅速获得了成功

裤子的试衣与造型

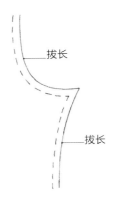

拔长

拔长

应位于膝盖中间，垂直方向的接缝线与挺缝线应与横丝缕垂直，并将裤子分割得美观。

6. 试衣后可加以修整。

7. 裁剪面料并用缝线标出车缝线、布纹线与挺缝线。

8. 按之前的方法对后裤片进行归拔处理。

9. 反面相对，将前裤片沿挺缝线折叠，然后在距离折线0.3cm处粗缝。将折叠的前裤片置于熨烫台上，稍稍弯曲并在距离膝盖围1.2cm处归缩挺缝线以防拱起，不需要熨烫。

10. 将前后裤片粗缝缝合，并粗缝下摆。然后用罗缎制作合体的腰身，并试穿裤子。

11. 试穿后，根据需要加以修改，然后拆下腰身与裆部的粗缝线。

12. 车缝裤子的内外侧缝。

13. 将裤腿反面翻出并分烫开接缝。

14. 将裤腿正面翻出并放平，在带烫垫的烫板上，将内侧缝朝上，然后从挺缝线向裆部持平裤腿，将余量置于内侧缝附近，然后从腰围向下摆方向熨烫挺缝线。

对于精制西裤，后裤片挺缝线只需熨烫到裆线以下6～7cm处；对于优雅风格的长裤则不需要熨烫挺缝线。熨烫后，待其完全冷却定型后方可拿起，然后重复以上熨烫步骤完成其余部分。

提示：在熨烫那些难以熨烫出挺缝线的面料时，可在熨烫部位的反面用不含油脂的肥皂摩擦几下后再熨烫。肥皂可临时起到黏结的作用，从而更好地固定挺缝线。

15. 粗缝横裆接缝并车缝，由于裆缝比其他接缝承受的张力更大，因此在英式定制男裤里会以手工回针工艺缝制裆缝，这样可以使裆部始终保持牢固，可以使用蜡光双线制作。

16. 将裆缝烫平后再将上半部分分烫开，弧线部分可以烫平或分烫开。

提示：在分烫接缝时，将弧线部分的缝份宽度修剪为1.2cm，通过熨烫将毛边尽可能拔长。将一条裤腿塞入另一条裤腿后，再将缝份向裤子内折叠，然后再次熨烫裆缝。

下摆与翻贴边

直筒裤后裤片比前裤片长1cm整体效果会更好。若前片能盖住部分脚面，则其前裤片挺缝线会出现弯折，这并不影响整体效果。若想挺缝线保持直线，则应调整裤长，使其正好达到脚背，但后裤片的挺缝线应保持笔直。

1. 对于带有造型的下摆，用缝线标出下摆线，前身为直线，后身向下弯曲盖住脚踝。量出3～5cm宽的下摆缝份，然后将多余量剪去。

提示：有时会出现下摆量不够，可以拔长前中部分，这样能将下摆份平顺地翻折起来。若宽度仍然不足，可以在下摆份上做几个剪口，然后沿剪口包缝。后片部分则可以归缩部分下摆份，若仍有多余则可以制作一个细小的省道并缝平。

2. 将下摆翻折到位，在距离边缘0.6cm处粗缝后手工包缝边缘（见第70页）。

3. 沿下摆份上口粗缝后用暗针正式缝制。

轻薄面料的下摆。用轻薄面料制作的裤子往往因为太轻而垂感不足。可以用加翻贴边的方法增加下摆部位的重量。若下摆已经收口，则可以多加一个下摆份或贴脚定型料。

定制男裤通常会预留13cm的下摆缝份，以防顾客要求做翻贴边。加翻贴边时，下摆缝

裤袢与吊袢

高定的运动裙与剪裁精良的长裤上常使用裤袢，但是那些样式优雅的裙子上不太使用裤袢。大部分裤袢的实际宽度在0.6～1cm之间，其长度一般比腰身长1～1.2cm。通常裙腰两侧接缝会加吊袢。裤子的后中部位、侧缝以及前后挺缝线处会有吊袢。

轻薄与中厚型面料

1. 裁一条长7.5cm、宽4cm的布条。

2. 将正面相对，沿长度方向折叠，然后距离折边0.6cm车缝，再将接缝分烫开，并将份宽修剪为0.3cm。

3. 用钩针或大号手工针穿上锁扣眼用的丝线将袢的正面翻出，并将中心接缝置于裤袢下层，然后熨烫。

4. 可根据设计车缝明线。

5. 重复以上步骤完成其余裤袢。

厚重面料

1. 裁一块长7.5cm、宽1.5cm的布条。

2. 反面向上，沿长度方向对折后，粗缝并熨烫。

3. 用三角针手工正式缲缝毛边。

4. 车缝明线后熨烫。

吊袢

高档成衣与高定服装会使用吊袢，通常置于分体连衣裙的腰身处；还有露肩、系带或单肩设计，以及短裙与裤子。使用吊袢可以减少因长时间吊挂对服装产生的损伤以及褶痕。吊袢的位置可根据设计的变化调整。通常吊袢设置在侧缝部位。

1. 裁一块长20cm、宽4cm的里布，有些特别的连衣裙样式可以根据设计的要求来确定吊袢长度，起到支撑作用，保持服装平整不起皱。

2. 按照轻薄面料裤袢的制作工艺车缝并翻转裤袢。

3. 将接缝置于边缘，然后熨烫。

4. 将吊袢头部向下翻折，然后将其用手工钉缝在内侧距离接缝线1.2cm处。若是露肩式礼服可将吊袢钉缝在腰线部位，然后在距离上口1.2cm处制作一个线套结以固定吊袢。挂衣服时，将吊袢穿过套结后再将其挂在衣架上。

裤袢

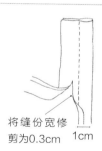

将缝份宽修
剪为0.3cm　　1cm

份宽应比实际翻贴边宽度小0.6cm，这样下摆可以用三角针收口，边缘不需要包缝。在收口的翻贴边两边将0.3cm的线袢隐蔽地固定在侧缝处（见第37页）。

下摆部位加入的额外重量可能依旧不够，而这只有在裤子全部收口完成后才会显现出来。为了弥补不足，就需要在后裤片脚口处加贴脚布，其前脚口处也可以加贴脚布。除了通过翻脚口增加重量，在脚后跟处加定型牵带还可以起到防止磨损的作用。

制作牵带的方法是用本身料裁剪一块长15cm、宽5cm的布条，烫平后将四周手工包缝，然后将其置于后脚处脚口下摆线以上，再将其用明缲针正式缲缝到位。

7

女式衬衣与连衣裙

　　早在14世纪中期，女性就开始穿着连衣裙、长袍和礼服。到了17世纪，女性开始穿着衬衣，有时也会穿着男式服装作为骑行服。在20世纪上半叶，女式衬衣既可以作为一种运动或休闲服饰，也可以作为一种内搭服装穿着。20世纪40年代末，纪梵希为斯奇培尔莉的巴黎专卖店设计了一组混搭系列。

　　时装史学者罗伯特·莱励1982年在纽约时装学院一本名为《纪梵希30周年》的展览图册中曾经有所记载：设计师认为女性在旅行时不必携带过多的服装。这一概念改变了所有女性的衣柜。

　　粗看起来，高定连衣裙与衬衣、高档成衣之间并无区别，但是仔细观察后就会看出其中的不同。高定连衣裙用手工锁缝扣眼（从不用机缝）以及手工缝制拉链，所有接缝部位的面料花型都对齐，包括省道、袋口，有时甚至提花面料也这样处理。

这款制作于20世纪60年代的修身连衣裙相当漂亮。恩迦罗的设计特点在于将其与上装（见86页）搭配。该款连衣裙的袖窿呈方形，内部用毛鬃衬定型以保持这种别致的造型

高定连衣裙不加里布，因为里布除了会增加服装的厚度，还会影响其垂感。高定服装的手工工艺包括手工缝制接缝、下摆与贴边，以及干净利落的毛边收口处理。

人们可以发现高定服装有内衬（通常为真丝），并且在细节上进行特殊处理，比如定型料、内衣吊带线钉、包真丝的垫肩、臂垫和胸垫。

制作基础

如今大部分女式衬衣与连衣裙都是由定制工厂制作的，其技师们都擅长制作真丝与柔软面料。比如迪奥的梯形连衣裙（第127页所展示的）就是由定制工厂的裁缝师傅制作的。

衬衣与连衣裙比大部分裙子的制作更加困难，原因包括：通常其设计比较复杂，上半部分的试衣比下半部分困难，除非下装是长裤。相较于衬衣与连衣裙所使用的面料，裙子的面料更加轻薄，并且垂感与坯布样完全不同，因此对制作技能要求很高。与裙子常用的羊毛面料不同，衬衣与连衣裙通常采用轻薄、无弹性且不易归拔的面料，因此无法通过蒸汽熨烫的方法做出造型。

衬衣与连衣裙通常靠底衬或衬裙来构建与保持造型。轻薄而精细的布料靠底衬来完成造型与增加稳定性，底衬既能更好地塑型，又能减少接缝部位所承受的张力。底衬在表层面料与接缝、下摆以及贴边部位起到缓冲作用，同时能防止服装表面印出边缘痕迹。按衣身形状裁剪出底衬的形状，然后将底衬与衣身相应部位的反面粗缝缝合，缝合服装时，面料与底衬可作为一个整体来处理。衬裙比如底裙、窄裤、束衣和束腰带等为设计提供支撑，并保持廓型。本章中衬裙的高定工艺示例是对标准的样板指导进行补充。

试衣

高定的第一步是试穿坯布样衣，因为一旦用实际面料裁剪后就很难或不可能再进行修改。在坯布样上可以采用展开、重叠、加省道等方法进行调整，然后裁剪实际面料。

当对一件带有腰线的连衣裙进行试衣时，上下半身应分开进行，其试衣方法见第116页。若设计中有垫肩，应在试衣前将其粗缝于衣身。完成试衣后，应注意衬衣与连衣裙需比其贴身衬衣留更多余量。

底衬

底衬可形成对衬衣与连衣裙的支撑。底衬可以用柔软的材料，以产生微妙的效果，如第131页中的迪奥真丝连衣裙，真丝软缎在服装上形成细腻的支撑效果。底衬也可以用硬挺的材料，以增强体积感，如127页中伊夫·圣洛朗于1958年为迪奥设计的梯形连衣裙，该款采用了数层硬挺的底衬与衬布结合的设计方法。

选择衬衣与连衣裙底衬面料时应格外谨慎，通常底衬应不厚重于面料。

若为夸张的廓型应选用硬挺的底衬，底衬的垂感应与面料接近，这样不会影响整体设计的效果。两者应紧密地结合，以避免接缝部位承受张力时出现拱起。由于服装内里会贴住皮肤，因此所用的布料应透气、吸汗、穿着舒适且具有奢华感。

高定服装应与高品质的里布相搭配。天然面料如真丝平纹布、雪纺、中国绸缎、真丝绉布、软缎、真丝纱罗、细薄绸与巴里纱都是适合柔软、悬垂感服装的理想材料。如需硬挺感更强又不想增加厚度，可以选择欧根纱、薄纱罗、山东绸、塔夫塔、细亚麻、传统的衬布或毛鬃衬，本身料兼具轻、薄的特点，也是不错的选择。应试用多种不同的底衬，找出最理想的搭配方案。虽然衬里不会外露，但仍然不宜选用廉价产品。

这款梯形连衣裙是伊夫·圣洛朗于1958年第一次为迪奥定制店设计的系列作品之一，采用真丝欧根纱与硬挺的里布，形成平整的外观

3. 裁剪里布时可以用布样或衣片作为样板，应在里布上用滚轮与复写纸标出服装的中心线、车缝线、下摆、对位点等信息。

提示：准备一大张复写纸、硬卡纸与滚轮。将复写纸与一张硬卡纸用胶带贴在一起，这样就可以准确地标出裁剪线。

4. 将服装反面向上置于桌面，然后将里布置于服装上，对齐中线后用珠针固定。

5. 若服装不是全里布，则应精确地对齐接缝线。

6. 若服装为全里布，则应调整竖直方向接缝线，使其位于相应的服装衣身部位缝线标记线以内约0.3cm位置。

提示：服装包含的余量会受到多重因素的影响，包括表、里层织物组织结构与弹性以及服装的大小。在用珠针别合内里层后，若两侧余量消失，说明所加量适合；若仍有多余说明余量太多，若太紧说明余量不足，这两种情况都需要重新别合珠针以调整余量。用该方法可以检查所加余量是否合适。

1. 在裁剪前应先对所有里料与面料进行预缩，预缩时可将面料反面向上，用蒸汽熨烫。对于欧根纱、中国绸缎、细亚麻、细棉薄绸等材料，可将布料用一盆热水浸泡后自然晾干，以防日后出现收缩。

2. 裁剪里布与大身面料。若大身面料较硬挺或者面、里两层布料的弹性接近，如真丝提花和真丝软缎等，则可以将面、里两层大小裁剪得一样。若大身面料有弹性，则里布应比表层稍大一些，这样可以避免里布牵制大身面料的弹性。

衣身坯布样试衣

如果已经用坯布样完成了裙子试衣，说明你已经掌握了试衣的基本方法（见第116页裙子布样试衣）。虽然上衣设计会比裙子更复杂，上半身试衣会比下半身试衣更难一些，但试衣的基本方法仍然不变。服装中线在身体中间并与地面垂直。横丝缕线应与地面平行，侧缝线形成理想的前后身分割。若以上目标都实现了，说明整个服装达到了平衡。缝制连衣裙时，上下半身都应达到平衡。裙子部分由腰围线决定，上半部分由肩部决定。

以下指导适用于简洁合体的样式，也可以根据不同款式的复杂程度加以调整。

1. 在服装中心部位加上2.5cm缝份，然后裁剪前后身布样。

2. 用铅笔或滚轮标出所有对位点和省道。在胸宽、背宽与胸围处分别标出横丝缕线，胸宽为两袖窿弧线之间最窄部位。胸围线在腋下位置，并非一定经过胸点。面料正反面都要做好标记。

3. 粗缝省道并缝合服装，但不要绱缝袖子。

当露肩式服装试衣时，其前中应与丝缕方向一致，与地面垂直，两胸点间的横丝缕应与地面平行。根据体形差异，横丝缕连线可能会高于或低于胸高点

制作坯布衣身

4. 反面向上，沿腰线粗缝一条布边，可根据实际需要调整分布余量。

5. 试穿上半身，对齐前中后用珠针别合，调整服装，使前中线与人体中心对齐。

6. 检查布样大小，是否太长或太短、太大或太小。

7. 检查胸围与腰围大小以及前后背宽。通常基本试衣时，胸围处应至少有5cm余量，腰围应至少有1.2cm余量。

8. 检查前中、后中部位的长度。对于胸部丰满或肩部较宽者，衣长需要额外加长。若前后身过长，腰部会出现水平的褶皱。

9. 检查肩缝的长度。

10. 检查前后领围的长度与宽度，观察是否有斜向褶皱。例如，若后领太窄，前身会出现指向肩点的斜向褶皱。

11. 分析一下试衣效果，衣身应伏贴平整。

腋下缝应竖直，使整个衣身形成理想的分割。若胸部较大，腋下缝会向前身弯曲；若背部隆起，腋下缝会向后身弯曲。出现斜向褶皱即表明试衣存在问题。

肩缝应笔直，使前后身形成理想的分割。对大部分体型而言，肩缝从耳后开始，到袖窿中点结束。

袖窿接缝应与手臂前后身弧度相符，在肩部延伸出去0.6~1.2cm。袖窿应与身体平整贴合，没有间隙或牵扯。袖窿在腋下处应低于腋窝位置1.2cm，在胸宽与背宽线部位有少量面料折叠量。

省道应为直线，使面料与人体平整贴合。在前身部位，省道长度应与胸长量相等，并指向胸部。

12. 修正样衣时应去除多余的量。如试衣时发现哪些部位太紧，则应在相应的省道或接缝处加入松量。

13. 可根据需要调节布样长度。

14. 可以将平衡线作为修正衣身的参照线。根据胸宽与背宽处的横丝缕线来判断肩斜量。若在靠近袖窿部位横丝缕向下弯曲，说明肩向下倾斜，是落肩。若向上弯曲，说明是耸肩。若有一侧丝缕向下弯，而中心线向一侧偏，说明两肩不对称，应用修改肩缝的方法调节，直到丝缕线达到水平为止。

15. 另一常见的试衣问题是弓肩，也可以用以上方法修正。若胸围线丝缕向上凸起，说明肩部呈弓肩，那就需要对面料进行工艺造型处理，使其与弓肩造型相符。可以用加省道的方法增加后背的余量，或者采用加大尺寸或加松量的方法，也可以同时使用以上两种方法，直到后身上半部分的横丝缕变成直线。对于弓肩特别严重的情况，可以用育克使袖窿变得贴体。

16. 分析前后身之间的关系，可以观察标出的横丝缕线以及前后身衣长。理想的肩部试衣效果可以体现为运动时即使不扣纽扣也不会出现位移。

17. 衣身达到平衡后，再次检查一下袖窿。

18. 对衣袖进行试穿（见第147页）。

内里准备

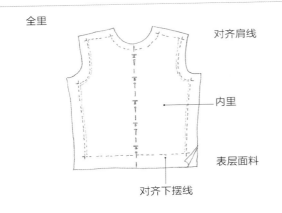

全里

对齐肩线

内里

表层面料

对齐下摆线

短小硬挺内里固定

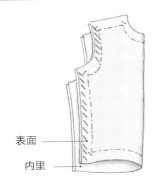

表面

内里

7. 一旦余量调整完成后，可以用缝线在衣身上标出边缘，以此作为粗缝的参照线。

8. 若使用硬挺的内里材料如毛鬃衬，应将其裁得比面料层略小，以免其在面料层下出现起皱。将面、里两层在中心处粗缝起来，将其围成圆筒形，底层置于内侧，模仿服装贴合人体轮廓的样子，然后将面、里两层用斜角针沿垂直边缘缝合。

9. 正面相对，沿水平接缝线先用珠针别合，然后将里层与面料层沿水平接缝方向粗缝缝合，粗缝时应准确对位。

10. 重复以上步骤，完成全部粗缝。

11. 粗缝完成后，将服装置于人台上，检查一下面、里两层结合后的悬垂效果如何，确定没有出现吊紧或垂落的情况。

12. 缝合服装时，面、里两层应作为一个整体。但是在处理贴边与下摆部位时，钉缝里层的线迹不可钉穿表面。

衬裙

许多高定连衣裙的特色是带有保持廓型用的衬裙设计。例如伊夫·圣洛朗为迪奥设计的梯形连衣裙就带有不同形状的衬裙。有些衬裙的里子是单独的，有些是与连衣裙缝在一起的，但是其中的共同点是可以进行改造，然后用于其他设计。

第127页上的基本款贴身衬裙是用真丝平纹面料制作的，然后再加缝上网布、欧根纱与裙箍。每个外加的衬裙部件都是用手工平针的方法缝上去的，其毛边部分用三角针做平。欧根纱裙的上口比腰围低约5cm。通过褶裥可以控制上层裙子的裙摆大小，产生A型裙的效果。裙摆折边车缝10cm宽的毛鬃衬。

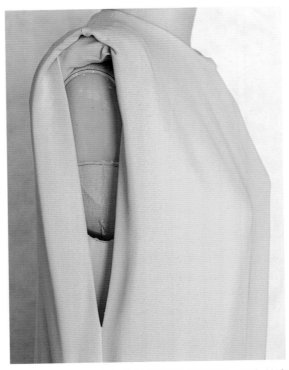

左图的连衣裙由皮尔卡丹设计于1987年，该真丝连衣裙袖窿很深，为了隐蔽穿着者的内衣，其衬裙采用与表面相同的面料制作，且位置较高

第一层底裙用网布制作，顶端抽褶后缝在欧根纱裙腰围下2.5cm处。第二层真丝欧根纱裙缝在网布裙上口向下约5cm位置处。这款裙子的下摆余量多少是由长省道来控制与平衡的。

衬裙腰身处可用腰带束牢，先将束腰带抽褶，再用手工针将其边缘与衬裙缝起来。

无袖式连衣裙与衬衣难免会露出内衣或部分身体。为了解决这个问题，有些设计师会将其与衬裙或裙箍搭配，其侧部所用的是与连衣裙相同的面料，如第130页由卡丹设计的样式。

这些衬裙提供了各种有益的参考，但是每个设计师都有自己不同的创意。在确定制作细节前，应确定所需衬裙的样式。要做到这一点，应先仔细推敲设计。是否需要支撑？是全身还是半身？裙子？腰围？衣身穿着时是否需要控制？无论答案是什么，都可能有几种不同的解决方法，最好是在充分尝试各种方法后找出最佳途径。

如上文提及的，对于简单的衬裙样式，可以先制作衬裙的样板。对于那些较复杂的合身样式，可以先参照自己衣橱中各种礼服、长袍的样式，然后产生自己的创意。

对于那些复杂的衬裙，可先用坯布制作廓型，当采用多种不同支撑面料与衬裙时，就必须学习如何最有效地加以组合。

带腰线的连衣裙

无论是精制服装还是夏季参加派对的礼服，都有带腰线的连衣裙设计。无论是哪种设计，都是将上半身服装与下半身的裙子缝合起来，在腰线处形成腰线。

这是由马克·博昂于1985年为迪奥品牌设计的春夏系列。这款优雅的真丝提花连衣裙用真丝软缎作为内里，其领圈部位用斜丝缕欧根纱作为定型料

1. 反面向上，将一条1.2cm宽的欧根纱定型牵带对齐中心，在腰围线处做缝线标记，粗缝时将余量均匀分布。

2. 将一条试衣用的罗缎带，与腰围线粗缝在一起。

3. 在上下半身缝合前，分别对上、下半身进行试衣（最好是置于人台上），按需要加以调整，并将罗缎带拆去。

4. 对齐服装前中、侧缝线后将上下半身粗缝起来。

5. 再次粗缝上罗缎带后，置于人台上试衣。

6. 试衣后，在定型料与缎带上标出实际完成后的长度、接缝、上、下半身上的余量分布区域以及省道位置，这样可以无需再次调整余量。

7. 拆去上下半身定型料与缎带后，完成所有垂直方向的接缝与省道。

8. 再次将定型料与衣身缝合，将上下半身粗缝缝合，将正面相对后缝合，缝合腰线后稍作熨烫。

9. 若要将腰线处接缝做得平整，可将缝份向上半身烫倒。若要做出带有余量的下摆，可将缝份向下半身烫倒，这样裙子的腰线接缝就会有立体感。

10．将腰身处毛边的缝份宽度修剪为2.5cm，用手工包缝的方法分别对裙子与上身的毛边做收口处理。

11．用手工平针的方法将腰线部位的定型牵带钉缝到位。

女式衬衣/连衣裙

许多设计师会采用女式衬衣/连衣裙的设计，因为这样更有利于控制余量，可以将余量分布于腰围线部位，将衬衣的下摆塞入裙腰。上衣和下裙可采用同样的面料，就像上图中伊夫·圣洛朗的设计；上、下身也可以采用不

这款伊夫·圣洛朗的连衣裙上、下半身先分别单独缝合，然后在腰部与腰身拼合。上半身开口在前中部位，下半身开口在侧缝处，以减少接缝的厚度，在腰身部位加了一颗揿纽

同的面料，以形成差异化的外观效果。其缺点是上半身服装比下半身服装更容易被弄脏与损坏。这类服装有几种不同的制作方法，其中最可行的方法是上、下半身分开单独制作，然后再将两者用手工的方法拼合。

以下工艺指导为伊夫·圣洛朗式套衫的制作方法。其腰线处用罗缎织带作为衬布，再用腰身收口。

1. 完成衬衣后将其置于人台或试穿者身上，将一条窄的亚麻带绕腰围一周后，用珠针别合带子两头。

2. 根据设计需要设置余量，用珠针将带子与上衣别合起来，珠针与带子平行。

3. 取下衬衣，在带子上标出中线与接缝线。

将裙子与上衣缝合

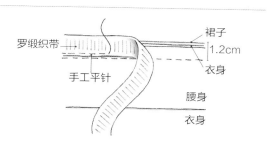

罗缎织带固定

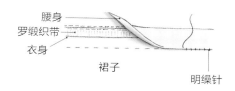

4. 将衬衣的反面翻出，以珠针作为参照，用缝线标出腰围线，然后拆下带子。

5. 裁剪7.5cm宽的腰身，长度按实际所需腰围长度两头各加一个缝份宽，然后在距离边缘1.2cm处用缝线标出接缝线。根据实际腰围长度裁一条宽2.5cm的罗缎衬布。

6. 正面相对，将上、下半身用珠针别合并粗缝。对齐腰线、中心线、侧缝，稍作熨烫，并将缝份宽度修剪为1.2cm。

7. 将上半身置于上层，将腰身置于接缝，粗缝后车缝，完成后拆去粗缝线。

8. 将罗缎边缘与接缝对齐，手工平缝固定罗缎。

9. 将腰身两端收口。

10. 将腰身包住罗缎，缝份向下翻折后粗缝，再用明缲针将腰身收口。

提示：许多衬衣/连衣裙在缝合前就已经完全收口。如果裙子有腰身，可沿腰身底部用手工平针缝合。若有贴边，可在贴边上口以下0.6～1.2cm处将其缝合。

斜裁连衣裙

真正能成功创作斜裁设计的设计师并不多，其中包括传奇的高定设计师玛德琳·维奥内特，她在20世纪初推动了斜裁（她的设计见第14页）。她最初的设计见于1907年，展示了未穿束身内衣且光脚穿凉鞋的人物形象，令众多顾客震惊和愤怒。虽然并非所有人都能接受这种新颖且自由不羁的设计，但越来越多的人开始接受并喜爱上了这种新款式，直到一战后，维奥内特的斜裁创意成为一种高级时装。有两位美国设计师，华伦蒂娜与查尔斯·克莱贝克，就是以经典的斜裁礼服著称，其设计都不需要搭配衬裙。

这款特别的斜裁连衣裙是由查尔斯·克莱贝克设计的，其腰身部位由省道形成合体的造型，而在下摆处展开形成大大的圆摆裙，其领口部位用一条细窄的本身料制作的滚边收口，所用的面料是羊毛绉纹呢

带插片的女式衬衣

曼波切尔通常通过加大腰围以下部分的余量来掩盖臀围，这款衬衣有四片插片，前后身各有两片。

1. 在衬衣样板上沿丝缕线画出新的侧缝线。

2. 然后确定插片下摆的宽度，并量出下摆部位新旧两道侧缝的间距。

3. 从腰线处起，在前中到侧线的中间位置，画出插片所在的接缝位置，然后沿腰线到下摆测出插片接缝的长度。

4. 制作插片的样板时，先按插片接缝的长度和间距画出一个三角形。若需要在臀围处增加宽度，可以加宽三角形的底边。

5. 加入缝份与下摆份。

6. 缝制插片。

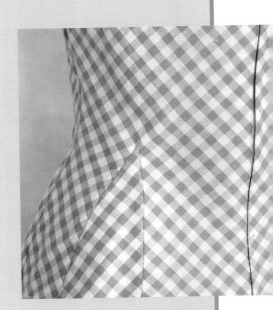

斜裁服装的竖直方向为斜丝缕，由于斜丝缕在裁剪与缝制时面料易出现拉伸变形，因此其制作难度比常规服装更大。

从克莱贝尔的斜裁实践中可以学到以下这些有益的经验：

1. 在用坯布制作斜裁服装的布样时，应保证布样的每个部件上都有一条布边，这样便于在正式裁剪时服装面料的丝缕线可与其对齐。

2. 展开平铺面料，裁出两个衣长的面料，以确保有足够用料完成设计的款式。不宜按常规方式将面料沿直丝缕折叠裁剪。

3. 在每块面料正面右上角处做交叉针标记。将两块面料右侧对齐叠放，且交叉标记在同一部位。摊平面料以免出现位移，然后用珠针别合所有边缘，珠针应与边缘垂直。

4. 将面料靠齐桌角，长边与桌边对齐，并确认横、直丝缕互相垂直。

5. 在下层面料下垫大张的制作服装用的复写纸，确保面料仍靠齐桌角放好。将坯布样板铺在最上层，并将坯布布边与面料布边用珠针别合，样板之间应空出缝份量，然后用镇铁和珠针固定样板。

6. 用滚轮将所有缝线、对位点拓到下面面料的反面。一手持滚轮，用另一只手的指尖按住面料。朝一个方向转动滚轮，然后另一只手要同步移动，始终按住面料。

7. 拓描完全部样板，除去坯布样板后将面料翻转，按之前相同的方法拓描第二层。

8. 正面相对，粗缝固定服装的前中与其他接缝以备车缝。

9. 用缝线标出其余的缝线与对位点，可在两层面料之间插入一把尺，以免误钉到下层面料。裁剪衣片时，应留出至少4cm的缝份量。斜裁时，有些面料的弹性更大，会导致面料拉长，使服装变瘦，因此加入额外的的份宽能确保尺寸大小。

10. 必须在试衣完成后才能车缝制作。车缝时尽量拉长接缝，这样完成后的服装才能有自然垂感。

11. 拉链应设置在直丝缕而非横丝缕方向，这样可以避免悬垂时出现褶皱。若无法做到，则可做一个开口，在开口边缘制作斜丝缕滚边（见第80页）。

衬衣设计

衬衣在穿着时通常是塞入裙子或裤子的腰身中的。如瓦伦蒂诺设计的高定衬衣，在腰围处有一条接缝，下部设计成可分割的部分，称之为育克，这既能减小接缝厚度，又能控制腰线部位的余量，使试穿的整体效果更佳。育克部位通常采用轻薄且比衬衣面料低廉的材料制作，如欧根纱、轻薄的山东绸、中国绸等。大部分育克呈长方形，通过制作省道使其与腰臀部位贴合。育克宽度在10～18cm之间，可裁剪横丝缕，用布边作为下摆以减小接缝厚度。

1. 制作衬衣育克时，要先制作紧身衬衣的样板。若计划用布边作为下摆，可将前后衣片的上半身样板置于与布边距离相等的位置。

2. 用滚轮与复写纸将前后上半身样板拓描至面料上，拿走样板，并将育克粗缝缝合。

3. 将育克与衬衣粗缝缝合以便试衣，并根据实际情况进行修正，然后正式缝合育克与衬衣并熨烫。若下摆部位不是布边，则需对下口作收口处理。

4. 若塞入腰围的衬衣带有拉链，通常其拉链会超过腰线25～30cm，并低于衬衣下摆数厘米以便于穿着。有时用开口向下的方法绱缝拉链，用于代替分头拉链，因为分头拉链较重，而且可选的颜色与长度有限（见第103页）。

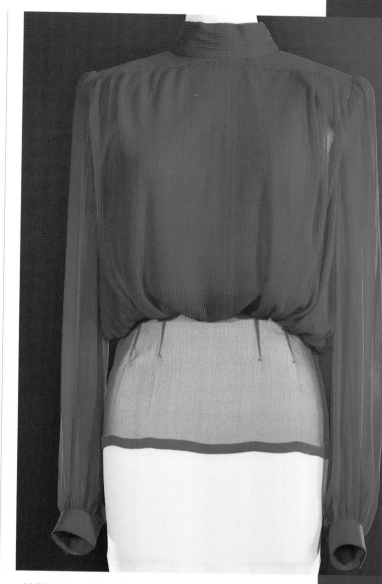

这款衬衣由瓦伦蒂诺·加拉瓦尼于20世80年代中期设计。该衬衣在腰身处有接缝，下半部为一合体的育克，育克减少了接缝的厚度，同时使造型合体。该设计确保了服装衣身的垂感

衬衣式外罩

可可香奈儿通常会将衬衣式外罩与她所设计的经典套装搭配。即使并非高定时装，香奈儿的衬衣式外罩与束腰套装穿起来也十分舒适。衬衣罩衫穿着时应自然下垂无前后偏斜，下摆应与地面平行，除非是那种下摆本身就是不平的设计。高定服装的悬垂感是通过加重物来控制的，比如香奈儿采用的加重物包括链状与环状等各种部件。高定制作中其他的加重方法包括加宽衬衣的下摆份宽，加入滚条、饰边、织带、绣花等，乃至加口袋与纽扣。意大利设计师玛利亚诺·佛图尼常在其设计的两片式衬衣下摆处加玻璃珠作为加重部件。据记载，他设计的犹如立柱般的真丝褶裥长连衣裙，其下摆就采用了这类手法。在近期的设计中，诺雷尔也偏爱在真丝服装中加入加重部件，即使因此不得不在衬衣干洗时取走重物。斜裁设计可以在下摆部位加斜丝绦滚边，以此来改善服装整体垂感。

无袖衬衣与连衣裙

通常那些传统的休闲样式的连衣裙与运动装采用无袖设计，直到美国设计师曼波切尔在20世纪30年代推动了无袖露臂样式的高定时装，这种舒适的创意受到了香奈儿的赏识。香奈儿希望她设计的搭配无袖衬衣的套装能与长袖衬衣的设计有一样的效果，于是通过在上装袖口部位加一个单独的带揿纽的袖克夫实现了这样的效果。

无袖挂肩。诺雷尔和巴伦夏嘉偏爱在无袖衬衣与连衣裙上设计造型袖，其前身袖窿与人体肩部贴合，肩部面料以褶裥的方式延伸至前腋窝，覆盖住这个平淡无奇的部位。在巴伦夏嘉的设计中，前后身袖窿部位都有挂肩。

1. 重新改变袖窿形状，前身部位向外延伸4cm。

将袖窿改成无袖挂肩

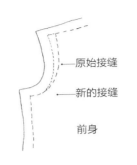

—— 原始接缝
—— 新的接缝
前身

2. 连接新的肩缝端点与袖窿对位点形成短小的袖山造型，然后在各边加入缝份。

3. 如希望整个袖窿圆滑舒适，可以重复以上步骤完成后身袖窿。

4. 用贴边或里布完成袖窿的收口处理，将延伸的4cm部位向下折叠，然后用三角针将其与肩缝缲缝起来。这样做的目的是在前腋部位形成一个褶裥式的挂肩造型。

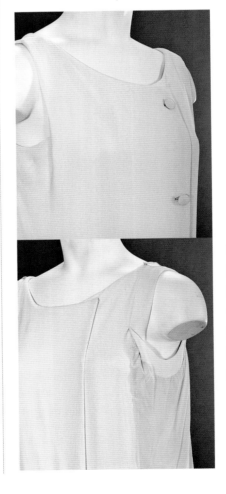

采用巴伦夏嘉的无袖工艺所制作的袖窿部位的挂肩深受穿着者的喜爱。从内侧看挂肩很简单，延长肩线，再对袖窿收口，然后向内折返延长部分

加衬布袖窿。无袖的袖窿可用加斜丝缕衬布的方法加强，用这种方法既能使边缘保持柔软，又能保持袖窿的整体性，并具有良好的垂感。采用下摆加衬的

袖窿处衬里制作

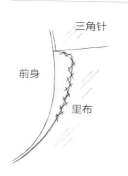

三角针

前身

里布

工艺（见第72页）就能制作出柔软的卷边效果，并且比硬挺的收口处理效果更好。

1. 根据卷边的宽度选择理想的材料，如坯布、毛鬃衬、棉法兰绒布、羔羊毛等。根据卷边的宽窄裁一条4cm宽的衬布。

2. 缝合贴边后，应对接缝熨烫并剪口，然后将布条与接缝线缝在一起。衬布在衣身一侧宽为2.5cm，贴边一侧宽为1.5cm。

3. 可根据需要对布条做剪口，使边缘部位平整。

4. 将衬布折叠到位后与接缝固定在一起。

内部细节

高定时装的内部制作细节是其最重要、最神秘的部分，这些细节的处理方式会影响服装的最终效果，例如领口是否贴身，褶裥能否体现设计意图，腰线是否圆顺等，从而使服装穿着合体。

理想的领口

制作精良的领口能充分体现设计意图，因此成为高定制作的一个标志。可采用多种不同的工艺达到此目标，比如加入小的加重部件、精心制作吊带等，应依据领口的设计来选择最适合的工艺制作方法。

加重部件与鱼骨。可以采用真丝料或欧根纱包裹加重部件，缝入加缝线衬的悬垂的褶裥中，使荡垂领的褶裥定型。对于深V造型的领圈，则可以使用在V领底端加鱼骨定型料的方法使其平服。

1. 在前期制作中应对领圈定型，以免服装与胸口之间出现间隙（见第54页）。

2. 缝制一条长约10cm的真丝细管。

3. 管内插入一条7.5cm的塑料鱼骨或男式衬衣用的定型料。

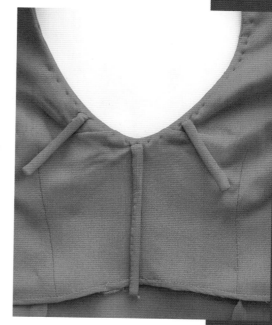

这款由詹姆士·加拉诺斯设计的连衣裙，其领口部位采用细小的用于男式衬衣的涤纶定型料插入本身料布管中。穿着时可将细管塞入穿着者的胸罩内

4. 领圈完成收口后，在领圈以下约0.6cm位置处将管子一头与贴边缝合。

5. 穿上衣服后，其固定物底部可以塞入胸罩内，这样领圈就紧贴人体了。

弹性定型料。弹性定型料能收紧领口，固定肩部造型，如第138页上的大鸡心领，其定型方法为一条用三角针固定的松紧带。

以下为领圈部位加入弹性定型料的指导。

1. 贴边一侧向上，将一条松紧带用珠针别到领圈上，不可拉伸松紧带。

2. 用三角针制作抽带管包住松紧带。

这款由卡斯蒂洛设计的连衣裙采用低胸领口的设计，领口与人体完美贴合，没有任何空隙。其领口边缘的抽带管中穿入松紧带后再收紧，因此领口贴合人体，且穿着舒适

3. 将松紧带一端与贴边粗缝在一起以免被拉出。

4. 拉紧松紧带另一端，使其比领口短约2.5cm，然后将其与贴边粗缝起来后剪断，留下5cm长的带尾。粗缝住松紧带后，仍可在试衣时调整松紧带的长度以及领口部位的余量。

5. 完成试衣后修剪松紧带两端，并用三角针或搭缝针将两头与贴边固定。

露肩领口的控制

方形领口的控制

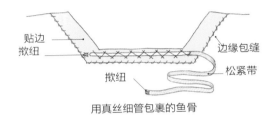

用真丝细管包裹的鱼骨

提示：若使用一段时间后需要替换松紧带，可以用锁扣眼针法将原来的松紧带与新的松紧带一头钉缝起来，然后将其抽出抽带管。

方形领口的控制。用一弹性定型料牵制方形领口，以防领口出现空隙。这种工艺的优点在于既能确保前领口伏贴，又能保持后领圈处有松量。

1. 裁剪松紧带，其长度应能满足绕领圈一周。

2. 将松紧带一端与贴边一角固定，在另一方角处钉一揿纽的凹纽，将凸纽钉在松紧带的另一头。

3. 若领口经松紧带牵制后仍略微下垂，可以用涤纶鱼骨支持使其平顺。鱼骨应比领口宽2.5cm，将其插入一真丝细管中，并将其用三角针与领口线下0.6～1.2cm的贴边钉在一起。

吊带。对于深V领、低领设计，以及斜襟设计的叠领，很难控制领口的形状，尤其是那些不贴身的领口。为了解决这一难题，可以在低领的衬衣与连衣裙上采用吊带与腰身相接。

吊带样式可根据领口的设计而变化，但在胸围下部或腰围处必须有一道束紧的带子。肩部的吊带或与服装肩缝缝合，或用内衣吊带固定扣固定，以免在穿着时滑动。

伊夫·圣洛朗有一款长裙的前后身都采用低领口设计，为了控制领口而缝制了一条与腰围连接的真丝吊带。两条吊带在前身绕开乳房而相互平行；在后身，吊带先穿过服装肩部的内衣吊带固定扣，然后与后腰连接。

另一种由美国设计师瓦伦蒂娜设计的吊带样式更简单，其有两条固定在肩部的长吊带，吊带用接缝滚条制作，吊带在前胸口部位交叉，后身与腰围缝合。

下图中连衣裙后身为交叉而自然下垂的宽松斜襟，若没有吊带固定，斜襟必定会从肩部滑落。

1. 先确定所需的罗缎用量，包括两条吊带与腰部定型料。吊带长度为腰至肩部长度的两倍，腰部牵带长度按腰围尺寸计，另加23cm作为缝份以及腰部牵带两头的收口处理用料。

2. 用1.2~2.5cm宽的罗缎作为腰围牵带，其两头的收口处理方法见第140页。

3. 在距离前后中心约7.5cm的位置，将吊带与腰部牵带用珠针别合后粗缝固定，吊带头部应向下并低于腰围牵带约1.2cm。

4. 反面向上，将吊带置于衣身上，用珠针将吊带与肩缝别合。吊带不宜太短和过紧，以备需要时放长。

5. 试衣时根据实际需要调整吊带长度。

6. 将在肩缝与腰部的吊带头部向下翻折，在肩部用明缲针缲牢，在腰部用三角针或锁缝针缝合。

其背带设计的灵感来自巴伦夏嘉的设计，可以避免衣身从肩部跌落，这一点在背部打开后看得十分清楚（图片由泰勒·谢莉拍摄，服装为作者的收藏品）

这款由奥斯卡·德拉伦塔设计的两片式连衣裙受到另一款1961年由巴伦夏嘉设计的启发。后身为一优雅的交叉斜襟，前身为柔美的衬衣造型

腰身定型带两端的收口处理

1. 在腰身定型带头部向内5cm处标出风钩的位置，另一头向内12cm处标出钩环的位置。

2. 对风钩一端收口时，沿标记点向内折返。

3. 在2.5cm宽的腰带上缝制两只风钩，将其置于距离折边0.3cm处。

4. 向下翻折头部，然后用折边部分盖住风钩的扣眼，用明缲针将边缘缝合在一起。

5. 对钩环一端收口时，沿标记点向内折返，再将边缘部位缝合。

6. 对齐风钩与钩环后，将其与腰身定型带缝合，使其边超出折边0.3cm。

7. 将头部向后折返2.5cm使正面相对，然后在所标的折叠线外制作2.5cm小襟部分。

8. 在小襟头部将腰带折返使反面相对，将毛边向下折进1.2cm，固定后用锁缝针将折边部分缝合，以此收口。

9. 可制作侧门襟，将风钩置于定型带左前侧，以此对腰围与下胸围处的定型带收口。若门襟在前中部位，应将风钩、扣环置于反面。

10. 用手工平针或线袢将定型带与服装缝合。

定型带头部的收口处理

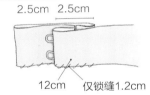

织带　5cm标记　2.5cm　2.5cm　2.5cm　12cm　仅锁缝1.2cm

更多的定型方式

除了用松紧带与吊带定型外，在高定服装中还有其他不同的定型方式，包括腰围定型带、下胸围定型带与褶裥定型带。松紧带具有弹性，腰围与下胸围定型带能将服装固定在设计部位，褶裥定型带既能减少服装厚度，又能对褶裥起到定型作用。

腰围定型带

腰围定型带有时被称为内腰身。腰围定型带既可以确保试衣效果，又能使服装穿着舒适。在紧身服装上，腰围定型带可以缓和拉链所承受的张力，可以更有效地支撑连衣裙整体或厚重的半裙重量，可以控制好紧身胸衣的余量，还能控制无腰线连衣裙的垂感，形成流畅的线条。对大部分日常连衣裙而言，1.2~2.5cm宽的罗缎定型带最合适。对晚礼服而言，其腰身定型带可以用2.5cm或更宽的罗缎制作而成（见第222页）。

1. 先裁一条比腰围实际尺寸长出约17cm的罗缎。服装反面向上，将罗缎下口与接缝线对齐，然后将其与缝份别合。

2. 将罗缎中心与接缝粗缝缝合，起针与收针点分别距离开口4cm。

3. 试衣后将定型料两头收口，可按之前的方法处理。

4. 用细小的手工平针正式缝制罗缎。若连衣裙没有腰线，可用短小的线袢将定型料与水平缝缝合。

下胸围定型带

下胸围处的定型带通常采用弹性织带而非罗缎织带。弹性织带可以在人体活动时仍然能将服装固定到位。有时可以用真丝布管包裹松紧带，然后用一组线袢将定型料固定在前身中心、侧缝与省道等部位。

1. 用0.6~1cm宽的松紧带，其长度等于穿着者下胸围实际尺寸。

2. 两头分别用风钩与钩袢收口。

3. 在衣身内侧的侧缝处用线袢固定定型料

从巴伦夏嘉长裙的内视图中可以看到在领口与袖隆之间用一真丝布管连接。为了形成褶裥效果，定型带应比衣身相应部位的长度短，其袖山部位用连体宽贴边的方式收口，腋下部位则是单独的贴边

下胸围定型带

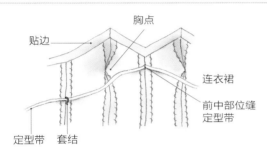

（见第37页），线袢长度正好能穿过松紧带。对于胸部要求贴合的款式，可将松紧带缝在胸围中点处，然后根据设计要求将松紧带用缝线固定在乳房以下部位。

褶裥定型带

褶裥定型带可使褶裥或余量自然分布在设计所需的部位。右图中巴伦夏嘉设计的礼服在袖隆处用定型带来固定褶裥，这种处理同样适用于日常装的设计，从内视图中可以看到简易定型带。

我曾在多个设计中用这种定型带来固定褶裥，这样既能保持肩部有余量，又能形成垂坠的效果。

在其他一些设计中，还可用三角形定型布代替定型带。

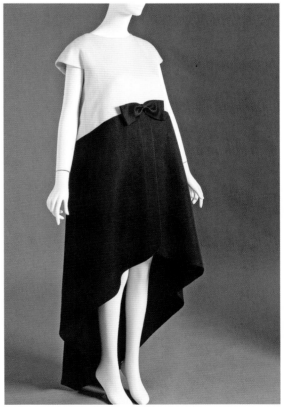

巴伦夏嘉在1965年设计了这款真丝纱罗长袍，其肩部的褶裥效果制作得十分优雅，内侧用一条定型带加以固定。该设计依靠裁剪、面料特性与穿着者的动作形成所需的设计效果：当人行走时，抬高的前身下摆会带动气流，使裙摆鼓起，形成锥形

1. 制作每个褶裥定型带时，缝制0.6cm宽的布管，其长度应比实际长度长5cm（见第98页，车缝布管）。

2. 服装反面向上，将布管一端与肩点用珠针别合，另一端与袖窿别合。

提示：为了达到理想的设计效果，应通过实验来确定定型带最终的长度与设置的部位。

3. 修剪布带，两端各留0.6cm，向下折返后缝牢。

裆部定型带

裆部定型带的功能是防止塞入腰中的服装下摆翻出，套装中的裆部定型带也有相似的作用。

1. 制作裆部定型带时应穿上衬衣，量出从后身下摆经过裤裆到前身下摆的长度，以此作为裆部定型带的长度。

2. 根据该长度裁剪两条松紧带，然后将其插入真丝细管中，布管应比松紧带长几厘米。

3. 拉伸松紧带两头，并将其与真丝布管缝合。

4. 定型带一头缝在下摆内侧，距离后中右侧2.5cm处，另一头距离前中左侧2.5cm。

5. 将揿纽的凸纽钉在定型带头部，凹纽

裆部定型带

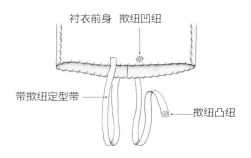

衬衣前身　揿纽凹纽

带揿纽定型带

揿纽凸纽

钉在下摆相应部位的内侧。

垫肩

连衣裙的垫肩比外套柔且薄，有时会根据不规则的领口制作不规则的垫肩形状，垫肩要用面料或里布包裹。与外套垫肩一样，连衣裙垫肩也是在人台上完成制作与造型的。

1. 每个垫肩应裁剪一片边长30cm见方的里布，并在中心位置标出45°斜丝缕方向。

2. 从人台上取下垫肩前，应将里布的斜丝缕与垫肩的袖窿边缘对齐，然后将里布捋平，用珠针将里布别在垫肩上。

3. 从人台上取下垫肩，用里布包好，在下

可按设计要求制作出垫肩形状。为了制作出143页图中的肩部效果，必须修剪垫肩使其符合领圈形状

层中心部位做个省道以去除多余量，然后将下层整理平整。

4. 在垫肩边缘用手工平针缝合各层，修剪多余量，再用明缲针缝平省道，并将边缘用手工包缝。

5. 用交叉针标出垫肩的前侧，然后将其与服装粗缝缝合后以备试衣。

6. 正式缝制时，用暗针在肩点部位将垫肩与袖窿肩缝部位钉缝约2.5cm。

7. 再用细小的线袢将垫肩前后角与袖窿钉缝起来。

提示：瓦伦蒂诺曾在垫肩上用弹性定型带来控制领口，先将松紧带塞入细窄的真丝布管

这款美丽的伊夫·圣洛朗一字领衬衣制作于20世纪80年代，用真丝绉绸制作。衣身部位有里布，但袖子部位无里布，其腰身部位用毛鬃衬作为衬布

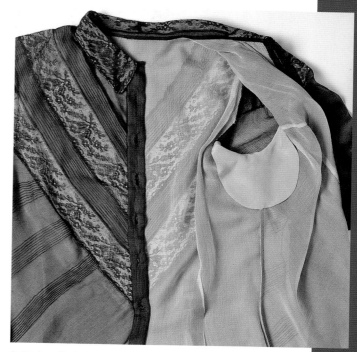

在高定工作室，连衣裙腋下布常用真丝里布或衬布制作。对于无袖的款式，腋下布可用本身料，这样不会显眼。图中这款腋下布是后期加缝的，用了肉色的真丝布料以免显眼

中，并将两端与垫肩前后侧缝合形成一个舒适合体的圆环，但腋下部位不宜太紧。松紧带的设置应根据设计效果来确定，通常设在袖窿线部位。这种定型带既穿着舒适又不显眼，我曾在多个宽松设计中用过这种方法，并获得了理想的效果。

连衣裙腋下布

　　连衣裙腋下布设置于袖窿腋下部位，以防汗渍。腋下布长12.5cm、宽12.5cm，用亚麻或底衬布制作，其上口裁成内凹的弧形。为了增强防汗效果，可以做两块相同形状的腋下布，分别放置在腋下及延伸至袖子中，也可以内衬棉法兰绒布并用本身料包裹，以提高吸汗效果。

　　1. 根据设计绘制出腋下布的形状，四周加

放0.6cm缝份。

　　2. 用衬衣或里布面料裁剪四片裁片，制作完成一对腋下布。

　　3. 将正面相对，缝合四周边缘，在一边留出2.5cm开口。

　　4. 将缝份宽度修剪为0.3cm，将吸汗布正面翻出。

　　5. 缲缝合开口后熨烫。

　　6. 用手工平针将腋下布与服装缝合，洗涤时将其拆下。

　　提示：对于无袖设计的服装，可用本身料制作腋下布，将其置于腋下，高出袖窿边缘0.3cm，使腋下布可以先于服装吸收汗液。

　　7. 对于双层腋下布，可裁剪八片腋下片，每两片布片进行拼接，然后按以上方法加缝里布并收口。

8

袖 子

　　袖子的形式变化多样，但基本的类型只有两类：一类是装袖，袖子与衣身分开；另一类是和服袖、连身袖、蝙蝠袖与插肩袖，这两类袖型都适用于高定制作。本章重点是装袖，因为装袖的试衣与缝制更加困难，装袖的制作方法与家庭缝纫的制作方法相似。

　　装袖根据廓型的变化有各种不同的名称——喇叭袖、灯笼袖、羊腿袖、泡泡袖、衬衣袖、郁金香形袖等。袖山部分或与袖窿平顺拼缝，或抽褶、打褶裥、做塔克褶或落肩。袖口部位可以是本身料下摆，也可以是分开式的贴边、滚边、袖克夫或袖带管。无论是哪种款式的装袖，其试衣、装袖、绱缝的基本方法是相同的。

这款由英国设计师拉沙斯于20世纪40年代设计，从这款服装中可以清晰地体现出迪奥"新风貌"的影响。在臀围部位加撑垫使腰身显得更纤细，前身与袖子部位搭接缝缝合，袖口采用双克夫

基本款一片式装袖

　　在学习如何缝制与试穿装袖前，先来了解一下合体式袖子的结构。将袖子摊平后会发现丝缕线从袖山顶端一直延伸至袖口的后侧，在肘线以上部分的丝缕线位于袖身中间，肘线以下部分的丝缕线偏向一侧。

　　垂直方向的丝缕线可作为标记水平方向袖肥线的参照。袖肥线与腋下缝的顶点相连，其本身为横丝缕方向，袖肥线可以作为袖山的基础，确认袖身的上半部分。

　　为了能够包容肩部，前袖山弧线比后袖山弧线更弯曲，使肩部向前突出。前袖山更突出有助于手臂向前运动不受牵连。后袖腋下部分弧线的造型应以恰好满足手臂前摆且接缝没有褶痕为标准。

这款阿德里安上装采用单片袖的设计，通过两个肘省来塑造袖子的造型，这类袖子常见于20世纪40-50年代的精致服装设计。在许多设计中，余量被收在省道中，所以不那么显眼（图片由泰勒·谢莉拍摄，作者藏品）

基本部件

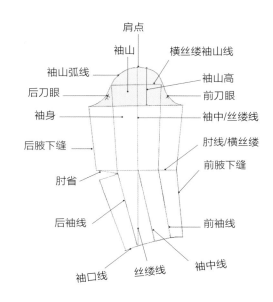

　　袖山高度受肩缝长度以及垫肩厚度的影响，这两者又受到时尚流行的影响。无论哪种时装，肩缝越短袖山越高，反之，肩缝越长袖山越低。如有垫肩，袖山需要加入额外的量。

　　袖山接缝弧线形成袖山顶部，袖山弧线应与肩部弧线相伏贴。袖山接缝长度应比袖窿弧线长度长2.5~5cm，缝合时，需对其余量进行抽缩。袖山余量通常位于袖山下约1cm，用平衡点或对位点（样板上的刀眼）标记袖山余量的位置。对位点只是作为参照，在试衣时通常会有调整。

　　肘线为横丝缕。肘部省道可以使袖子的造型更加符合手臂的形状，以便于手臂弯曲，有时可将余量收缩在省道中。

　　袖子上其他两条垂直方向的线条是前后腋下接缝。前袖缝线为前袖的中心线，从袖山弧线的前端延伸至袖口；后袖缝线从袖山弧线的后端经过肘省尖点到袖口，后袖缝线上可以设置开衩、克夫开口、省道以及满足袖长的额外量。

这款曼波切尔套装的袖子为合体两片袖,上衣可与第108页的裙子搭配

袖子的准备与试衣

以下指导适用于长袖服装的坯布样,用坯布样的好处是便于用铅笔制作标记。

1. 裁剪袖子,在袖山部位加4cm宽的缝份,其余位置加2.5cm的缝份。

2. 用缝线标出所有的接缝线与对位点,并从肩点起标出坯布丝缕线与袖中线。在袖肥线、袖山线与袖肘线处标出横丝缕线。

3. 缝合肘省后将腋下线粗缝缝合,然后将下口缝份折返并粗缝。

4. 将衣身试衣后车缝,再将垫肩粗缝到位。应准备多种不同厚度的垫肩,在试衣时选择造型最理想的垫肩。

5. 试穿时,将袖子假缝在手臂上。将袖子的肩点与衣身暂时固定,袖中线应与地面垂直,别合的珠针应与接缝线垂直,不需要将袖山缝份折进去,不必太在意别合时袖肩点与肩缝无法完全对齐的情况。

6. 伸展手臂,将袖子腋下部位的缝份向下折返,将袖子的腋下缝与衣身的腋下缝对齐,然后用珠钉别合。手臂放松,自然下垂,调整袖山,使袖山线达到水平位置。将袖山线两端与衣身别合,不必将缝份折返。由于袖子试穿因人而异,对位点未必会完全吻合。若袖山线向上弯曲,说明袖山高不足。如出现这类情况,可以松开珠针,重新调整袖山线达到水平,以使袖子达到平衡。

7. 从腋下部位开始,将袖子的缝份量向下折返,然后将前袖与袖窿用珠针别合,一直钉缝到袖山线位置停止,然后用同样的方法别缝后袖部位。

8. 在别合袖山顶部前应再次检查丝缕线,以确保袖身平衡。拆去肩点处的珠针,并将袖山顶部的缝份向下折。抽缩袖山部位的余量后再次用珠针别合袖山顶部,珠针应与折边垂

袖子与肩点

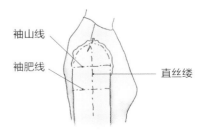

袖子绱至袖窿

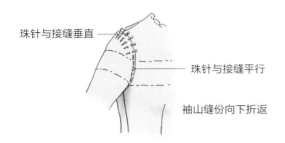

珠针与接缝垂直

珠针与接缝平行

袖山缝份向下折返

直。这时珠针间的袖山未必平整，因为此刻尚未完成对袖山的归缩造型处理。

9. 检查袖长，其长度应恰好位于手腕关节骨下，当手臂弯曲时，袖口不会缩回太多。检查一下肘省是否对准肘部，然后检查袖底缝，应位于内侧手掌中线位置，再摆动手臂，将手搭在对侧肩部，袖山部位的余量应满足运动需求，如有需要可以用珠针别合进行调整。

10. 将袖子挂起来，检查一下面料是否足以支撑袖子的形状。若面料看起来太柔软，可以在完成试衣后为整个袖身或袖肘线以上部分加上底衬。若面料有条纹格子或花型图案需要对齐，应将需要对齐的图案画在袖山与衣身上，以便于准确对齐花型图案。在瓦伦蒂诺的定制店里，将带有花型图案的面料碎片粗缝在试衣的坯布样上，这样有助于更好地对齐花型图案。

11. 试衣完成后，在拆开布样或服装前应仔细地在衣身与袖身上做好标记，并在接缝线处标出所有的修改，并标出新的对位点、袖肩点与袖山线。若袖片与衣身的腋下线未对齐，应确定哪条接缝需要调整，然后标出新的接缝线位置。

12. 拆下别针与粗缝线后熨烫袖子，用直尺或曲线板重新描出接缝线。

袖子的裁剪与造型

成功的袖子离不开前期的裁剪与造型处理。

1. 用修正好的布样作为参照，裁剪面料并做标记，然后裁剪底衬。

2. 将底衬与面料的反面粗缝。粗缝时先沿直丝缕方向在袖中线部位用斜角针粗缝，沿竖直方向折叠袖子，然后将所标记的接缝线与底衬用珠针别合。

3. 粗缝并缝合肘省，拆去粗缝线后，将省道剖开烫平。若省道转化为抽缩余量，则要用归拢熨烫的方法制作肘部造型。

坯布袖子应与上装格型匹配。将一条格子面料缝至袖山部位，用来对齐条纹和格子。通常每个袖子会单独用坯布进行制作

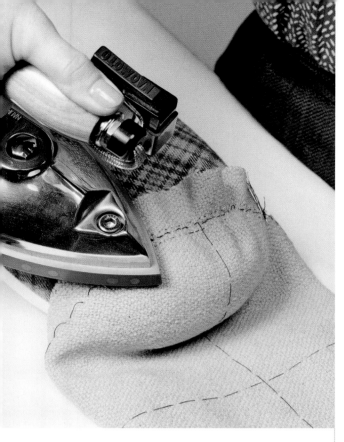

4. 粗缝并缝合腋下缝，然后分烫缝份。根据设计完成袖子的下口收口处理。

5. 袖山部位进行造型处理时，先在两对位点之间沿接缝线粗缝一道抽缩线，再在接缝线以上0.3cm、前一道粗缝线以下0.3cm处粗缝第二道缝线。测量袖窿弧线的长度，然后抽缩袖山粗缝线，以达到相同的长度。

6. 正面向上，将袖山置于烫枕上，并用湿烫布覆盖烫缩余量。归烫时只能在缝份内熨烫，熨斗不可超出接缝线2.5cm，以免归拢的余量太多，影响袖子的悬垂效果。归拢完成后，再用干烫布覆盖熨烫，直至袖山部位完全干燥。

7. 为了保持并支撑袖山造型，将袖子用珠针别在带有垫肩的衣架上或用薄棉纸填充袖山。

8. 将袖子置于一边以备绱缝。

绱缝袖子

高定绱缝袖子的工艺与家庭缝纫不同。

1. 完成衣身制作并对后袖窿进行加固（见第149页）。

将袖山部位置于烫枕上归缩余量。用湿烫布覆盖袖山后熨烫，熨斗尖部不可超出接缝线2.5cm

2. 将正面相对，对齐对位点后用珠针将袖子与袖窿别合。若习惯用右手可从左袖开始，以便于粗缝；若是左撇子，可从右袖开始。

提示：许多家庭缝纫指导中反对在袖山顶加入余量，因为沿横丝缕方向抽缩余量很困难。但是高定制作中应在袖山顶端加入少量余量，以免袖山部位的缝份绷得太紧。

3. 从前身对位点开始，沿着接缝线用细小的粗缝针从袖山顶端粗缝至后身对位点。将抽缩余量用拇指均匀地分布在对位点之间并用粗针缝合。在对条纹格子和花型时，先将服装置于人台上，然后用明缲针或锁缝的方法从正面缲缝，必须确定面料图案对齐。然后将服装取下，从服装反面用平整的粗缝针将所有各层缝合，并确保已牢固缝合。

4. 仔细检查袖子，确保其自然悬垂，且余量均匀地分布于袖山部位。可以在人体或人台上重新试穿服装，也可以将拳头伸入袖山，用前臂撑起袖子。伸出前臂，使服装自然下垂，袖子应自然悬垂而没有褶皱。

5. 将另一只袖子粗缝至服装，将垫肩粗缝固定到位，检查袖子的合身度，并根据实际情况作细微调整。

6. 检查袖山部位，确保袖山饱满没有凹痕，接缝线两侧没有碎褶。若出现凹痕，应找出其中原因。通常出现凹痕与袖山头绲缝不当有关。若面料紧密难以归缩，可以使用厚一点的袖山头，将0.6~1cm的余量重新分布在腋下部位，或者增加腋下缝份的宽度，将袖子收窄。以上方法对袖子的垂感不会有明显的影响。

若以上方法均未奏效，可以增加袖山部位的缝份宽度，使袖山更加伏贴圆顺。这样可以降低袖山，对于减少短袖的余量尤其有效，使穿着更舒适。尽管降低袖山会导致袖子无法自然下垂，在袖身与衣身之间形成夹角，横丝缕无法与地面保持平行，但这些问题反映在短袖上不太明显，不过在长袖上就会显得十分突出。

降低袖山高

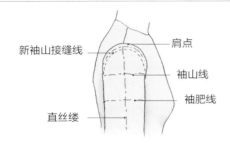

新袖山接缝线 ———— 肩点

袖山线

袖肥线

直丝缕

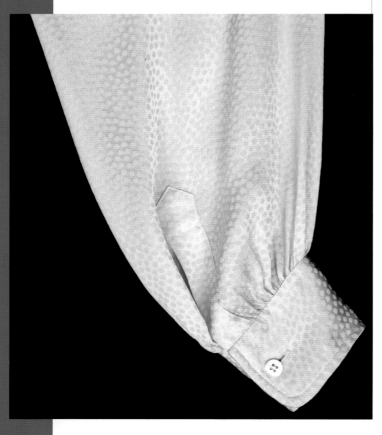

7. 正式缝合。大部分袖子用车缝完成，因为这种工艺相比手缝成本较低，但是在伦敦萨维尔街的定制店仍沿用手工方法绱缝袖子，因为手工缝制相比车缝能更好地控制抽缩余量。采用车缝时，应对袖山部位粗缝两遍以防车缝时余量出现滑移。手工缝制时，应完全采用回针，这比车缝线迹更有弹性。由于已经完全粗缝固定好了袖子，因此我更偏向于缝制时将衣身置于上层。

8. 拆去粗缝线并将接缝线烫平，只能用熨斗尖头部位在距接缝线0.3cm部位进行熨烫。

9. 在袖窿底部只需要将缝份烫平，不需要分烫缝份，缝份应竖起，使袖子能自由下垂。袖山顶部缝份应按设计要求分烫，或向袖子烫倒。若向袖子一侧烫倒，会在袖山顶部形成一道梗印；若用分烫，袖山顶部会比较平整。前后衣片在袖山线位置的缝份应做剪口，以避免牵制袖子活动。对于那些粗厚型的面料，在袖山顶部接缝加缝一小片袖子面料以起到平衡面料厚度的作用，将接缝与加缝的面料分别向两边分烫（见第60页，平衡省道）。

10. 对于无里布的服装，可用手工包缝或滚边对毛边部位收口。

11. 加缝袖山头与垫肩。

衬衣袖

不同于基本款的一片袖，衬衣袖口有克夫，但无肘省。衬衣的后袖较长，以提供手臂弯曲所需的余量；前袖较短，这样袖子不会盖过手掌。袖口部位有褶裥，克夫部位有开口，以便穿着时使手能够轻松穿过。

高定衬衣袖口常向前倾，而非朝向地面，这与手臂形状相符合。图为伊夫·圣洛朗衬衣的袖口

重新修改衬衣袖造型

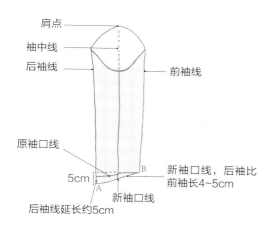

肩点
袖中线
后袖线
前袖线
原袖口线
5cm
新袖口线，后袖比前袖长4~5cm
B
A
新袖口线
后袖线延长约5cm

衬衣袖样板制作

在大多数商业样板中，袖口边缘呈浅浅的S形。若加强S形，袖子悬垂状态时会更美观。

1. 将样板上袖底缝用珠针别合。

2. 折叠袖子样板，需对齐袖中线。

3. 如上图所示，从前袖向后袖画一条垂直线，然后延长后袖线，在原袖口下方5cm处做一标记点A，在前袖口处做标记点B。

4. 用弧线连接A点和B点，画一条新的袖口线。

5. 用新样板裁剪衣袖。

精做袖开衩

精做袖开衩有一片上层的大袖衩和一片下层的小袖衩。大袖衩丝缕方向与袖身丝缕方向相同，完成后宽度为2.5cm，长度介于9~11.5cm之间。小袖衩为直丝缕，完成后宽度为0.6cm，长度比大袖衩短2.5cm。大袖衩的上口可以用方头或尖角收口，其长度超出开口上端约2.5cm。高定袖开衩与高级成衣的不同之处在于其用手工制作，没有明线止口。

1. 用缝线标出开口，对于长10cm、宽2.5cm的袖开衩，从袖口开始做8cm长的标记。

2. 裁剪长15cm、宽6cm的大袖衩片，小袖衩片的尺寸为长12.5cm、宽3cm。

3. 小袖衩与袖片正面相对，将小袖衩边缘置于袖后侧，与标记线相对，在距离标记线0.6cm处粗缝至袖衩开口顶端。

4. 在开口另一侧将大袖衩与袖片正面相对，其边缘与标记线对齐，在距离标记线0.6cm处粗缝至开口顶端。

5. 车缝后将缝线打结，然后剪开开口，并在开衩头部向两侧缝线端头斜向做剪口。

6. 将两条袖衩布向开口烫倒，将小袖衩片包住开口边缘，将边缘折返后用明缲针缝至袖衩开口顶端（见第33页，明缲针）。

7. 完成大袖衩收口时，先距离接缝线

做袖开衩标记

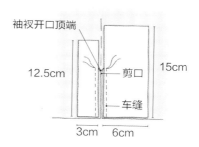

袖衩开口顶端
12.5cm
剪口
15cm
车缝
3cm
6cm

明缲针缝袖开衩

剪口
粗缝线
车缝
8cm
2.5cm

2.5cm粗缝一道线作为参照，将大袖衩沿粗缝线反面相对折合，使大袖衩包裹开衩边缘并稍作熨烫。反面向上，向下折叠边缘，用明缲针缲缝大袖衩至开口顶端。

8. 顶点部位收口时，先将袖子正面向上，将大袖衩翻出来。检查一下小袖衩，滚条顶端部分应位于袖子上方，且被夹在大袖衩与袖片之间。将小袖衩顶端修剪为0.6cm。

9. 在大袖衩两侧距离袖口线10cm处做标记，用缝线标出顶角，顶角两边相互垂直。

10. 折叠并粗缝大袖衩顶角部位形成直角，根据需要修剪后盖住毛边，沿顶角两边向下约0.6cm，用明缲针缲合。

11. 袖片正面向上，缝合腋下缝后熨烫。将袖子置于一边，以备缝制袖克夫。

制作大袖衩

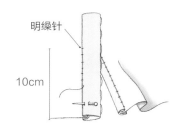

明缲针

10cm

以明缲针缲缝大袖衩

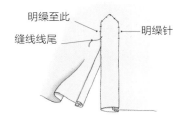

明缲至此

缝线线尾

明缲针

袖克夫的制作与绱缝

袖克夫有各种样式，形状有细长的，也有宽大的，经典男式女式衬衣通常采用简洁的单层或双层袖克夫（翻边或不翻边均可）。单层袖克夫常用手工锁缝嵌线扣眼或纽袢扣合。将普通单层克夫的纽扣改成第二个扣眼，稍加调整，即可改为不翻边的双层克夫。

1. 裁剪袖克夫，然后用缝线标出折叠线的位置。标出扣眼与纽扣的位置。衬布选用轻薄的面料，如真丝欧根纱、全棉平纹布等。裁剪衬布，使其长度超过缝份并盖过袖口折叠线1.2cm。

2. 反面向上，将衬布与袖克夫粗缝在一起，以便与袖身连接起来。

3. 将克夫袖口边缘四等分，这样可以将余量均匀分布。

4. 将袖口边缘四等分。

提示：标出袖子中线，并将其与腋下缝对齐，然后在袖口标出袖子前后折叠线，后袖部分的余量应比前袖部分多。

5. 沿袖口边缘车缝2~3道抽褶线。

6. 将克夫与袖子正面相对，对齐对位点后用珠针别合。然后将抽褶量安排均匀，将克夫与袖身别合。

7. 车缝接缝后将份宽修剪为1.2cm。

8. 拆去粗缝线，将接缝向克夫一侧烫倒。

9. 沿折叠线将袖克夫折叠后，粗缝克夫两端，然后车缝。粗缝不可缝到衬衣袖身。

提示：车缝之前，先粗缝袖克夫，然后将正面翻出，确认两面形状相同，长度一致。

10. 拆去粗缝线，分烫缝份，并将缝份宽度修剪为0.6cm。

11. 用三角针将缝份转角与衬布缲缝在一起，翻出袖克夫正面，稍作熨烫。

粗缝袖克夫

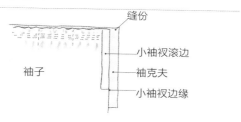

缝份
小袖衩滚边
袖子
袖克夫
小袖衩边缘

粗缝克夫两端

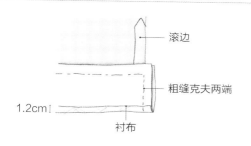

滚边
粗缝克夫两端
1.2cm
衬布

克夫收口

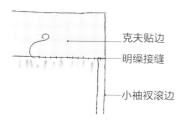

克夫贴边
明缲接缝
小袖衩滚边

12. 将余下的毛边向下折，用珠针固定并粗缝，然后用明缲针或锁缝针正式缝合。

13. 拆除粗缝线并熨烫。

精制西装袖子

悬挂并绱缝基本款单片袖的制作方法适用于精制西装袖。精制西装袖可用于套装与精制连衣裙，其与单片袖有几项不同点。袖子不止

一片，可能会裁成2~3片；袖山可能会很高，其肘部余量分布于后袖缝；袖口处可能会有袖衩，且通常会加里布。第172页的伊夫·圣洛朗上装与第147页的曼波切尔上装的精制西装袖就是例子。

精制西装袖通常分为两片：大袖片、小袖片。其后袖缝位于袖片后侧，大约在袖中与腋下之间，前袖缝位于前袖片距离腋下中线2cm的部位。

精制西装袖的粗缝与悬挂方法与单片袖的制作方法相同。若制作布样，可以用坯布当作样板裁剪面料与里布。袖里布袖山部位缝份宽为4cm，袖口处缝份宽为3.5cm。

两片袖用缝线做标记

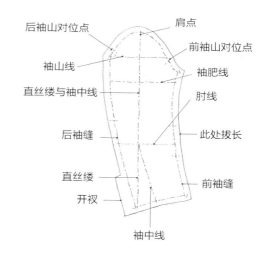

后袖山对位点
肩点
前袖山对位点
袖山线
袖肥线
直丝缕与袖中线
肘线
后袖缝
此处拔长
直丝缕
前袖缝
开衩
袖中线

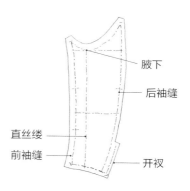

腋下
后袖缝
直丝缕
前袖缝
开衩

精制西装袖通常分为两片：大袖片（袖口有纽扣）与
小袖片。如有袖衩，一般位于后袖缝处。图示衣袖为
第172页伊夫·圣洛朗上装的衣袖

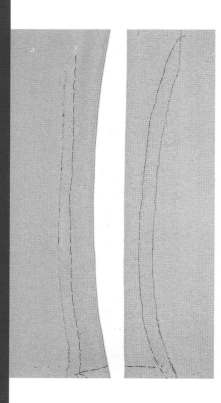

如果前袖缝在缝合前经过造型处理，整个袖片会呈现自然弯曲的形状。从图片中可以看出两者的差异：右侧袖子沿竖直方向折叠后，上下两头的折叠量比中间部位大；左侧袖子的大袖片中间经过拉伸后折叠，折痕呈弧线，上、中、下折叠量均匀，大小一致

袖片的造型处理

在拼合袖子前应先对大袖片进行造型处理，这样可以使袖子形成平顺弯曲的造型。方法是拉长大袖片前袖缝，使其与小袖片前袖缝等长。

1. 将左右大袖片正面相对叠放起来，将其置于烫台上，前袖缝远离自己。

2. 将裁片肘线部位打湿。

提示：处理羊毛面料时可用湿海绵，处理真丝面料时用湿的棉烫布。

3. 将熨斗置于前袖缝袖口处熨烫，并拉伸边缘，然后翻转后重复另一侧。为了确定边缘需要拉伸的量，可以沿竖直方向在距离边缘2cm处折叠，整个折边部位应形成平顺弯曲的造型。

拼缝袖子

高定制作的袖子在绷缝前会先加缝里布，而在制作连衣裙时会在完成全部服装后再加缝里布。

1. 将袖子粗缝缝合后，将其与衣身绷缝在一起以备试衣。试衣完成后，拆除粗缝线，并根据需要进行相应的调整。

2. 车缝前袖缝，分烫缝份时可适当拉伸。将袖片沿竖直方向折叠，并用粗缝标出折线位置。

3. 袖身反面向上，将折线一侧袖片沿粗缝线折叠熨烫，然后用同样方法处理另一侧袖子。

4. 粗缝并熨烫袖后袖缝，若有袖衩可以一起完成，在袖口边加衬并缝边。拆除粗缝线。若有袖衩，可粗缝将其封口。

5. 车缝后袖缝并熨烫。

袖片加里布

1. 里布正面相对，缝合竖直方向的接缝，然后熨烫。

提示：里布缝份缝制时比面料略小，这样可以使里布比面料层稍大一些，里布通常比面料质地更紧密。

2. 加缝里布时，应该将袖子与里布反面向外。将袖子置于桌上，大袖片朝上，将里布置于袖子上（小袖片朝上）。对齐袖子与里布的前袖缝，将接缝用珠针别合，以手工平针缝合里布与袖子接缝。缝线应靠近接缝，起针与收针位置应距离接缝两端10cm。线迹不宜紧，以免穿着时里布影响服装表面的平整。

袖子加里布

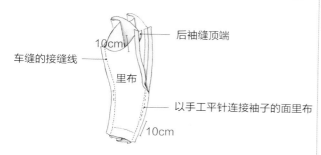

后袖缝顶端

10cm

车缝的接缝线

里布

以手工平针连接袖子的面里布

10cm

3. 将袖子与里布正面翻出，将里布置于袖子内。

4. 在距离袖口12.5cm处及袖窿的腋下位置分别用大针距斜角针将袖子与里布粗缝缝合。

5. 在袖口处修剪里布缝份宽度，其长度应比袖子完成后的长度长1.2cm。

6. 将袖子的反面翻出，将里布向下翻折，使袖口边露出1.2~1.8cm，然后距离折边1cm粗缝。

7. 用拇指将里布分开并拿好，以暗针将里布与袖口边缲缝起来。

8. 将里布上端折进去，以便于缲缝袖子。

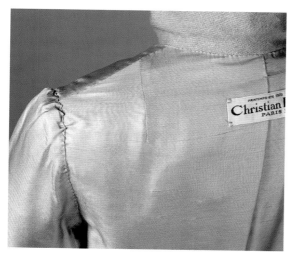

高定服装里布常以手工缝制。图中这款1970年的迪奥上衣在里布袖山处有大量余量，这种余量远比车缝的余量大，并且不太平顺，这是典型的手工制作的特点（图片由苏珊·卡恩拍摄，作者收藏品）

粗缝袖子与里布

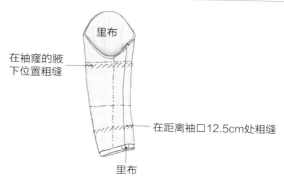

里布

在袖窿的腋下位置粗缝

在距离袖口12.5cm处粗缝

里布

袖口里布翻边

距离折边1cm处粗缝

里布

袖口边露出1.2~1.8cm；以暗针缲缝

袖里布收口

缲缝完袖子后，加入垫肩与袖山头（见第157页），服装大身加里布。

1. 为了完成袖里布收口，将服装正面翻出，沿袖窿缝份粗缝一圈。

2. 将里布的袖山部位塞入服装袖山处，捋平里布，然后用珠针别合至距离顶端10cm处。

3. 在腋下部位，将里布盖在袖窿上，不可摊平接缝，翻下毛边，然后将折边与接缝别合，最后修剪多余的里布。

4. 在袖山顶端将里布捋平到位，修剪多余的里布，调整余量后用珠针别合，距离袖窿里布折边0.3cm处用粗缝固定，然后用明缲针正式缝制里布，拆去粗缝线。手工缲缝的里布应平整，但不如经过车缝处理过的成衣那般光洁。

袖山头、袖窿条与衬布

大部分袖子需要通过支撑物来保持造型。高定制作中常会采用袖山头、袖窿条与衬布来支撑袖山。袖山头用于支撑经典的西装袖袖山，而对于造型夸张的袖山可以用袖窿条，袖窿条比袖山头更宽，有更多的余量，伸入袖山部位更多。袖山衬布的形状与袖山造型相同，可用于支撑各种不同类型的袖山，包括带垫肩或不带垫肩的袖山，袖山衬通常缝入袖山部位而非肩部。

根据不同的硬挺度要求，可以用各种不同的材料制作袖山头、袖窿条与衬布，包括欧根纱、毛鬃衬等。可以用单层也可以用双层，形状可宽也可窄。一般单层的袖山头可以填充袖山，消除掉袖山表面的"小凹坑"；双层袖山头可以支撑袖山，使其更加饱满。要根据所需的设计效果来确定采用单层还是双层袖山头。

袖山部位加衬布

虽然袖子不像上装前身部位会采用全衬工艺，但袖山衬布可以提供最起码的支撑，改善外观，防止袖山造型坍塌，消除袖山表面靠近袖窿部位的凹痕。与袖山头和袖窿条不同，袖山衬是在袖子绱缝前

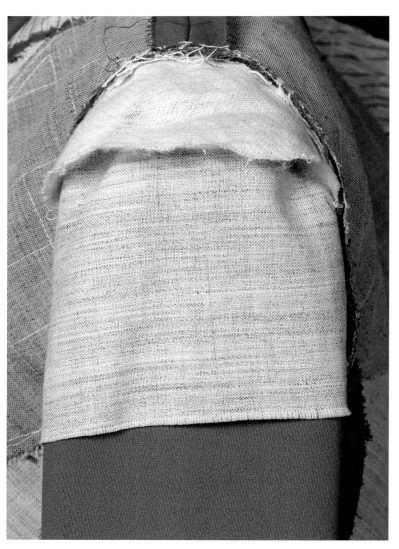

缝入袖山的。

1. 用袖子样板裁剪衬布样板。根据需要为袖山表面提供的支撑量，衬布可以恰好长及对位刀眼，或达到袖窿以下5cm处。画出与中线呈45°的斜丝缕，衬布应按斜丝缕裁剪。

2. 将衬布反面向上置于

图为伊夫·圣洛朗上装袖山内部的毛鬃衬衬布以及用羔羊毛制作的袖山头。其衬布面积较小，仅盖住一半袖山。我常会裁得稍大一些，再根据需要修剪。衬布应按斜丝缕裁剪，比此处直丝缕更容易制作造型

袖山上，沿袖中用斜角针将上下两层缝合。

3. 在袖山顶部，在两个刀眼间用两道粗缝线抽缩余量，两道粗缝线之间间隔0.3cm。

4. 缝合袖子。

袖山头制作

要保持袖山平整圆顺，可以用欧根纱、衬衣厚度的真丝面料或坯布等材料制作单层袖山头。若想稍微增加袖山头的尺寸，可用坯布、柔软的羊毛、羊羔毛、毛鬃衬或包裹绗棉。

1. 裁剪两条长21.5cm、宽3.8cm的斜丝缕布条。若面料为中厚型羊毛，则可以用柔软的羊毛或羊羔毛制成的毛衬；若为薄型面料，则可以用

欧根纱、中国丝绸或坯布作为袖山头。

2. 沿长度方向折叠，一边比另一边宽约0.3cm。然后用斜角针将两层粗缝在一起，将转角做成圆形，以免在服装正面露出印痕。

3. 将袖山头折边一侧置于袖窿接缝线处，袖山头较宽的一面与袖身相贴。调整袖山头使其伸入后袖12.5cm，用暗针将折边与袖窿接缝缲合。

4. 为了能支撑较高且较合体的袖山，可以选用绗棉、棉垫、毛鬃衬、柔软的羊毛、羔羊毛等材料，裁剪长21.5cm、宽6.4cm的斜丝缕条，按上述指导方法制作袖山头。若采用绗棉来制作棉质袖山头，应将较厚的一面向外翻折，并用手指拉扯裁剪的边缘使其变得稀松，以免在服装正面露出印痕。

5. 将袖山头置于袖山顶部，其折边应盖过接缝线0.3~0.6cm，而非与接缝线对齐。沿接缝线用手工平针钉穿所有层布料，然后将袖山头向袖身折叠，形成双层袖山头。

袖窿条制作

大部分袖子都可以用袖窿条支撑。对于宽肩样式的袖山可以加宽其袖窿条，并将其塑造成足球的造型。

1. 每个袖窿条裁一条长34cm、宽7.5cm的横丝缕轻薄真丝布条，一条长35cm、宽3.8cm的斜丝缕衬布。

2. 反面向上，将衬布较长的毛边与真丝布条对齐，然后粗缝。

3. 将真丝布条正面相对折叠，在两头制作0.6cm接缝，将转角做成圆角，并修剪两头的余量。

4. 将袖窿条正面翻出。

5. 在距离未收口边缘0.6cm处抽褶，将抽褶量抽缩至19cm。

6. 抽褶边用真丝雪纺滚边。

7. 用手工平针或暗针将滚边的边缘与袖窿接缝缝合。

袖窿条制作

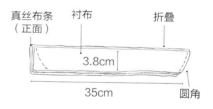

真丝布条（正面）　衬布　折叠

3.8cm

35cm　圆角

袖窿与袖窿条缝合

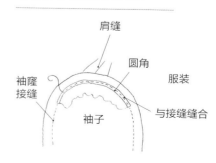

肩缝

圆角

袖窿接缝　服装

袖子　与接缝缝合

袖山头制作

21.5cm

1.9cm　1.6cm

边缘拉毛　粗缝　圆角

双层袖山头

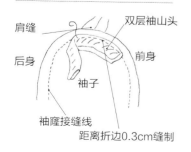

肩缝　双层袖山头

后身　前身

袖子

袖窿接缝线

距离折边0.3cm缝制

9

口　袋

　　口袋既能成为服饰的点缀，又具备实用功能。香奈儿是对高定产业产生深远影响的人物之一。香奈儿创意地将口袋应用到从运动装到正装等各种服装中，其设计的口袋不仅是装饰部件，而且更具有实用意义。在许多被称之为"大小姐"的照片中，香奈儿将双手插入上装口袋中。但是这并非说明所有的口袋都带有功能性的设计，其中一些只是带有艺术感的袋盖。

　　与当代设计师的作品相比，如艾尔莎·斯奇培尔莉所设计的各种造型奇特、缀满珠片的袋口，香奈儿的口袋设计即使采用了精美的饰边，其设计依然十分简洁。设计师克里斯汀·迪奥在其设计中会使用口袋来增加臀围的饱满程度，从而使腰围看起来更纤细。

这款由香奈儿于1967年设计的套装，其口袋、衣领与袖袢的饰边都采用本身料，单独裁剪并重新缝制而成。若仔细观察可以发现袋口藏青色饰边的创意设计

无论口袋的造型与设计如何变化，基本上可以分为两类：贴袋与嵌袋。贴袋缝在服装的表面，嵌袋由外部的开口部分与内部的袋布部分构成。从高定技师那里可以学到很多口袋的制作工艺，从许多实例中可以领会高定服装工艺与家庭缝纫工艺以及成衣制作工艺之间的差异。这些工艺经调整后还可用于制作其他设计部件，例如，制作口袋与袋盖的工艺可用于制作袖祥与搭祥，口袋滚边的工艺指导可用于制作拉链开口与开衩滚边制作。

这款由保罗·波烈于1923年设计的简洁的外套上，两个羊毛绣花的贴袋设计十分抢眼，整体设计很好地修饰了穿着者的身材。服装上的"带子"给人的感觉是两个挂在身上的口袋，实则是运用绣花手法制成

贴袋

高定工艺与成衣制作工艺不同，采用手工制作贴袋，即便有些明线止口看起来像车缝的一样，这是高定服装的特色之一。

通常贴袋包括三层：贴袋本身料、衬布与里布，里布一般与衣身里布相配。若贴袋采用透明料或网眼针织布料，可能需要在其背后衬一块布来遮盖服装内部构造，或者与本身料的里布和衬布一起裁剪。

这种贴袋在首次试穿之前或之后制作都可以。如果在试衣前就确定好了贴袋的形状与大小，则在试衣时就应将其完成收口并粗缝到位。如果试衣前无法确定贴袋的形状与大小，则可以裁一个临时的贴袋样板在试衣时确认。

贴袋的裁剪与做标记

以下指导适用于带有衬布与单独里布的贴袋制作，经过调整后可用于袋盖与嵌线袋的制作。

1. 根据贴袋的实际形状与大小，用坯布制作样板，不需要加缝份或贴边。

提示：若设计需要对齐面料花型，可以根据每个贴袋的图案分别制作样板，以便于在样板上制作对位标记。

2. 完成贴袋所有接缝的制作，然后用缝线标出贴袋的位置。

3. 贴袋正面向上，置于缝线标记的袋位处，在坯布袋上标出面料图案延续的纹理或色条。若贴袋有立体感，对齐图案时应从边缘向前中方向进行。可以将一小块面料用珠针别在袋口上作为裁剪的参照物，不需要将图案描在口袋上。

4. 将坯布袋样板正面向上置于一大块服装面料上，根据坯布上的对位标记对齐图案与纹理，用珠针别合。用划粉绕图案一周做标记，然后用缝线标出。如有两个口袋，则重复以上步骤，完成两个口袋的处理。

　　5. 加入缝份与袋口贴边后进行裁剪。

　　提示：裁剪时不必测量缝份与贴边的宽度，因为已经用缝线标出了口袋的实际大小，对缝份宽度没有特别精确的要求。缝份最小应为1.2cm，袋口贴边宽度为1.8cm。

贴袋加衬布

　　贴袋通过加衬布有助于造型。贴袋部位的衬布应比衣身其他部位的衬布更加硬挺，其厚度应与服装的整体垂感相符。适用于制作衬布的材料包括坯布、亚麻布、毛鬃衬以及硬挺的里布料等，经过处理后手感硬挺的针织与经编面料也是衬布的理想材料。衬布可以按直丝缕、横丝缕或斜丝缕方向裁剪。

　　衬布的大小取决于其类型以及贴袋的设计要求。通常按贴袋的实际尺寸裁剪同样大小的衬布。黏合衬衬布可裁成与贴袋同样大小，亦可包含缝份与贴边。若衬布包含缝份与贴边，贴袋边缘应柔和圆顺，不宜过于硬挺死板。

　　1. 可按直丝缕、横丝缕或斜丝缕方向裁剪一块毛鬃衬。横丝缕方向弹性最小，因此袋口部位不需要加定型料；斜丝缕方向有弹性，更易于做出符合体型的造型。

　　2. 贴袋反面向上，将衬布放上去，置于袋口贴边线下方，沿中心用大针距斜角针粗缝固定。

　　将贴袋的贴边与缝份折返并别合以确认衬布的大小，标记线应正好位于贴袋边缘，正面不外露。若在正面仍然可以看出标记线，则拆去珠针，稍微修剪衬布，再用珠针别合后检查效果。

贴袋加衬布

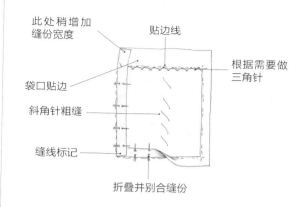

此处稍增加缝份宽度　　贴边线
袋口贴边
斜角针粗缝　　根据需要做三角针
缝线标记
折叠并别合缝份

　　3. 拆去珠针后摊平贴袋，这时可以制作明线止口线。制作明线止口时，按设计用缝线在实线边缘制作标记线，缝线宜使用柔软、易扯断的粗缝线制作，这样便于后期拆线。车缝明线时，可紧靠粗缝线制作。

　　4. 用三角针将衬布与贴袋缲缝在一起，如果贴袋有明线止口可以跳过这个步骤。

　　5. 用真丝欧根纱或滚条对袋口部位进行定型处理。将定型料中心对齐袋口，然后粗缝标记线。先测量包含缝份的开口宽度，然后根据该尺寸裁剪定型料的宽度。

贴袋边缘的收口处理

　　1. 如袋口转角为弧形，可在弧形部位缝份距离衬布0.3cm处粗缝，然后在距离0.6cm处再抽缩粗缝一道。抽紧粗缝线，使缝份与贴袋平整服贴，然后烫缩余量（见第65页）。为了避免烫缩口袋，可在缝份与衬布之间插入一张牛皮纸。距离边缘0.6cm处粗缝。

贴袋边缘收口处理

圆角

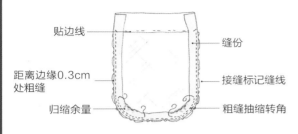

贴边线

缝份

距离边缘0.3cm
处粗缝

接缝标记缝线

归缩余量

粗缝抽缩转角

方角贴袋

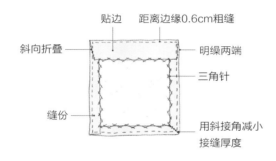

贴边

距离边缘0.6cm粗缝

斜向折叠

明缝两端

三角针

缝份

用斜接角减小
接缝厚度

2. 若贴袋为方角造型，先将底部缝份向上折叠，在距离边缘0.6cm处粗缝，然后再将两侧缝份向内折叠并粗缝固定。

提示：为了避免向内折叠的缝份外露出正面，可将两转角处的缝份斜向折叠。因此，袋口贴边两端的缝份宽度会略宽于两侧其他部位。

3. 修剪转角处的较厚部分，若面料很厚可用木板敲打转角部位使其平整。

4. 反向折叠袋口贴边，然后在距离边缘0.6cm处用粗缝固定所有边缘。

5. 将贴袋反面向上熨烫，归缩所有余量，然后修剪缝份以减少接缝厚度。

6. 如果没有明线止口，可用三角针将缝份与衬布缲缝。

7. 如需制作明线止口，可在此时完成。

8. 熨烫贴袋。将贴袋正面向上置于烫枕上或接近贴袋部位人体曲线的烫垫上，用烫布覆盖贴袋，然后熨烫，使其符合人体造型。

9. 制作一对贴袋时应确保左右两侧贴袋大小、形状一致。若顾客体型本身不对称，如左右臀部有大小，则两侧贴袋也应根据体型加以调节。臀部较大一侧贴袋可相应加大0.6cm，这样穿上后就无法察觉两侧贴袋的大小差异。

贴袋里布制作

贴袋里布的制作工艺也可应用在袋盖、贴边与腰身的制作上。

1. 为了制作贴袋里布，先裁剪一片与贴袋丝缕方向一致的里布料，其大小应比贴袋大出至少0.6cm。

2. 里布上口向下折叠约2.5cm，然后熨烫。

3. 将里布与贴袋反面相对，里布置于贴袋上方，里布折边低于贴袋上口约2cm，中心对齐后用斜角针粗缝在一起。将里布其余毛边部份向下折叠，使里布距离边缘0.3~0.6cm，根据需要修剪里布，去除多余的量，用珠针别合。将里布与贴袋粗缝缝合，然后稍加熨烫。

4. 用明缲针将里布缝制到位，拆去全部粗缝线后用湿烫布彻底整烫。这是熨烫贴袋的最后机会。

5. 在往衣身上缝制贴袋之前，此时是制作明线止口的最后一次机会。

绷缝贴袋

在将贴袋绷缝至服装前，应确定服装是需要在绷缝贴袋部位加衬布，还是仅需要在贴袋开口部位加衬布定型。若贴袋仅是种装饰，或者整个前身都有衬布，则不需要加任何衬布定型。若贴袋具有一定的实用性且前身未加衬布，则需要在服装开口部位进行定型处理。

1. 裁剪一条直丝缕的定型衬布，宽为5cm，长度应确保贴袋两端都能缝在衬布上或有一边能与省道、接缝缝合在一起。

2. 衣身反面向上，将定型料粗缝至缝线所标记的开口处，在缝制贴袋时，应连同定型料一起缝制。

3. 将贴袋与衣身正面相对，其边缘应与缝线所标记的贴袋轮廓对齐。在中心部位粗缝形成交叉线迹，然后在距离边缘0.6cm处用粗缝

贴袋粗缝

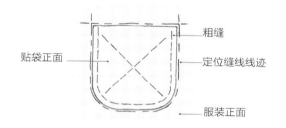

贴袋正面 —— 粗缝
—— 定位缝线线迹
—— 服装正面

针将贴袋粗缝至衣身。

4. 检查贴袋。贴袋应平整或稍带有立体感，但不宜太紧，若看起来太紧则应重新粗缝。

5. 反面向上，用细小的手工平针正式缝制贴袋。可将粗缝线作为参照，距离贴袋边缘0.3cm缝制，应避免服装正面露出绷缝针迹。如果贴袋需经常使用，则需要沿贴袋边缘缝制两道斜角针。

6. 在贴袋上口，反面向上在两端各缝制几针交叉针，以起到加固作用。

7. 拆去粗缝线，加烫布稍作熨烫。

嵌袋

嵌袋有两种：接缝间的袋口与开口处的嵌袋。与贴袋不同，嵌袋由两个部分组成，一个是底层袋，即靠近里布部分，另一个是面层袋。在高定服装与成衣中，接缝间嵌袋常常隐藏在裙子的开口部位，不过高定服装的裙子常在袋内加缝拉链，而在成衣中则不常见。

带拉链的接缝间嵌袋

以下指导适用于制作带里布裙子的接缝间嵌袋，嵌袋内绷缝一根18cm长的拉链。

标记袋口

1. 将裙子侧缝份宽做成3.8cm，在腰线下方量出20cm并用缝线标记嵌袋开口位置。

2. 用缝线标出接缝线，并将裙子粗缝缝合。

3. 裁剪一块宽25cm、长30cm的长方形里布料作为袋布。

4. 裙子正面相对，缝合袋口开口以下的接缝并将线头打结，拆去粗缝线。

5. 将裙子正面向上，在距离前身侧缝3.5cm处的缝份上用划粉划线标记。在距离后身接缝线2.5cm处用划粉和缝线标记拉链开口。在腰围线下18cm处标出嵌袋开口的底端。

6. 在裙子后身的嵌袋开口底端缝份上做剪口，这样就可以将剪口以下部分的缝份分烫开。

7. 将裙子反面向上，在嵌袋开口处用一条欧根纱进行定型（见第101页），再将开口处的缝份向下折叠，然后距离边缘0.6cm处粗缝固定。

接缝间带拉链嵌袋

标记口袋

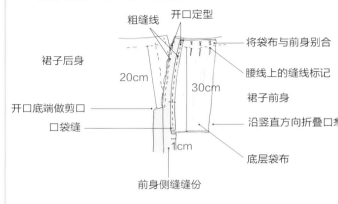

后缝缝份
2.5cm
嵌袋开口长20cm
距离侧缝2.5cm的缝线标记
拉链开口底部
裙子后身
3.8cm
距离接缝线3.5cm处的缝线标记
裙子前身
缝份
划粉划线标记

裙子前身与袋布粗缝缝合

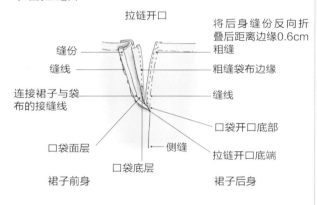

粗缝线
开口定型
将袋布与前身别合
腰线上的缝线标记
裙子后身
20cm
30cm
裙子前身
沿竖直方向折叠口袋
开口底端做剪口
口袋缝
底层袋布
1cm
前身侧缝缝份

准备拉链开口

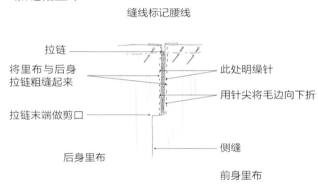

拉链开口
将后身缝份反向折叠后距离边缘0.6cm粗缝
缝份
缝线
连接裙子与袋布的接缝线
口袋面层
口袋底层
裙子前身
侧缝
口袋开口底部
拉链开口底端
裙子后身
粗缝袋布边缘
缝线

加缝裙里布

缝线标记腰线
拉链
将里布与后身拉链粗缝起来
拉链末端做剪口
后身里布
此处明缲针
用针尖将毛边向下折
侧缝
前身里布

裙子前身与袋布粗缝缝合

1. 裙子前身与袋布正面相对，将袋布一边与前身缝份上的划粉标记线对齐并用珠针别合，然后将袋布（即嵌袋的面层部分）与前身以1cm份宽粗缝缝合，缝制后打结。

2. 拆去粗缝线，将接缝烫平，然后向袋布侧烫倒。

3. 将袋布另一边（即嵌袋的底层部分）向下折叠1cm，并粗缝。

4. 将裙子反面向上，沿垂直方向对折袋布，使其正面相对，袋布向前捋平后将袋布上口与裙子别合，然后粗缝。

5. 参照腰线上的缝线标记，在袋布上标出腰线。在缝线标记的腰线下18cm处，在底层袋的折边上标出拉链开口的底端。

缝合裙子后身与袋布

1. 将裙子正面向上，在嵌袋开口处对齐裙子前后身的接缝线，然后用明线将其粗缝缝合。将反面向上，别合袋布到位，将袋布上腰线处的缝线标记、拉链开口底端与裙子后身对齐。

2. 将拉链开口部位以下的接缝部位收口，

缝合裙子后身与袋布

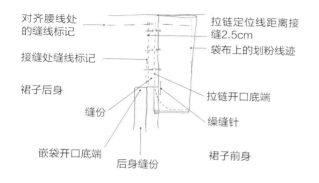

对齐腰线处的缝线标记
拉链定位线距离接缝2.5cm
接缝处缝线标记
袋布上的划粉线迹
裙子后身
拉链开口底端
缝份
缲缝针
嵌袋开口底端
后身缝份
裙子前身

从拉链底端标记部位开始，将口袋与裙子后片缝份缲缝起来，一直缲缝到作剪口的部位（约1cm）。拆去粗缝线后烫开缝份，然后将线尾打结。

3. 将裙子反面向上摊平，口袋向前片方向抒平，然后用珠针别合袋布下端。

4. 用划粉标出车缝线，从裙子前片开口底端开始，一直到前身口袋处为止。要用划粉标出前片边缘，可以从顶端距离折边约2.5cm处开始，一直到折边上距离底端约12.5cm处为止，然后粗缝固定。粗缝时用手拨开缝份，避免误缝到缝份。

5. 车缝后将线头打结，拆去粗缝线再烫平。

6. 将口袋的缝份宽修剪为0.6cm，然后将口袋的毛边用包缝锁缝起来。

准备拉链开口。在裙子后片部位，用细条的欧根纱对拉链开口部位做定型处理。将缝份反向折叠后距离边缘0.6cm粗缝并熨烫，然后粗缝并手工绡缝拉链（见第101页）。

加缝裙里布。给裙子装上里布，并用手工缝制拉链，以实现拉链收口。

1. 制作裙子里布时，里布的缝份宽度为3.8cm。由于开衩距离侧缝2.5cm，至少在左侧边缘（安装拉链的一侧）需要留出这个缝份宽度。

2. 将里布正面相对用珠针别合，在距离腰线18cm处标出开口底端。缝制并熨烫拉链下部的缝份，但开衩部位不需要处理。

3. 将裙片与里布反面相对，对齐腰线与侧缝并用珠针别合。

4. 将裙片置于烫台上，里布在上。调整后身里布，使里布覆盖后裙片与拉链布带，然后用珠针别合。

5. 在前身里布上标记拉链末端并在此处做剪口。在拉链底部用针尖将缝份折入拉链下面并用珠针别合，然后用同样的方法制作其他边缘部位。稍微熨烫里布，用明缲针缝制到位。

6. 从烫台上取下裙子，根据需要修剪拉链部位的缝份宽度，拉链以下部位的缝份宽度为2.5cm。拆去粗缝线后，用手工包缝所有边缘。

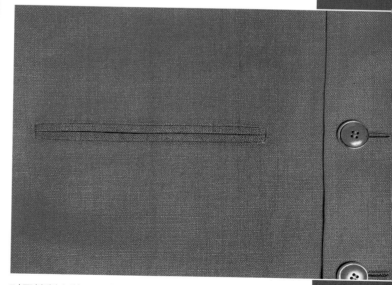

对于精制上装，双嵌线袋口可以加或不加袋盖。图中这款制作于20世纪70年代的伊夫·圣洛朗上装的袋盖插入袋口中，从而显示出袋口嵌线，有时大袋盖可以手工绡缝到袋口部位

开口袋口的滚边

高定服装中有多种袋口开口方式。以下指导针对嵌线袋与实口嵌袋两种袋口，这两种是最常见也是难度最大的袋口制作方式。

双嵌线样式的袋口在服装表面有两条细滚边，袋布隐藏在里布与衣身之间。袋口很平整，可以用袋盖盖住一条或两条嵌线，也可以用贴边盖住两条嵌线。

高定制作中有几种不同的嵌线袋制作方法。我偏爱用两条面料对开口边缘作滚边处理，这种方法也适用于制作嵌式扣眼（见第91页）。很多面料都可以用这种方法来处理，如带有明显的纹理或图案需要对齐花型的面料。这种袋口收口处理很平整，两条嵌线长度一致，宽度相同。每根嵌线条以自身的缝份作为衬布，可以按斜丝缕方向裁剪，根据设计需要使其开口造型呈弧形。

袋口大小可以根据款式与口袋位置加以调整。其袋布不可超出服装的实际边缘，也不可与下摆重叠，有些工艺不佳的服装会出现袋布伸入下摆的情况。

开口与嵌线的准备

1. 第一次试衣时，可在服装上用缝线标出嵌线袋的开口位置及车缝线，以便于确定袋位与袋口大小。试衣后拆去粗缝线并将服装摊平。

2. 在开口部位的反面对其定型以支撑口袋的重量。定型衬布宽为5cm，长度应比实际开口大出几厘米，然后将其准确地置于缝线所标的袋口开口位置。

3. 用服装面料裁剪2条宽4cm、长度至少比实际开口长2.5cm的嵌线条。

提示：裁剪嵌线条时，通常其直丝缕与开口方向平行。如需要对齐面料花型，也可以按横丝缕或斜丝缕方向裁剪。

4. 如果按横丝缕或斜丝缕方向裁剪，或采用柔软、有弹性的面料制作，应给嵌线条加上轻薄的衬布。

缝制嵌线条

1. 正面相对，将一根嵌线条的边缘与缝线所标记的开口对齐，然后用珠针别合。用相同方法完成另一边，将两根嵌线条对齐并拢后，在车缝线部位上粗缝。若有一对袋口，则用相同方法完成另一侧的嵌线条。若需要对齐面料花型，应沿车缝线部位对齐，而不是在开口部位对齐。进行粗缝，以确保嵌线条在车缝时不会出现滑移。

2. 沿粗缝线车缝，然后从反面检查一下两道车缝线是否平直，间距是否平行，长度是否合适，以及一对袋口是否对称。拆去粗缝线。快速抽出线头并将散开的线收拾干净，将线头打结固定。

剪开袋口

1. 剪开袋口时要注意，刀口两端应距离袋口两端1.2cm，不要误剪到嵌线条部位。然后小心地向缝线端斜向做剪口，不要误剪到嵌线条或袋口缝份。

2. 将衣身反面向上，然后将嵌线处接缝分烫开。将衬布与衣身缝份分烫开，包括开口两端的三角部分，再向反向烫倒。若为轻薄面料，则只需要烫平缝份即可。

嵌线袋口

缝制嵌线条

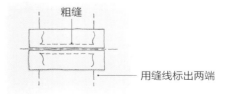

粗缝

用缝线标出两端

嵌线收口

1. 将服装正面向上，将嵌线条翻折穿过开口并包住缝份部分，拉挺嵌线使其平整，两根嵌线条应平整无重叠。然后将两端的三角部分折返塞入衣身与嵌线之间。嵌线应平整，确保中间没有拱起。若为厚型面料可以修剪缝份使嵌线可以放平。

2. 将服装正面向上，用珠针将嵌线别平整，然后检查嵌线条的宽度是否一致，两条嵌线条长度相同无重叠，再用斜角针将嵌线开口粗缝封口。

3. 用回针沿缝线槽正式缝制嵌线条。

嵌线袋口

剪开袋口

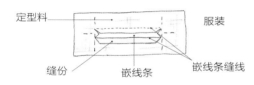

定型料   服装

缝份   嵌线条   嵌线条缝线

嵌线收口

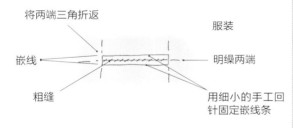

将两端三角折返   服装

嵌线   明缲两端

粗缝   用细小的手工回针固定嵌线条

绷缝下层袋布

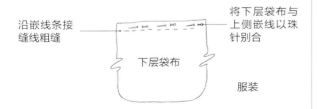

沿嵌线条接缝线粗缝   将下层袋布与上侧嵌线以珠针别合

下层袋布

服装

4. 将服装正面向上，折返服装露出三角部位，将三角部位拉紧拉挺，以避免其在正面露出，并用明缲针缲缝两端。

5. 将服装正面向下置于柔软的烫枕上，稍微熨烫，然后拆除粗缝线后再次熨烫。

绷缝袋布

1. 将上层袋口布（里布）上口部分向下折翻约1.2cm。

提示：在高级定制里裁剪上下层袋布等小部件时不用样板，而是裁一片比袋口宽至少2.5cm的面料。若面料有图案，下袋布部位应与衣身部位的图案对齐，然后根据需要修剪。

2. 袋口反面向上，将上层袋布与下侧嵌线条用珠针别合，使折边盖住嵌线条上的缝线。

3. 用缲针正式缝制上层袋布。

4. 袋口反面向上，将下层袋布置于开口中心，用珠针别合下层袋布与上嵌线条缝份，再沿最初的接缝线粗缝固定。

5. 正式缝制下层袋布时，将服装正面向上再将服装折返露出粗缝的接缝。

提示：如果贴袋仅作为一种装饰或使用频率不高，可用手工平针将贴袋缝合住。

6. 将服装反面向上，把下层口袋捋平置于上袋口，然后用珠针别合袋布，使袋布保持平整。拉挺下层袋布，以免其翻出正面，将袋布粗缝缝合，再车缝。应将转角部位做成圆角以免积尘。拆除所有粗缝线后熨烫。将多余的面料修剪掉，袋布无法完全对齐也不必担心，关键是袋布应保持平整。

7. 在服装加缝里布之前，先将袋口定型料两端与衬布缲合固定。如果可能，将袋布与省道或缝份固定在一起，并将多余面料修剪去。如下摆部分出现袋布底端与下摆部位的衬布相重叠，可用手工平针将其缲合。

这是一款伊夫·圣洛朗传统的定制上装，制作于1978年。胸口处有手巾袋，下摆处有一对贴袋（见第172页中的上装）。嵌线上的明线止口实为装饰线迹，其两头用手工缲缝，然后用三角针将其绷缝到上装上，嵌袋与衣身部位的里布均采用真丝绉绸

实口嵌袋

实口嵌袋是先在面料上开口，然后在开口下侧加缝一块单嵌线。嵌线用本身料制作，通常加衬和里布。其里布可以用里布料单独裁剪，也可以用本身料，与嵌条一起裁剪。

实口嵌袋可设置在水平方向，也可略微倾斜。以传统的胸部手巾袋为例，第一眼看上去是一道水平线，仔细观察会发现其制作时有一定的角度。外套与长裤后裤袋通常制作成45°的斜角。

实口嵌袋

裁剪嵌线

2.5cm

丝缕线

1cm 折叠线

嵌线里布
嵌线条

将嵌线与袋口开口连接

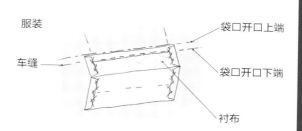

服装

车缝

袋口开口上端

袋口开口下端

衬布

下层袋布与开口缝合

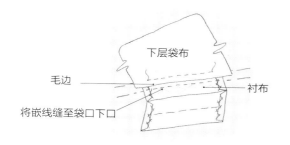

下层袋布

毛边

衬布

将嵌线缝至袋口下口

嵌线翻折到位

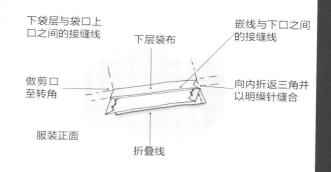

下袋层与袋口上
口之间的接缝线

下层袋布

嵌线与下口之间
的接缝线

做剪口
至转角

向内折返三角并
以明缲针缝合

服装正面

折叠线

嵌线收口

服装正面

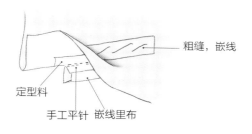

粗缝，嵌线

定型料

手工平针 嵌线里布

上袋布与开口下口缝合

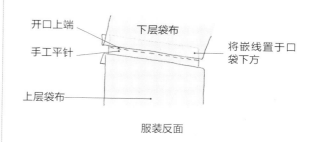

开口上端

下层袋布

手工平针

将嵌线置于口
袋下方

上层袋布

服装反面

嵌线样板。以下指导适用于稍带有角度的单片式胸袋，其上口部分为折边，并用本身料制作里布。如果制作的是两片式嵌袋并带有独立的里布，读者可以用贴袋的制作方法来处理（见第160页）。

1. 当使用现成的商业样板制作时，可先根据嵌线样板修剪缝份，以便于在面料上精确地标出缝线。

2. 如果是自己动手制作样板，可先将长方形纸板沿水平方向折叠，在纸上画出实际嵌线的形状，再将其置于上装前身袋口的开口位置，并标出丝缕线，使其与前身丝缕线方向保持一致。

如果嵌袋带有角度，其嵌线两端应与前中线平行，样板两端也会带有角度；若嵌线为水平位置，则样板形状就是基本的长方形。样板不需加缝份，在实际裁剪嵌线条时加入缝份即可。

裁剪嵌线并做标记。根据以下指导裁剪嵌线并做标记，这样就能使嵌线与大身面料花型对齐。

1. 将服装正面向上，用珠针别合嵌线样板与大身，然后沿四周用划粉标记后再用缝线做标记。

提示：为了将开口两端藏在嵌线下，将上口部位的车缝线标出，其长度应比下口部位车缝线短1cm。为了确定上口是否需要缩短，可将样板别在服装上，如上开口部位的缝线超出样板就需要缩短上口线长度。

2. 若面料有花型或图案需要对齐，如条纹或格子，应在样板上标出对位标记。

提示：可将一小块面料放在嵌线样板上，将样板移动到服装相应部位，再用珠针别合固定。

3. 面料正面向上，将嵌线样板置于其上并对齐丝缕，用划粉沿样板四周做好标记，然后用缝线做标记。如面料有花型或图案，则需移动嵌线样板，直到嵌线上的花型能够与服装对齐。

4. 用划粉在嵌线下口及两端标出1cm缝份，在上口部位标出2.5cm缝份，这里将与袋布连接在一起。用缝线在嵌线上标记折叠线与接缝线。

5. 裁剪嵌线条。

6. 根据嵌线条的实际大小裁剪衬布。

制作嵌线

以下指导有别于家庭缝纫工艺。此处工艺用缝份包裹衬布并用手工缝制，以确保成品的优良品质。这种工艺经调整后可用于制作贴袋、腰身与领口。

1. 嵌线条反面向上，将衬布置于上方，再用三角针缲缝固定边缘部位。

2. 向反面折叠缝份并熨烫嵌线各条边缘。为了能将缝份摊平，可按需要对缝份做剪口。在距离两端0.6cm处粗缝固定，再用样板校验一下嵌线条大小，确定是否需要放大或缩小。

3. 将嵌线反面向上，如有需要可用木板拍打缝份使其平整。

4. 将缝份宽修剪后贴近粗缝线，然后用三角针与衬布缲缝在一起，再拆去全部粗缝线，仅留下折叠线处的粗缝线。

5. 对于有明线止口的嵌线，可沿距离边缘0.6cm处制作明线止口。若面料有倒顺毛如驼毛、缎纹、织锦缎或其他一些特别的面料，则不宜制作明线止口。

6. 沿折叠线折叠嵌线条，嵌线条上口处的嵌线里布应比嵌线略窄。熨烫嵌线条。

缝合口袋

袋口是在面料上的一道开口，嵌条缝在底层，而袋布缝在上层。

1. 先对开口作定型，可将一块宽5cm、长15cm的欧根纱粗缝在服装反面。

2. 裁剪底袋布时应至少比开口宽2.5cm，长出约12.5cm。如面料有花型，底袋布应与衣身部分对花型。

3. 将嵌线条与大身正面相对，嵌线下口缝与衣身开口处下侧缝线对齐，其两端应准确地对齐缝线，并用珠针固定，沿嵌线衬布粗缝接缝线。

提示：缝制前，先将嵌线条折叠后比较一下，看其面料花型是否能与大身对齐，明线的两端是否低于嵌线，尤其是袋口呈斜向的时候，必须仔细对齐车缝线两端的面料花型。

4. 将底袋布与大身正面相对，将毛边与开口上端对齐，别合后粗缝。车缝粗缝线后两端线头打结固定，这样能更好地固定缝线。为了更好地控制车缝，起针与收针时可减小针距，保留长线尾用手工钉缝。

5. 嵌线反面向上，先将所标记的开口烫平，然后剪开开口，剪口的开口应距离两端1.2cm，再向上下两道缝线做剪口，避免剪断缝线，不可剪入嵌线、底袋布或缝线。将底袋布穿过开口，分烫开缝份。

在剪开前应将嵌线条折叠到位，以确定其是否能够盖住明线止口线两端。若上口线外露，就必须拆下重新缝制。

6. 嵌线条正面向上，将嵌线条折叠到位，再将其反面向上，分烫开嵌线条接缝。

7. 将嵌线条沿折叠线折叠，使其反面相对，在距离边缘0.6cm处将两端用粗缝固定，再用暗针在两层之间将两端缲合。

8. 嵌线条正面向上，嵌线未收口的边缘以及两头三角推至反面，翻转嵌线后，沿嵌线底部的接缝线稍作熨烫。

9. 将嵌线正面向上用斜角针粗缝，并将收口部分固定，粗缝时应避免误缝到底层袋布。

10. 将服装向反面折，露出开口底部的缝份，再用手工平针将未收口的边缘与口袋下口缝合在一起。

袋布收口

最后一个步骤是袋布收口。在高定制作中，很少会使用袋布样板，而是将两块布料与嵌线条缝合起来。在口袋缝合后，再将多余的布料剪去。

1. 用里布裁出上袋布，比实际口袋开口宽至少2.5cm。

2. 将上袋布反面向上，再将上布袋上口向下折后与嵌线条下口用珠针别合，这样可以盖住毛边约0.6cm。若口袋为斜袋，则要调整上口处的折叠方向，使袋布垂直于地面而不是垂直于袋口。

3. 用明缲针将上袋布与嵌线底部缝合。

4. 捋平口袋后用珠针别合，然后用粗针缝合口袋边缘，在车缝袋布一周的同时缝住两端三角，注意避免误缝到嵌线或服装。拆去所有粗缝线，并修剪去多余布料。

5. 将口袋反面向上，用两道手工平针缝住两端，一端靠边缘，一端距离边缘约0.6cm，然后正式缝住两端。

嵌线完成后，如同"浮"在服装表面，看不出任何线迹，缝线线迹应紧贴住嵌线，不要露出嵌线条的下层部分。

10

上装与外套

上装与外套最初都属于男士服装，直到17世纪，女性才开始穿着定制上装作为骑行装或套装。到了19世纪50年代，一些裁剪师在伦敦与巴黎设立了女装部。其中最知名的英国裁剪师名叫约翰·雷德芬，他开创了女士上装与裙子的"量身定制"。雷德芬的专卖店以大礼服套装为特色。17世纪70年代，女演员莉莉穿着一件由雷德芬设计的定制服装展示给大众，使他获了极大的成功。

量身定制的服装成为专卖店的主要产品。如今的高定服装中，大部分上装是在定制工场里制作的，需要耗费上百个工时才能完成，这也最终反映在其价格上。高定套装在伦敦的售价至少为5 000美元，而在巴黎，其售价还会加倍，如果是一家知名的高定工场的出品，其价格可达到5万美元。一件普通上衣平均耗时为100~130工时，制作短裙需要25~50工时。

这款1978年制作的伊夫·圣洛朗的传统定制上衣，其衣身部分采用斜丝缕衬布。即使经过几十年之后，服装依然保持完好的造型，其里布为真丝绉绸

基础制作工艺

上装是高定工场中的一种常规品类，上装的制作工艺还可用于制作外套与精做长裙，以下工艺可以作为标准制作工艺的一种补充。

一些在"时装样板"的客户定制系列中展示的设计，为高定制作提供了指导。如要按高定工艺制作，在购买面料时需要比正常用料再多买半米左右，以满足加宽缝份所需的用量。如面料需要对条格、花型，也需要增加用料量，且应确保面料事先经过预缩处理。

许多高定上装都加了衬布或底衬，外观柔顺不易起皱。事实上，衬布与底衬在整体服装中起到骨架的作用，从而保持服装的造型。

衬布

选择衬布时，应考虑面料的厚度、成分、颜色与手感，无论选择的衬布是柔软还是硬挺，都应与设计效果统一。毛鬃衬、领衬、细帆布、细亚麻布、坯布、细棉布等都是定制上装用的理想衬布与底衬（相比之下，高定工艺中不会用黏合衬，因为黏合衬的柔韧性不及缝入式衬布好）。

对于带有挺括翻折线的毛呢上装，亚麻里衬是种理想的材料。而制作柔和的领口翻折线，可以采用毛鬃衬作为衬布。制作真丝或亚麻衣领时，可以用细亚麻衬布，甚至是用本身料作为衬布。对于制作大身部位的衬布，那些含毛量较高的毛鬃衬最为理想。尤其是在制作毛呢服装时，这种衬布较易与大身面料匹配，在制作全棉或亚麻服装时，可考虑采用本身料或平纹亚麻布作为衣身的衬布。

裁缝会按不同的丝缕方向裁剪衬布，因为衣领、口袋、驳领与下摆等不同部位有各种不同的要求。例如，在衣领部位可以采用斜丝缕，使之形成漂亮的翻折线；口袋衬布的丝缕方向应与面料一致（通常为直丝缕方向）或采用横丝缕方向，以产生稳定的造型。

衬布与底衬是在服装缝合前加缝至衣身反面的，然后将这两层面料作为一个整体来处理，在缝制时将上下两层一起缝制。

提示：衬布预缩时，应将其在冷水中浸泡2小时，然后自然晾干，再用蒸汽熨斗熨平。

制作布样

定制上装在制作过程中需要进行几次试衣。一次是布样试衣（高定制作时会在人台上完成而不是由真人实穿），然后再用实际服装面料完成2~3次试衣。先用坯布样试穿，然后可以拆开布样，调整重试，直到达到理想的效果。

1. 先购买细平布作为坯布料。若坯布丝缕不平整，就无法取得理想的试衣效果。

2. 用细平布裁剪所有部件。除了领面、挂面和口袋，每个裁片缝份均为2.5cm。

3. 用滚轮或复写纸描出缝线、中心线、腰围线、丝缕线、胸宽线与背宽线等所有参考线。

4. 在坯布上画出口袋与纽扣位置，然后将坯布样粗缝缝合。如采用车缝，应设置大针距来缝制以便于拆除缝线。

5. 将袖缝粗缝完后，应等衣身试衣完成后再将袖子与大身缝合。

6. 将袖子与衣身上所有缝份翻折后粗缝固定，再稍作熨烫。

7. 将领底粗缝固定到位。

8. 将垫肩粗缝固定到位。垫肩对于上装的悬垂效果至关重要，服装试衣时必须加入垫肩。应事先准备好各种规格的垫肩以备试用，可以为上装特别制作垫肩样式。

高级定制上装的特征

高定制作的技艺来自不断练习和积累，但首先是源于对细节的关注。

· 所有边缘都应加衬布以保持造型。边缘应薄且稍向内弯曲，即使是边缘部位的接缝，如驳头部位也应向衣身弯曲，以免接缝外露。

· 服装中线即使未扣合纽扣也应与地面垂直。

· 所有接缝必须平直，且熨烫平挺。

· 调整好后肩、袖窿、后领圈、袖山处的余量，使服装饱满合体。

· 在袖山部位加入袖山头以防袖山坍塌或局部出现凹陷。

· 袖窿部位应做加固处理，袖子（通常为两片式）应保持悬垂，无斜向褶皱。

· 驳头与衣领部位应加衬，转角部位应平整，无弯曲凸起，驳头应自然弯曲，贴合人体。

· 衣领应自然贴合人体颈部，衣领外口应覆盖衣身领圈与肩部，无起皱现象。

· 省道上应加缝一块垫布或进行剖开熨烫处理使其外观平整。

· 钉缝纽扣时应加缝扣柄，挂面一侧线迹不可外露。

· 扣眼应手工锁缝，形状为圆头扣眼，如采用嵌线扣眼则更适合女性化风格的定制服。

· 里布通常采用真丝，以免影响上装的垂感。里布以手工缝制，有足够多的松量且保持平整，可在后中部位做一个褶裥。有些服装的后领部位常以里布代替贴边，从而使服装更柔软、更舒适。

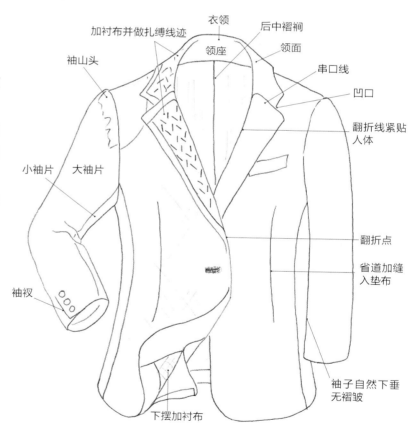

衣领
加衬布并做扎缚线迹
后中褶裥
领座
领面
袖山头
串口线
凹口
翻折线紧贴人体
小袖片
大袖片
翻折点
省道加缝入垫布
袖衩
袖子自然下垂无褶皱
下摆加衬布

布样试衣

　　服装布样有助于在正式裁剪面料前，精确调整好样板。如服装带有图案或花型，布样有助于花型图案的准确定位。通过制作布样，还可以提高制作技能，避免后期制作中因为技术不到位而浪费服装面料，并能提高制作效率。

　　1. 在人台上试穿布样。

　　2. 按实际纽位将服装前中用珠针别合。先分析一下服装布样是否符合设计，左右两侧看起来是否对称，即使有时人体本身并非完全对称。

　　3. 按以下步骤检查一下试衣效果。

- 胸宽、背宽、胸围部位丝缕应与地面平行
- 前中心处直丝缕应与地面垂直
- 解开纽扣后，前中边缘应与地面垂直
- 接缝应呈直线
- 水平与竖直方向无褶皱
- 外观平整无拉扯
- 胸、腰、臀部位松紧适宜
- 前后肩部平整伏贴
- 所有省道位置安排合理，大小比例到位
- 领圈部位平整
- 袖窿部位松紧适宜
- 袖窿接缝符合设计特点，与肩宽比例协调
- 下摆应与地面平行

　　4. 坯布样试衣可能需要经过反复多次调

这是伊夫·圣洛朗上装里所有的衬布。将按斜丝缕裁剪的毛鬃衬与帆布以绗缝工艺缝合，从而塑造衣身造型。省道部位加缝入垫布，以使其外观平整，衣领与驳头部位采用手工扎缚的方法制作

这款瓦伦蒂诺上装采用真丝欧根纱制作底衬，在后身上半身、腰节以下与下摆等部位采用斜丝缕全棉布制作衬布，在其腰身部位使用真丝欧根纱，以确保服装穿着后能与人体运动协调吻合

上衣衬布的准备

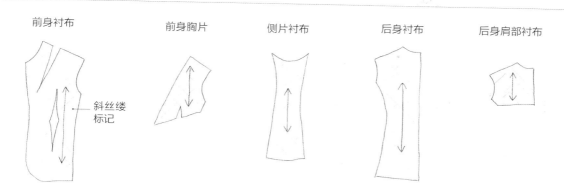

前身衬布　　　前身胸片　　　侧片衬布　　　后身衬布　　　后身肩部衬布

斜丝缕
标记

整，如果仍不满意就需要重新制作坯布样，不过这样的情况比较少。

5. 试穿完坯布样衣身后，可以将袖子用珠针别合，并根据实际情况加以调节（见第147页）。

6. 试衣完成后，应仔细标出所有的接缝位置以及对位刀口，然后拆去粗缝线与珠针。

7. 拆去所有粗缝线，用熨斗将所有衣片烫平后，检查一下修改的部位。如有需要，可用直尺或曲线板将线条画顺。若有多处需修改，可重新描一个坯布样。

8. 可以将一些细小的省道转化为抽缩余量（见第60页）。

上装的裁剪与标记制作

当坯布样试衣完成并修改好样板后，下一步就是裁剪上装。

1. 以修正好的坯布样作为样板，裁出前身、后身、衣袖，包括底领以及其他部件。底领与衬布应按斜丝缕方向裁剪，将接缝置于后中。在此阶段不需要裁剪衣袖、驳头、上领面或贴袋等部件。

2. 用缝线标出所有的缝制线、中心线、对位点、丝缕线、纽扣扣眼、翻折线、贴袋位以及其他装饰细节。

衬布

在裁剪术语中，衬布或帆布衬是指各种裁剪好的衬布或底衬，衬布与底衬可以有各种不同的组合方法，其中瓦伦蒂诺与伊夫·圣洛朗所采用的工艺最适合于家庭缝纫。

在瓦伦蒂诺的设计中，整件服装采用真丝欧根纱或平纹真丝料来制作底衬，用毛鬃衬来支撑前身边缘部位、前后身肩部区域、腋下、袖山与下摆线部位，腰部不需要加衬布，所以非常柔软。在制作初期，应完成底衬的制作。在之后的服装制作过程中，面、底两层始终作为一个整体处理。

伊夫·圣洛朗用毛鬃衬作为底衬与衬布，按直丝缕方向裁剪，分别用于前身、后身（全身或半身）、腋下侧片、2/3的袖山。然后再用斜丝缕毛鬃衬裁一层较小的衬用于前胸部位，该层衬布通常覆盖胸围以上，但不覆盖驳头。由于毛鬃衬本身非常挺且富有弹性，因此省道部位应先剪开重叠处，再以手工将毛鬃衬与服装的省道或接缝的缝份缝合。

1. 裁前后身、腋下片以及袖山部位的毛鬃衬时，按直丝缕方向裁剪，以产生更加柔和的效果，也可以按照伊夫·圣洛朗的方法，沿斜丝缕方向裁剪（详见第173页，第181页）。其接缝与下摆部位的份宽都是1.5cm。在伊夫·

圣洛朗的工艺中，在每一片的中心部位都标为45°斜丝缕，而在衣身反面可与直丝缕对齐。

2. 裁出前胸与后肩部的第二层毛鬃衬，将胸部衬置于前身衬上并用珠针别合，然后以2.5cm的方格缝线将上下两层绗缝缝合，缝线应与衬布丝缕线平行，熨烫时应稍稍拉长肩缝。

3. 裁剪帆布衬并减少厚度时，应剪开省道，其省道开口大小与长短应略大于上装省道的实际大小。试衣前粗缝省道，试衣完成后将粗缝线拆除。

上装前身加衬

以下指导的款式，其前身为一片斜丝缕全衬，上部加一小块衬布，从而使肩部到胸点之间的部位变得更加平顺。

1. 将上衣前后身部位的省道粗缝缝合。

2. 再用一片衬布料或本身料作为省道部位的垫布（见第60页），缝合并熨烫省道。若未制作坯布样，则不可在上衣试衣之前缝合省道。

3. 衣身反面向上，将前身衬置于前胸部位，胸部小块衬布在最上方，然后沿省道线用较松的三角针将衬布与衣片缝合起来，这样胸衬就成为服装省道的间隔缓冲，以减小其在正面形成的印记。

4. 翻转前身，将面料与衬布捋平，并检查一下省道是否对齐。

5. 粗缝固定翻折线，从肩缝中点以下约5cm处起针，粗缝一道竖直方向的粗缝针，一直钉缝到下摆处收针；第二道粗缝线应靠近翻折线，从上到下距离边缘约2.5cm；第三道粗缝线距离袖窿边缘约2.5cm，从袖窿接缝延伸至下摆。

提示：有些工厂会在绱缝完口袋后对驳头部位进行造型处理，但我偏向于先完成驳头的造型处理，然后再缝合其他部位，除非是在布样试衣阶段。

驳头的造型处理

以下指导适用于已经完成了布样试衣的情况。如果没有打算在缝制时试衣，应在扎缚驳头与边缘加牵带前先将上装粗缝缝合。

1. 在样板上测量出含缝份宽度在内的翻折线长度，在一条定型带上标出翻折线，以此作为驳头的固定牵带。驳头固定牵带能防止翻折线或烫迹线部分出现拉伸变形，从而使服装更加贴合人体。固定牵带可以用一条窄窄的全棉或亚麻材质的牵带或粘胶牵带制作，也可以用经预缩处理的布料，布料可以是平纹或粗花呢结构。我偏爱使用0.6cm宽的平纹棉牵带，当然也可以采用1cm宽的牵带。

2. 在上装翻折线上，距离领圈接缝向下7.5cm做一个标记点，另一个标记点位于翻折线向上约10cm处。将固定牵带的外缘对齐翻折线，将一端与领圈线用珠钉别合，拉紧牵带，再将另一端与翻折点用珠钉别合起来。

提示：驳头固定牵带应比翻折线实际长度短0.6~1.2cm，为了能使翻折点部位手感柔顺，固定牵带应比翻折点高2.5cm。将余量均匀分布于固定牵带以下，用珠钉垂直别住牵带。在试衣完成后，沿牵带中心线部位用细小的粗缝针缝合，固定牵带应用明缲针正式缝合。

3. 扎缚驳头部位时，将上装正面向上，将驳头部位沿翻折线折返，沿接缝线将各部分别合，在转角部位用划粉划出一个三角，每边长出3cm，当将驳头翻折到位时，驳头边缘会露出上装面料。

4. 用手握住驳头部位，从靠近翻折线的部位开始扎缚。针距长约1cm，扎缚线与翻折线平行，间距为1cm。每针之间应错开，避免在

将衬布与上装前身粗缝缝合

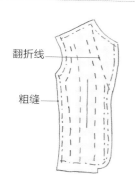

翻折线

粗缝

驳头的造型处理

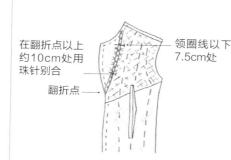

在翻折点以上约10cm处用珠针别合

翻折点

领圈线以下7.5cm处

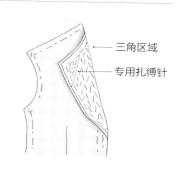

三角区域

专用扎缚针

衬布上形成突起，拆除接缝部位的珠针，将衬布余量加入面料。不可扎缚住三角区域或领围及前片的缝份。针距与线迹之间的行间距会影响驳头部位的美观度。如果想要驳头部份手感柔软，就要采用大一些的针距和宽一些的行间距来缝制。

5. 扎缚转角部位时，重新固定驳头部位，手握住三角区域，然后钉缝数排平行的缝线，一直缝到标记线，缝线针距应较短（0.6cm）且排列紧密（0.6cm）。驳头转角部位针线方向的变化可以形成驳头转角造型，使驳头弯曲与衣身贴服。

6. 扎缚第二层驳头，制作过程中应不断检查驳头上下两层造型是否相同。

7. 加衬布的一面向上，将翻折线置于烫台边缘，压烫驳头。重新整理衣片，将带有翻折线的前片翻过烫台边缘。缝制羊毛上装时，应用一大块羊毛料包裹烫台。熨烫驳头时应先用湿海绵打湿，直到熨烫平整为止；再将前片正面向上，以羊毛烫布覆盖。然后加盖一块棉烫布，打湿后再熨烫。必须在完全干透之后才能移动衣片。

前片边缘加牵带

高定工艺的秘诀是边缘加牵带，它可以减小接缝线厚度，缝制时只要缝合两层，使接缝平整而轻薄，在前片边缘需要加牵带时，我会选用欧根纱或雪纺之类的柔软材料，将其中心对齐折叠线。

1. 在前片边缘、驳头、串口线部位，用铅笔准确地标出接缝线。

2. 从衣领驳头凹口部位或衣领顶端处起，加入0.5cm的量，仔细修剪衬布的缝份。

3. 将衣身反面向上，在距离肩缝线约2.5cm处加牵带。将经过预缩处理的牵带置于衣片上，将其外缘对齐接缝线，在翻折线两头部位的牵带应稍稍加入一点松量，并将其与驳头转角部位用珠针别合。在转角部位，应对牵带作剪口，仅留一点连接的纱线。将切边重叠后重新定位牵带，将其与驳头边缘用珠针别合，边缘

前身边缘部位修剪衬布

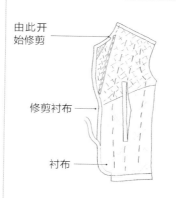

由此开始修剪

修剪衬布

衬布

前片边缘加牵带

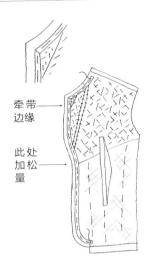

牵带边缘

此处加松量

应平整无紧绷。

提示：术语"放平"是指牵带与面料平贴，没有任何松量或抽紧量。如牵带需要拉紧，则称之为"收紧"。

4. 翻折点部位的翻折线底部处的牵带需稍加入松量，在该点以下将牵带与纽扣位置用珠针别合，这样能使牵带保持平整。在纽扣位置以下，应拉紧牵带直至下摆处。将牵带粗缝固定到位，拆去珠针后再稍作熨烫。当沿下摆弧线一周别珠针时，需要拉紧牵带，弧线边缘应稍稍向身体弯曲。如有需要，可以沿牵带做剪口使其能放平。

5. 观察一下前身左右两片是否对称，衣片悬垂时应平直，弧形与转角部位没有卷曲。稍加熨烫。

熨烫最上层的帆布衬时，手持前身边缘用熨斗头部沿胸点四周轻轻拉伸面料。注意，此刻已经加了牵带，且省道已经加了垫布

明缲牵带边缘

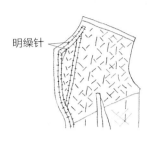

明缲针

6. 将牵带内缘用明缲针与衬布缲合在一起，缲缝时应仔细，避免在上装正面露出缲缝针迹。用明缲针将牵带外缘和接缝线缲合，将衬布一面向上，熨烫胸部。熨烫胸部造型时，应用熨斗的尖头部位处理胸部形成造型（见左下图）。将驳头折叠到位，用蒸汽熨烫翻折线，一边蒸汽熨烫，一边用手指按压。

7. 若扣眼部位有嵌线，在绱缝挂面之前，应先完成扣眼嵌线制作。

这款由约翰·加里亚诺为迪奥设计的晚装，其扣眼嵌线与大身的条纹精确对齐。为了能做出这样的品质，在车缝之前先经过两次粗缝固定

挂面

不同于成衣与家庭缝制工艺，在高级男女装定制工艺中，挂面驳头部位通常采用与驳头边缘平行的直丝缕，即使上装边缘不是直线。以这种工艺处理条纹与格子面料时尤为美观，处理素色面料时则可减小拉伸变形与不平整的情况。

沿直线边缘加挂面。当前片边缘为直线或几乎为直线时，挂面的丝缕方向可以平行或垂直于边缘。在伊夫·圣洛朗1982~1983年的款式中（见下图），其驳头面料的丝缕与边缘平行。

1. 将面、里两片正面相对，从衣领底部开始，将挂面与接缝线用珠针别合，紧贴定型牵带粗缝固定，在别合挂面时应拉紧翻折点以上部分的前衣身，使挂面部分稍带余量。在翻折点部位的挂面应稍带余量，以免影响翻折效果。在翻折点以下应稍拉紧挂面部分，使整个边缘能贴合人体。

该经典款式为伊夫·圣洛朗1982~1983年秋冬系列，其特色为格子上装，搭配千鸟格短裙。上装边缘为斜裁，上装驳头采用短裙面料制作，其直丝缕与前片斜襟边缘平行

直线驳头上装的挂面制作

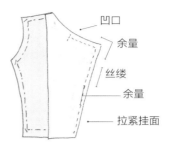

凹口
余量
丝缕
余量
拉紧挂面

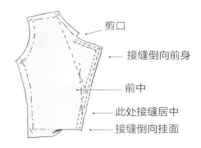

剪口
接缝倒向前身
前中
此处接缝居中
接缝倒向挂面

2. 沿粗缝线缝制。在缝制之前先将正面翻出，观察一下是否满意其外观效果，然后熨烫粗缝线以便于缝制。

3. 将线尾打结后剪断，然后分烫接缝。

4. 修剪缝份，使得翻折点以上部分的挂面略宽于前身，翻折点以下部分的前身略宽于挂面。

将正面翻出，在距离边缘0.6cm处粗缝，使得翻折点以上部分接缝倒向前身，翻折点以下接缝倒向挂面，在翻折点位置接缝居中，然后在距离边缘1cm粗缝固定。

5. 将衣片正面向上，熨烫至翻折线，再反面向上，熨烫上装至挂面与翻折线。熨烫时应使用烫布，且不可超出翻折线。

在坯布或无纺布上距离布边2.5cm处标出直丝缕。将挂面样板置于其上，样板最宽处沿着所标的丝缕线放好。拓印挂面样板并标出直丝缕线后进行

挂面样板
造型制作

裁剪。可以裁一块带有挂面样板轮廓的长方形布片，也可以沿轮廓线裁剪，仅在前边缘处留出缝份。

裁剪并制作挂面造型

在高定工艺中，服装主要边缘皆为直丝缕，无论其服装边缘造型线如何。

1. 将新的挂面样板置于面料上，在裁剪前将确定哪部分图案或色块应设置于前中边缘。一般来说，图案的主体色彩最引人注目。处理格子面料时，不可忽视挂面驳领部位的图案。

2. 在挂面上用珠针在距离需要设置在边缘的条纹约0.3cm处标记接缝线。若面料较厚，应在距离0.6cm处标记接缝线。

缝合挂面后，将正面翻出。一部分色条会被缝入边缘。可将一小块面料与上装用珠针别合后，再将正面翻出，检查一下色条是否在正确的位置上。

3. 用缝线标出接缝线的位置，加入2.5cm的缝份。

4. 在翻折点向上约2.5cm开始，粗缝5~7cm并加入余量。抽紧粗缝线，在翻折部位熨烫归缩0.6~1cm的余量。

这款伊夫·圣洛朗的设计，经过剪裁，格子图案的主色条形成了其挂面的顶角部位。在这种情况下，驳头部分的格子图案是否与衣身对齐已无关紧要

挂面样板制作

2.5cm

—— 坯布

—— 初始的挂面样板

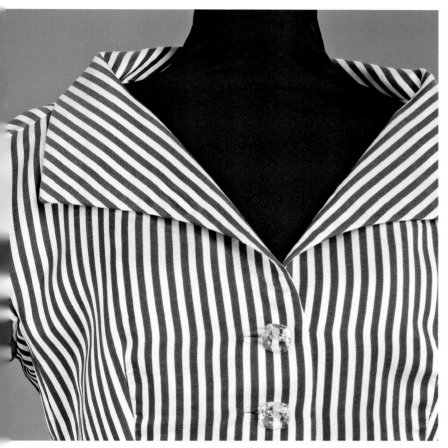

高定制作中更倾向于采用折边而非接缝，以产生更加平整的效果。在这款迪奥的设计中，前中采用延长贴边收口，衣领是单独裁剪的，这样可以用条纹衬托漂亮的脸庞。两片挂面的接缝位于第一个扣眼的位置，与此类似的款式将接缝设计在第一与第二个扣眼之间

挂面的造型处理

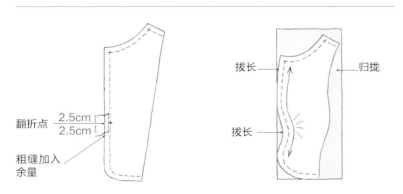

翻折点

2.5cm

2.5cm

粗缝加入余量

拔长 归拢

拔长

拔长

提示：应将两片挂面叠合在一起进行造型处理，以确保左右两侧造型相同。然后将两片挂面手工粗缝缝合并加入余量。完成造型处理后，拆去粗缝线，将两片挂面分开。

5. 将挂面上的缝线线迹与坯布样上标出的外侧弧线对齐。

6. 熨烫驳头边缘成向内凹的弧线，反复熨烫直到挂面内侧的小波浪被基本熨平为止。

在处理一些精纺毛料、亚麻面料与棉质面料时，其边缘并不容易进行充分的归缩处理。要解决这个问题，可以忽略翻折点以下丝缕方向，只对驳头进行定型处理，也可以将挂面裁剪成上下两部分，将接缝置于第一和第二个扣眼处。在制作接缝时，将领底上口置于横丝缕方向。如上装采用滚边扣眼，可将接缝置于第一个扣眼下方，并将接缝留出一个开口，用于处理扣眼背面的收口。

绱缝挂面

如果上装驳头部分造型特别弯曲，则需要在绱缝驳头部分时对驳头进行造型处理。

1. 挂面衣身正面相对，从翻折点开始向领圈部位制

作。拉紧前身驳头部分，在挂面部位稍加入余量，在翻折点以上以及驳头转角部位也稍加一点余量。

2. 将挂面与驳头用珠针别合，这称为"加余量"。如果加入过多余量，挂面边缘部位会出现波痕，服装正面会露出接缝线，驳头会向上翻卷，可用珠针与边缘平行别合，并将其作为标志，翻出挂面的正面来检查边缘与转角部位，并检查面料图案是否对齐。

3. 用细小的粗缝针将各层缝合。应沿牵带外边缘粗缝，从刀眼处起针到翻折点处收针。小心地将驳头正面翻出，不必修剪缝份。在翻转驳头前应折叠驳头点使其能平放，然后用翻角器将驳头转角部位翻挺括，虽然该部位比较厚，但用以上方法后转角会很平整。挂面部分应保持平整，接缝应位于驳头下方，且避免在正面露出接缝。

4. 然后再将衣片正面相对，将挂面与衣身部位从翻折点向下摆处粗缝，在翻折点下方1.2cm处的挂面部位应加入余量。如果扣眼带嵌线，挂面部位应稍加入余量，这样挂面部位会有足够的面料使扣眼部分收平整。在扣眼以下至下摆

上装与挂面粗缝

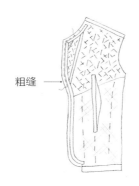

粗缝 ——

线处拉紧挂面，然后再次将正面翻出检查一下，边缘部位应无卷曲。

5. 当你制作完成几件上衣后，可能会倾向于粗缝完整个边缘后再将正面翻出检查一下制作效果。如果驳头效果令人满意，再用相同方法完成另一侧驳头，两侧驳头应形状一致。如果有一部分挂面需要重新制作，可以从翻折点处开始粗缝，这样可以减少拆线的工作量。

6. 从领尖部位开始，紧贴着牵带缝制接缝线，一直到缝完挂面。缝制前，应粗缝两道线，以免上下两层之间出现移位，可以通过熨烫使两侧面料更平整、更便于缝制。挂面经粗缝固定后，左右两侧衣身都可以从衣领向下摆缝制。

7. 将正面翻出，检查一

下缝制效果。

8. 再将衣片正面相对，在起针处线尾打结，然后对收针部位作剪口。

9. 拆去粗缝线，先将接缝烫平，再用熨斗尖头部位将缝份分烫开，并将前身缝份宽修剪为1cm，挂面缝份宽修剪为0.6cm。在翻折点以上，将挂面处缝份宽修剪至1cm，前身缝份宽修剪至0.6cm。

10. 为了牵制边缘部分使其更加平整，可以用缝制牵带的方式固定前片转角部位的缝份，然后将挂面缝份与前片缝份缝制起来。用蒸汽熨烫尖角处，再用木夹板敲打使其平整。

11. 将前片正面翻出，用翻角器轻轻将转角部位翻出。对于难以处理的尖角，可用细小的缝针引缝线拉出转角，以避免其出现变形。在接缝处钉缝一小针，手持缝针和缝线末

缝合上装与挂面

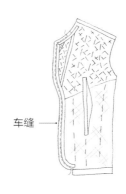

车缝 ——

端，轻轻地将接缝拉至边缘，重复以上步骤直到转角翻出。

12．在熨烫前片前应先在距离边缘0.6cm处用粗缝固定各层，可在粗缝时对边缘进行造型处理，使接缝偏向底层，使服装穿上身后从正面看不到接缝。在翻折点以上部位接缝应偏向前身，在翻折点以下部位接缝应偏向挂面，这样在服装正面就不会露出挂面。在翻折点以上及以下约1.2cm处，接缝应正好处于边缘。在距离边缘约1cm的位置粗缝一道线。然后将驳头翻折到位，沿翻折线用长斜角针粗缝一道，再粗缝钉穿从肩缝到下摆的所有面料，并在挂面距离边缘约1.2cm处用划粉画出一条线。沿划粉线修剪，绕扣眼标记粗缝一周并熨烫。

13．将衣片正面向上，用羊毛烫布覆盖其边缘并用湿海绵打湿，熨烫驳头边缘与前身。翻折点以上部分应熨烫驳头底部，翻折点以下部分应熨烫挂面部位。

缝份

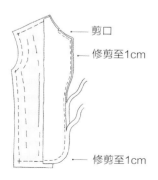

剪口
修剪至1cm
修剪至1cm

异形挂面的制作

在高定工场上，鲜有使用挂面样板，而是在裁剪前用一块长方形面料别合后进行归拔造型，使其与衣身造型相符。对于边缘明显呈弧线的设计（如伊夫·圣洛朗上装，第172页），需要对挂面的边缘部位进行归拔造型处理，具体工艺方法可见第182页挂面样板造型制作部分中的内容。

上装的粗缝

在准备试衣时应先加衬布，然后将服装粗缝缝合。

1．先将衬布加入服装的其余部位。将帆布衬与衣片对齐丝缕线，在中心位置粗缝缝合。将底衬与面料沿竖直接缝粗缝缝合。若衬布硬挺，如毛鬃衬，可模拟服装贴合人体的方式把底衬放在里层，将服装面料和底衬卷成筒状。如底衬材质较柔软，则可以采用全里布的方式（见第130页），按处理其他接缝的方法沿竖直方向粗缝固定。

上装接缝粗缝缝合

粗缝

粗缝

2．如果带有贴袋设计（见第9章，第159页），应在粗缝缝合前身与底衬之前完成绱缝贴袋。

3．衣片正面相对，粗缝后中至领口接缝处收针，粗缝侧缝至袖窿接缝处收针。折返下摆份并粗缝固定。粗缝固定肩缝时后肩加入余量。通常情况下稍带弯曲的肩线比直肩线更加合体。加入毛鬃衬后，只需将衬布与肩缝重叠即可，不必缝合衬布。

4．绱缝袖子（见第154页）。

连口挂面

在高定工艺中应尽量避免使用分开的单独挂面，采用连口挂面是理想的工艺处理方式，且连口挂面更加平整。

右边这款恩迦罗直身上装没有衣领，其上口部位挂面向内折成斜接角，形成合身的前领造型，用明缲针正式缝合。

其前领口与开口用5cm宽的斜丝缕欧根纱条作定型处理，欧根纱应事先浸湿，再烫干以避免拉伸变形。然后将牵带中心置于折叠线处再以大针距手工平缝。

这款别致的恩迦罗上装与长裙制作于20世纪60年代，V型领口衬出长裙的细节。其上衣领口与前身边缘采用的是连口贴边，领口与前身接合处用手工缝制并采用斜接角的工艺处理方法

折边部位用斜丝缕牵带定型以免被拉伸变形

底领

斜角针

准备底领

试衣可以在绱缝衣领之前进行，但是这样易使领口出现拉伸变形。

1. 准备底领试衣前，用缝线标出底领上的接缝线。将底领领片正面相对，沿后中将两片缝合，再分烫缝份并将份宽修剪至1cm。先将底领与衬布沿后中与边缘对齐后缝制，再将每条接缝线缝合后修剪去多余的量。

2. 反面向上，将衬布与底领用珠针别合，用斜角针将上下两层沿翻折线缝合。

提示：应拉紧缝线，使翻折线更好地固定。

3. 沿翻折线折叠衣领，使衣领正面相对。熨烫并归缩翻折线，同时拔长外口弧长，使其形成外凸的弧形。弧形的弯曲程度因肩斜变化而异。若为平肩则应将衣领做得更弯曲，增加衣领外口弧长，使衣领能更贴体。

4. 用一支尖细的铅笔标出衬布上的接缝线，然后将接缝粗缝缝合。首次试衣时，应将缝份折向衬布并用手工粗缝。

熨烫底领

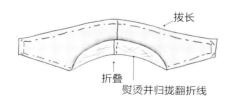

拔长

折叠

熨烫并归拢翻折线

5. 将底领绱缝至上衣大身时，应先分别测量底领与衣身的领口大小，底领领口应长出约1.2cm，然后将底领与衣身领口在后中线、肩线部位用珠针别合，在两边肩缝处各留出2.5cm余量。从后中开始将底领粗缝至上装。

6. 粗缝完底领后，将垫肩粗缝固定到位，垫肩应超出袖窿缝约1.2cm。

首次试衣

1. 检查翻折线，驳头翻折线处的余量应均匀平整，衣领翻折线应贴服颈部，并与驳头的翻折线对齐。

2. 底领外口应盖住领圈，如果领圈外露，说明外口太紧或者肩斜较平，这就需要将底领外口拔长使其能盖住领圈，或重新裁剪一个衣领。拔长底领使其合身伏贴后，标出其肩缝对位点。

3. 检查一下前身袖窿，在面料与身体之间应能插入一根手指。如果袖窿有一点点紧可以通过熨烫拔长，若太紧则需要在肩缝处放出一定的量。

4. 检查后袖窿部位与人体间是否有间隙。

上装首次试衣（未装袖）

粗缝固定垫肩

横丝缕

将缝份与衬布粗缝缝合

前中线对齐

粗缝明线

检查：
驳头部位翻折线
底领
后身袖窿
纽扣与袋位
下摆线

如有间隙，可以用熨烫归拢余量的方法消除。

5. 检查肩垫的大小与位置，以及贴袋与纽扣的位置。

6. 别上袖子后调整其悬垂效果。

7. 根据需要调整上装下摆线与袖口线。

缝制上装

在正式缝制上装前，应调整好所有标记的部位。

1. 试衣后，拆去粗缝线，将衣片摊平后加以调整，并在布样上标出调整的部位，以便今后复查。

2. 缝合上装后身省道。熨烫后身，归拢肩部与袖窿部位的余量，并拔长肩部面料（归拔工艺见第64页的指导）。

缝制并熨烫接缝，将衬布缝份宽修剪为0.6cm。在腰线部位拔长侧缝与后中部位的接缝，使这些接缝分烫开后可以放平。归拢衣身上的余量。

3. 缝合上装前身部位的所有接缝，腋下如有侧片，将其与前身缝合。

4. 正式缝合贴袋。

5. 缝制侧缝。

6. 粗缝肩缝与下摆。

7. 粗缝袖子。

8. 将上装挂起准备二次试衣。

完成底领制作

1. 在扎缚底领前，先将衬布与底领边缘的粗缝线拆去，用细小的斜角针钉缝（见第30页）。用扎缚针处理造型，可以提高底领的强度，保持底领的造型。

2. 扎缚领座时，用一只手持衣领，衬布面向上。从翻折线部位开始，一排排平行扎缚

扎缚领座

串口线

钉缝到领圈边缘处铅笔标记的位置。线迹应紧密，间距与针距皆为0.6cm。若面料较硬挺，针距可稍加大、加宽。

3. 扎缚领面部位时，应从底领翻折线位置开始，衬布面向上，从后中线起针，以稍长一些的针距（1.0~1.2cm），间距1.0cm扎缚。为了提高领点部位的强度，避免其向上翻起，可在距离领点约2.5cm处标出一个小三角，该部位扎缚针距与间距变为0.3~0.6cm。就像驳头转角的扎缚一样，从铅笔标记的小三角位置开始，朝领点方向钉缝。

4. 检查衣领，两侧的扎缚要对称。

5. 在衬布上重新用铅笔标出接缝，使其与底领上的缝线标记对齐，修剪衬布缝份。修剪

扎缚底领面

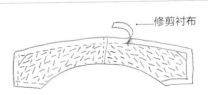

修剪衬布

之前应仔细检查标记线是否平顺，左右衣领是否对称。如果扎缚针间距过密，可以拆去部分线迹，反之则应补充一些线迹。

6. 在领口边缘应将缝份折叠后盖住衬布，然后粗缝并熨烫边缘。修剪靠近粗缝线部位的缝份，再用三角针将边缘与衬布缲缝在一起。

7. 将衬布层向上，以中档温度熨烫底领，熨烫时不需要蒸汽。用湿海绵打湿领面后将两端烫平，熨烫时不可超过翻折线。反复熨烫直到衬布烫干、烫挺为止。重复以上工艺，熨烫领座。

领圈部位收口

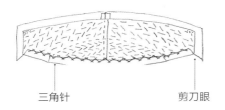

三角针　　　　　剪刀眼

领面

领面与挂面的处理方式相同，是对其外口边缘进行造型处理，如能使丝缕线与边缘平行，则效果更佳。

1. 制作领面时，先裁剪一块长方形面料，长、宽分别比领底大5cm。由于要求领面的丝缕方向应与上装后中部位丝缕的水平与竖直方向保持一致，因此领面与驳头在串口线位置上通常无法对齐。

提示：在制作条格纹面料时，应尽量使领子左右两端外观相同或对称。可以用处理驳头造型的方法处理衣领外口边缘，有时这样的工艺处理难度非常高。

2. 用蒸汽熨烫处理衣领造型。反面向上，分别熨烫两侧长边，沿弧形方向移动熨烫来拔长领口边缘并归拢中心部位，使领面与底领能充分贴合，横丝缕能与领口边缘平行。如果丝缕线无法与边缘平行，可以用缝线标出接缝

将领面与底领缝合

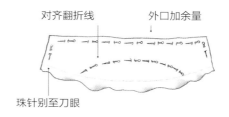

对齐翻折线　　　外口加余量

珠针别至刀眼

线。制作过程中应将领面盖在底领上，反复观察领面造型处理是否到位。

3. 将领面与底领缝合。先将两层正面相对，对齐翻折线并用珠针别合，然后在外口边缘用珠针沿接缝线别合，从后中处开始一直别到刀眼处，领面外口应加入余量。检查衣领，珠针别合的方向应与接缝线平行，拆去翻折线处的珠针后将衣领正面翻出。领面的外口边缘应有足够的余量，使领面向下弯曲，但余量不可过多，以免接缝处出现波痕，衣领两端应呈现相同形状。

4. 根据需要调整衣领，重新别合珠针，然后用小针距粗缝固定。再次检查衣领后粗缝第二道线。

5. 熨烫并正式缝合边缘，一直缝至衣领两端的刀眼处，不可缝入缝份内。

6. 拆去粗缝线，熨烫并修剪接缝。为了能使衣领边缘更挺括，先将接缝烫平然后分烫开，再将领面层的缝份宽修为1.0cm，将底领的缝份宽修为0.6cm，然后用三角针将其与衬布层缲平。

7. 翻出衣领正面，将底领一面对着自己，然后在距离边缘约0.6cm处粗缝固定。将衣领翻至完成后的实际位置并将领面将平，粗缝固定翻折线。将串口线部位的缝份宽修剪至1cm，向下翻折后粗缝固定并熨烫。为了避免在熨烫粗缝线留下印痕，粗缝时应使用柔软的

棉线、丝线或手工绣花线。熨烫衣领时不可将翻折线烫平。

8. 在粗缝缝合衣领与衣身前，先将衣身上的领圈缝份宽修剪为1.2cm。

9. 将衣领与衣身粗缝缝合以备第二次试衣，并粗缝串口线。

10. 将袖子粗缝至衣身。

第二次试衣

1. 检查上装与袖子的悬垂效果及其长度。

2. 检查衣领的贴合度。翻折线应贴合颈部，衣领的外口边缘应能盖住领圈接缝线且保持平整，没有波痕。若领圈接缝线外露，说明外口边缘过紧，或肩斜太平。

3. 试衣完成后拆下衣领，将其用珠针别在烫枕上备用。

4. 拆下衣袖。

提示：可以薄棉纸将袖山部位填满，以防其变形。

5. 拆去肩缝处的粗缝线，将上装放在桌面上摊平。

6. 缝制并熨烫其余接缝。

里布制作

虽然里布在服装内层，但是里布应比服装尺寸略大，因为与外层面料相比，里布通常结构紧密且没有弹性。正如在第八章所讨论的，衣袖应在绱缝前加入里布，而上装大身部位的里布在肩缝缝合之前或之后加入均可。在以下指导中，里布是在肩缝缝合前加入的。

1. 用坯布样或服装大身作为里布样板。对于里布与大身基本相同的服装来说，这种做法效果很好。如果两者差别较大或设计不一样，则可以将里布裁剪成长方形后再贴合服装造型。这样的里布制作方法实际并不难，尤其是在未缝合肩缝前，整件服装更易于摊平。

第二次试衣

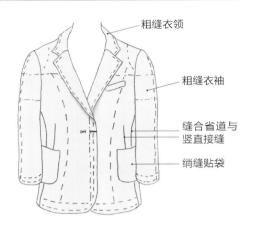

粗缝衣领

粗缝衣袖

缝合省道与竖直接缝

绱缝贴袋

2. 将服装反面向上摊平，在下摆部位加衬（见第72页）。

3. 在挂面上用划粉标出里布接缝线，裁剪里布时在接缝线和下摆位置加入至少2.5cm宽的缝份。裁剪前身里布时，其前中应为布边且与挂面重叠约3.8cm。裁剪后身里布时，应在后中部位设置2.5cm宽的褶裥量。前后身里布不需要裁出领口形状。

4. 用划粉标出垂直方向的接缝线与对位点，但不需要在里布上标出下摆、省道或前身边缘的接缝线，也不需要标出后领口线、肩缝或袖窿线。

5. 在缝制里布竖直接缝前，按标记用珠针别合，在距离毛边一侧的接缝线0.3cm处粗缝缝合，这样里布会比面布稍大一圈。缝制后拆去粗缝线并熨烫平整，再根据实际情况剪刀眼、放平里布。

6. 为了控制好服装开口、开衩、接缝和后片等部位的垂感，可在下摆内加重片，这些重片可以在缝纫用品商店购买到。

提示：若重片太厚重，可以用一把旧的剪刀将其剪成小块，用榔头敲平后再使用，以免穿着时外露。为了避免边缘处过于死板，可以用方形欧根纱包裹重片。将重片置于欧根纱中

上装加里布

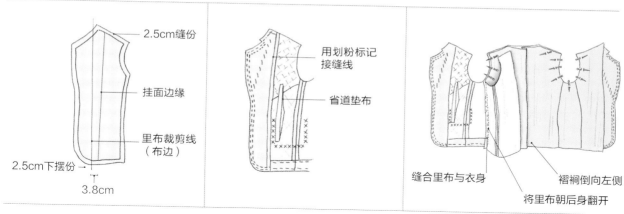

2.5cm缝份

挂面边缘

里布裁剪线
（布边）

2.5cm下摆份→

3.8cm

用划粉标记
接缝线

省道垫布

缝合里布与衣身

将里布朝后身翻开

褶裥倒向左侧

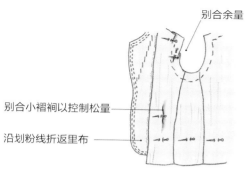

别合余量

别合小褶裥以控制松量

沿划粉线折返里布

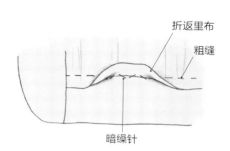

折返里布

粗缝

暗缲针

间位置，先包裹左右两侧，再包裹上下两端。将重片包好后以手缝固定，最后将其与下摆的衬布缝合在一起。

7. 缲缝上装下摆。

8. 将上装反面向上摊平，在前身挂面上，自距离领点约2.5cm处，用划粉标出挂面与里布的接缝线。若挂面尚未与衬布缝合，可以用松一点的三角针或者暗缲针固定缝合起来。

9. 将里布与衣身反面相对，里布在上，对齐后中缝与其他竖直接缝，用珠针别合。将里布全部铺开，因里布略大于衣身，可加入余量使之与衣身伏贴。若里布余量不足，会导致服装穿着舒适度下降，接缝处里布紧绷；若余量过多，会导致里布起皱，穿着时里布可能会外露。

10. 从后侧缝开始，将里布向后中捋平，并用珠针固定。用珠针别合褶裥，使之倒向左侧。将袖窿部位的后身里布捋平，并用珠针固定。

11. 如果有省道的话，用珠针别合小褶裥以控制松量。

12. 将里布侧片翻开，将里布与衣身沿后侧接缝用松一点的平针缝合起来，起针与收针部位应距离衣片边缘7~8cm。然后用相同的方法处理前侧缝部位。

13. 将袖窿部位的前片里布向挂面捋平，用珠针固定。

14. 在前身边缘，顺着直丝缕将里布折返，使折边与挂面上的划粉标记线对齐。在用珠针别合肩部时，里布会有余量。此时可以多折返一些里布，也可以在肩部设置一个褶裥。如仍有余量，则可以在袖窿部位做个小褶裥，并根据要求加以修剪。

15. 将里布与衣身粗缝缝合，从肩缝向下约7.5cm处的袖窿位置起针。

16. 为了使腰部松量分布均匀，可在前后身里布上做几个竖直方向的褶裥。可用细套结工艺（见第36页）将褶裥固定在折边上。可在衣身下摆上方约7.5cm处用珠针别合里布与衣身，这样便于在修剪与制作下摆时控制里布下口。

17. 修剪里布下摆，使之与衣身平齐。折返里布下摆，使衣身下摆露出2cm。在距离里布折边1.2cm处粗缝一道线。

18. 用拇指将下摆折边翻开，用暗缲针将单层里布与大身边缘缲合再稍加熨烫。拆除粗缝线后，里布下摆处会形成一道折痕，可以调节长度方向的余量。

19. 翻开里布，粗缝固定肩缝后再熨烫。

20. 至此已完成部分里布，下一步将绱缝袖子。

绱缝袖子

1. 在正式绱缝袖子前，应抽紧后袖窿，归拢余量约0.6~1.2cm。从肩线下约3.8cm处开始，到腋下缝上约5cm处，用双股线在后袖窿接缝线内侧缝一道回针。拉紧缝线，抽缩余量。

2. 将大身反面向上置于烫台上，用熨斗尖头在靠近后袖窿2.5~3.8cm处归拢后身余量。

提示：若面料结构紧密或缝线过紧无法完全归拢余量消除褶痕，应拆除缝线，重新缝制并归拢，否则褶痕将再也无法消除，影响服装完成后的外观效果。

3. 将里布翻开后粗缝绱缝袖子。此时袖子已经加入里布，可以用车缝或手工回针的缝制方式制作。

4. 缝入袖山头与垫肩（见第156页）。

加入垫肩

将上装反面翻出并加缝垫肩，此时肩部弧线呈相反方向。

1. 翻开后身里布并加入垫肩，调整位置使其与肩部贴合，再用珠针固定。

2. 用大针距手工平针将垫肩、肩缝与袖窿正式缝合。

绱缝衣领

1. 在大身部位，将挂面向领圈捋平并用珠针别合固定，将领圈处的缝份宽修剪为1cm。边缘向下翻折，将折边与接缝对齐，然后在距离接缝0.3cm处粗缝固定。翻折线处的挂面部位应加入一些余量，以免翻折时不伏贴。

2. 将底领与领圈用珠针别合，从后中部位开始对齐对位点并粗缝固定。

3. 从后中部位开始，将上领面边缘平整地贴服在上装接缝上，用细小的手工平针将其固定于领圈上。加缝里布后，可用后身里布盖住毛边。

4. 用明缲针将底领缲缝到位。

5. 将领面向串口线与前身领圈捋平，将接缝宽修剪为0.6cm，边缘向下折，折边与接缝对齐，然后粗缝固定。

6. 可以用拼缝针在串口线处收口，将领面与驳头挂面缝合在一起。

提示：手工拼缝针是明缲针的一种变化形式。针距细小并且与接缝线垂直，线迹十分隐蔽，看上去像车缝效果。如果不与接缝线垂直，线迹就会外露，串口线的外观效果不佳。

珠针别合前身挂面

衬布

珠针别合底领

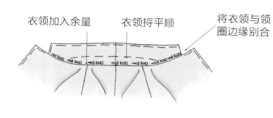

衣领加入余量　　衣领抒平顺　　将衣领与领圈边缘别合

明缲衣领

将衣领与领圈以明缲针缲合

串口线

手工平针　　串口线部位以手工拼缝针缲合

7. 拆除粗缝线，稍熨烫串口线与衣领，将所有边缘烫挺。

里布收口处理

里布经造型处理后使其与衣身伏贴；在家庭缝纫与成衣制作中通过裁剪使其伏贴。造型处理的优点是当服装在制作中出现变化时易于改变里布的尺寸，用塔克褶取代省道可以使里布出现更多余量；其缺点是费时较长。

1. 为了将里布收口，先将前身里布向肩缝抒平，与后缝缝份粗缝固定，然后将多余的里布剪去。

2. 将后身里布向领圈抒平，将边缘向下折返并根据实际情况加剪口。将后身里布别合至肩缝，并在缝中稍加入余量。将肩缝份宽修剪为2.5cm，再向下折返后粗缝固定。

3. 在袖窿顶部修剪里布使其与衣身缝份平齐，然后用珠针将里布与袖窿别合。

4. 将袖里布别合在袖窿，根据需要加以修剪。将毛边向下折返并粗缝（见第149页）。腋下部位的缝份应竖起，里布应包裹住缝份，不可将其压平，否则会影响袖子的垂悬效果。

最后试衣

在此次试衣中，应根据"高级定制上装的特征"列表内容（见第175页），检查服装是否符合标准，并检查一下里布是否过紧。

里布收口处理

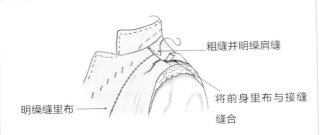

粗缝并明缲肩缝

明缲缝里布

将前身里布与接缝缝合

里布收口处理

里布收口前，先明缲并粗缝接缝，完成扣眼缝制，并钉好纽扣。

1. 里布收口时，用明缲针将肩部、领圈、前片边缘和袖窿处的里布缲缝到位。

2. 完成扣眼。如果是嵌线扣眼设计，需要完成挂面收口；如果是手工锁缝扣眼，则在本步骤完成扣眼制作。

3. 钉缝纽扣。

里布的定型

20世纪50年代的一款迪奥上装曾采用此处所述的定型工艺制作里布。在右前身的里布上加缝一条真丝细布条，以风钩与里襟边缘上的钩环扣合定型。这种方式比用传统牵带更轻薄，通常可用于处理上装、外套、大衣以及外套式连衣裙等服装。可根据服装的具体情况确定定型材料的长短与加缝部位。在大多数上衣中，定型料与下摆之间的距离通常与第一粒纽扣的位置相同。

1. 用里布料制作一条宽0.6cm、长20~25cm的定型料（见第123页，裤袢与吊袢）。

2. 试穿上衣或将其置于人台上，用珠针别合前中部位。在右前片上用珠针在与第一粒纽扣平齐处标记里襟的边缘位置，珠针应别穿里襟。

3. 脱下上衣，测量右前片上珠针至侧缝间距离，另加0.6cm，以此作为定型料的长度。

4. 从侧缝处开始，将定型料用粗缝固定在里布上。侧缝处留出1.2cm长度用于收口处理，粗缝至距离珠针标记5~7cm处收针。

5. 再次试穿上装，将定型料别在里襟上。活动一下，检查定型料在坐立状态下的效果，根据实际情况加以调整。

6. 拆下定型料并处理两端收口。将一端折返0.6cm，用三角针缲缝平整。在这一端的毛边处安装风钩，并正式缝合固定。

里布定型料制作

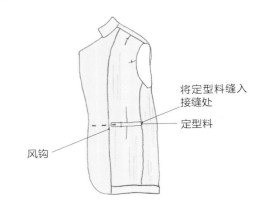

将定型料缝入接缝处

定型料

风钩

7. 修剪定型料另一端，留出0.6cm用于收口。这一端只需折起来，用明缲针将其与里布侧缝缲合后即可将毛边盖住。

8. 在距离风钩5~7cm处用几针回针加固定型带与里布。

9. 在里襟边缘上的相应位置正式制作一个手工锁缝钩环。

"香奈儿流派"

"香奈儿流派"是指20世纪60年代具有传奇色彩的香奈儿套装制作工艺，其中大部分属于传统的高级定制工艺。香奈儿广泛持续地将这些工艺应用于时装制作中，以至于人们经常将之誉为由香奈儿首创。

这款漂亮的香奈儿服装制作于1967年。其前身看起来像是用一块面料制作的,其实有一条公主线,且接缝一直到肩部。制作时,先将前片裁剪成长方形,再经过造型处理形成公主线

香奈儿经典套装是宽松的开衫加裙子,内搭衬衣,或者外套搭配长裙,外观休闲,设计精美,细节丰富。上装和裙子的里布采用与内搭衬衣相同的精致面料,曼波切尔曾经使用过这种工艺,套装因此与衬衫形成固定搭配。

套装用料分为两层:面料与里布,穿在身上既轻薄又舒适。其面料多为苏格兰羊毛呢或林顿粗花呢等材质,大多数设计师认为此类面料结构松散不结实,不适于制作裙子或上装。其他面料亦可用于制作套装,如花边蕾丝、雪尼尔绒、织锦缎、棉质绣花面料或亮片绣花面料等。

里布多为精致的面料如真丝纱罗、平纹真丝布或真丝绉绸等,这类面料亲和皮肤且不适于制作厚重服装。

许多套装将面、里两层以绗缝的方式缝合在一起,这样可使结构松散的面料得以定型;而传统套装常以底衬与衬布支撑面料。香奈儿套装的绗缝工艺十分隐蔽,因为其绗缝线往往与面料上的某种颜色相匹配。如果缝线清晰可见,则是将这种工艺元素作为香奈儿的身份象征,使之与不计其数的赝品区分开来。

香奈儿套装上的另一点睛之处是其标志性的纽扣与扣眼、实用的袖开衩以及下摆内侧作为重物的链子。许多上衣的边缘、袋口和袖开衩处还以本身料或撞色料、辫带、缎带、粗纱、斜丝缕滚条、缉明线、装饰布边或嵌条作为饰边,充满想象力。

里布绗缝

以下指导是先将衣片与相应里布绗缝后再缝合接缝。与刺绣一样,绗缝工艺处理会使衣片变小,因此需要先用长方形布料完成绗缝,然后再将其裁剪成衣片。

1. 将面料与里布裁剪成长方形,其尺寸比实际衣片的长度、宽度大7~10cm。

2. 用缝线在长方形面料上标出接缝线,仅以此作为临时参照线,因此不必苛求精确。

3. 准备绗缝图案。绗缝方式取决于面料,按横向、纵向或长方形图案绗缝均可。一般来说,绗缝不宜突兀,应与面料丝缕线或条纹平行。粗花呢和没有明显图案的面料可纵向绗缝。如果有公主线设计,采用垂直于拼缝的横向绗缝比纵向绗缝更隐蔽。在格子面料上,采用长方形绗缝的效果最理想。如果是绗缝蕾丝面料或花纹较大的面料,最好采用手工方式绗缝。

4. 将面、里两层反面相对并用珠针别合。里布稍加入余量,使之与面料伏贴,然后用大针距斜角针粗缝。

提示:可在计划绗缝的部位先用柔软的棉质粗缝线粗缝,以便于拆除,且缝线断开时不会影响绗缝线迹。

5. 正面向上,车缝绗缝线。绗缝起始位置距离接缝与下摆5~7cm,这样不需要拆除绗缝线即可缝制接缝与下摆。绗缝应保留较长的线

制作绗缝里布

衣身与里布的接缝制作

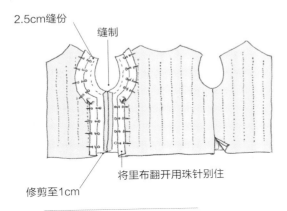

2.5cm缝份

缝制

将里布翻开用珠针别住

修剪至1cm

衣身与里布一体的接缝收口

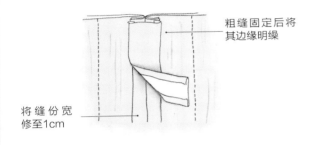

粗缝固定后将其边缘明缲

将缝份宽修至1cm

尾、真丝车缝线、细棉机绣线、丝光棉线等都可用于绗缝。

6. 可用长孔手缝针将线尾穿入两层绗缝料的中间，打结收尾。拆除粗缝线后稍作熨烫。

7. 正面向上，将样板置于绗缝布片上。用珠针标出接缝线与下摆。拿走样板，用缝线线迹在面料层上标出轮廓线，不可钉缝到里布层。第二次的缝线标记可以用不同的色线。

8. 修剪去多余的布料，留下2.5cm的接缝份宽，5cm的下摆份宽。

9. 第一次试衣时，粗缝缝合所有接缝与省道，然后用明线粗缝接缝，折叠并粗缝下摆。

10. 试衣完成后，拆去粗缝线，并根据情况加以调整。

11. 将里布翻开并用珠针别住，粗缝缝合竖直方向的接缝。分烫接缝后，将缝份宽修剪

至1cm或更窄。

12. 为了完成里布接缝的收口处理，可修剪里布缝份，使其略窄于面料层的缝份宽度。将毛边折返，折边对齐接缝线，在距离边缘0.3cm处粗缝固定，用同样的方法处理其他部位。暗缲里布，拆去粗缝线后稍加熨烫。

13. 有些香奈儿套装，尤其是裙子，其里布与面料缝合起来成为一体，接缝部位用一条里布包边。如果想以这种方式加缝里布，可将里布条的长边向下折返并粗缝，然后以明缲针将里布条缝制到位。

重片

在香奈儿上装中，有时衬衣、外套的下摆内侧会加链子作为重物，这种方式能使服装外观匀整，下摆保持水平，而且不会"抓住"裙子的上口。

上装的整个下摆通常会加缝链子，起始位置在前中部位或挂面边缘。如上装带有大号纽扣或多个贴袋增加前身自重，则只需要在后身下摆部位加入链子。

如上装有长及边缘的里布，则链子通常位于下摆线上方。如果里布长及下摆缝上口边缘，链子应设置于里布下方。有一款香奈儿上装，其重片链子置于下摆上口边缘，以真丝雪纺里布覆盖。衬衣所用的链子一般较轻。

应在完成服装熨烫后钉缝链子。以手工钉缝每节链子的两头，钉缝线靠近每节链子的连接处，以免线迹外露。为了避免产生烫痕，干洗时应拆下链子。

手工缝制链子

靠近连接处钉缝

饰边

香奈儿擅长用各种特别的材料制作出别致的饰边,如今在香奈儿之家依旧保持着这种传统。许多饰边采用纱线在面料上辫带、钩花或绣花,有些是用装饰性布边制作的,配以纱线或将其改成嵌条,还有些是用罗缎织带、斜丝缕布条或普通的明线止口。

大部分上装的饰边是在绗缝、扣眼制作完成后,但在加缝里布前完成制作。有些饰边加在服装表面,有些饰边加在服装的边缘部位。

织带。定制或成品穗带通常以罗缎织带打底。有些香奈儿套装采用一根罗缎织带打底,上面加一条穗带,而有些是在饰边两侧各加一条织带,这样便于在转角等弧形部位处理好造型。穗带可以购买成品,也可以购买纱线自己制作。

1. 用蒸汽熨烫罗缎,这样能使其造型与弧形相符合。对于弯度较大的转角可以用手工制作一些细小省道。

2. 从侧缝开始,用细小的手工平针在罗缎缝的中心位置将织带固定到服装上,遇到转角部位制作斜接角,将斜接角折返斜接处。

3. 将粗绳花边、纱辫等穗带置于织带中心,用手工平针将其正式缝合。

4. 制作纱辫时,剪6~12股纱,长度至少为成品饰边的3倍。将一端打结,另一端用珠针固定于烫台。编织纱辫时应拉紧股纱,收口时用车缝固定纱辫尾部。

布边。布边可单独使用,也可用明缝线、绣花或其他织带加以装饰。有时前中部位的布边就是面料边缘的机织部分,但大部分情况下是先将布边从面料上裁下来,然后与边缘连接或做成嵌条。

1. 裁剪布边,使其宽度比实际需要的宽度至少多出1.2cm。用缝线在布边上标记成品宽度。

2. 将上装边缘缝份向下折返并粗缝固定,然后用三角针将其正式缝合。

3. 布边正面向上,将其毛边部分向下折至收口的边缘下侧。边缘与标记缝线对齐,粗缝固定。

4. 用手工平针正式缝制。

明线止口。另一种简洁、优雅、用途广泛的工艺方式是车缝明线。明线可以用常规棉线或锁扣眼的丝线,可以为单线、双线或多线,针距大小也可以有不同变化。如觉得明止口线不太规则也不必担心,因为即使是香奈儿本人也并非每次都能达到完美。

这是香奈儿20世纪60年代的系列作品,各种不同的饰边为香奈儿套装锦上添花。最上的是用衬衣料的反面制作的嵌条;下一个是用羊毛纱线缠绕边缘;再下一个是用两根本身料制作的包芯嵌条,其嵌条采用真丝绉绸;最下一个是用银色的钩编花边内嵌本身料

11

结合面料的设计

许多高定设计会对面料采用特别的处理方式，这些处理方式学起来并不难，但有的费工、有的费时，还有的需要耐心。因为大部分工艺你已经学过，所以本章重点是关于设计的变化以及一些特殊技法，帮助与启发你能更有创意地利用好面料。

举例而言，蕾丝是一种变化最多、最漂亮的服装面料。蕾丝可以用于制作整件服装，也可以用于作为饰边和细节。由于篇幅所限，本书不能展开蕾丝应用的深入研究，但在此章节中，将会补充更多的设计概念以及制作工艺。

大部分机织蕾丝的边缘采用贝壳波浪边设计，有些蕾丝被称为"金银花边"蕾丝，其两侧都有贝壳波浪边设计，有些花边蕾丝两侧为直边，无论是贝壳波浪边或直边的蕾丝都能用于对服装边缘收口。

蕾丝可以按直丝缕或横丝缕方向裁剪，在同一件服装上经常可以看到不同丝缕方向的蕾丝。但就织造工艺而言，蕾丝并不是梭织的，没有丝缕方向。

这款美丽的蕾丝衬衣设计于20世纪50年代，至今依然具有实用性。其前片按直丝缕方向裁剪，而后片按横丝缕方向裁剪。衬衣根据蕾丝单元拼接，其肩部也是按蕾丝单元拼合，其他空隙部位也用蕾丝单元填充

通常蕾丝在宽度方向更有弹性，而收口的边缘称为布边。各种不同的蕾丝可以结合使用，而同一件服装的收口也可以用不同的蕾丝布边处理。

第198页上的衬衣蕾丝设计与应用是一个典型的例子。衣服上的商标显示，这款衬衣出自Rizik Brothers，这是一家位于华盛顿地区的高档零售商。蕾丝的品质与结构更符合高定时装而不是成衣，所以很有可能是买家在参加了高定系列发布会后直接下定单采购，这种购买方式被称为"谨慎"。

这款衬衣采用花边蕾丝制作，前身沿直丝缕方向裁剪，后身与袖子沿横丝缕方向裁剪，领圈、前中、袖子与下摆采用蕾丝边缘部位。只有将蕾丝裁开再重新缝合起来才能做出这样的效果。尽管蕾丝的宽度为30cm，两侧有波浪形布边，但是在裁片边缘并没有收口的形状。

这款衬衣充分利用了蕾丝的波浪形接缝边缘，可以看出在胸部从直丝缕转向横丝缕从而形成造型的地方有些重叠。下口处贝壳波浪形花边仅宽2.5cm，而两侧同样的波浪形花边宽度则为10.5cm，其肩部用蕾丝"叶子"制作饰边，将蕾丝裁剪后加缝到塔夫绸底衬上。

蕾丝的接缝处理

大部分蕾丝服装采用手工拼接贝壳形波浪边缘、手工锁缝或滚边的基本接缝制作方式。波浪边缘是一种掩盖接缝的工艺处理方式，而对于袖窿接缝等要承受张力的部位，基本接缝是理想的选择。这些接缝的制作方法可见第三章。其他工艺包括叠缝、接缝抽褶与织带接缝。

*叠缝。*叠缝常用于拼接加了衬布的部位，以免形成厚度。叠缝也可用于制作服装表面，形成平整的效果。

我所收藏的让·路易丝蕾丝裙，由于蕾丝幅宽不足以满足客户的臀围尺寸，因此在腰身

与裙子中间加入一块14cm的蕾丝料育克。这条裙子共有三层，面料层是蕾丝，底裙是欧根纱，裙摆部位加了蕾丝花边，还有一层是真丝双绉衬裙。面料层采用大块蕾丝面料，以手工平针加缝了波浪状的边缘，其强度不高。对于需要较高强度的接缝而言，可以在蕾丝边缘加缝三角针。

叠缝的制作方法：

1. 在蕾丝的裁剪边缘上，用缝线标出接缝线。在蕾丝裙子上，用缝线在波浪形边缘的底部基础线上标出接缝线位置。标记对位点。

2. 正面向上，裙子置于上层，对齐接缝线后用珠针别合。

3. 用细小的手工平针沿基础线缝合育克与裙子，然后在距离第一道缝线0.3cm处用手工平针缝制第二道缝线。

4. 如果蕾丝贝壳波浪形单元超出基础线1.2cm，则用手工平针沿着贝壳形单元边缘钉缝。

5. 拆去所有粗缝线。

6. 将反面向上置于加垫的烫台上，稍稍熨烫接缝部位。

在此样品中，先用缝线标出接缝线，然后用粗缝方式缝合，再用两道手工平针正式缝合

接缝抽褶。接缝抽褶利用缝份来支持上层荷叶边，使其撑开，形成立体的造型。用蕾丝制作的接缝抽褶与常规的接缝抽褶（见第221页）有所不同，其缝份不会加宽，通常是抽褶后作为裙子或大身的饰边。

接缝抽褶的制作方法：

1. 用缝线在裙子或衣身上标出接缝线的位置。

2. 在接缝线以及荷叶边上标出对位点。

3. 沿接缝线用配色线将荷叶边抽褶，然后在缝份内距离第一道抽褶线0.3cm处钉缝第二道抽褶线。

4. 拉紧抽褶线，使褶皱均匀分布。

5. 将荷叶边与裙子正面相对，对齐接缝线与对位点，用珠针别合后粗缝，然后车缝固定。用手工缝制荷叶边会更易于处理和控制面料撑开的幅度。

6. 拆去粗缝线并用蒸汽熨烫荷叶边。

织带接缝。织带接缝是先将衣片反面相对，缝合后再用织带覆盖缝份。织带接缝常用于在裙子上加缝一层甚至两层叠加的荷叶边。

织带接缝的制作方法：

1. 用缝线标出接缝线与对位点。

2. 反面相对，对齐接缝线并用珠针别合，粗缝固定后车缝。

3. 沿抽褶边翻折接缝。

4. 正面向上，用织带盖住接缝，用珠针别合后粗缝。

5. 在织带上下两侧用细小的针距手工缝或车缝固定织带。

6. 拆去粗缝线并稍作熨烫。蒸汽熨烫织带时，应避免在织带上烫出蕾丝的印痕。

蕾丝与面料接缝

蕾丝可以与面料以多种方式缝合，包括窄的基本接缝，来去缝以及贝壳波浪形接缝等。在高级定制中蕾丝与面料以贝壳波浪形拼接是常见工艺，适用于不宜脱散的面料以及弧形接缝线。在高定中常用手工缝制或直线车缝的方式制作，而成衣制作中，常用之字针车缝蕾丝。

由蕾丝与面料构成的贝壳波浪形接缝。这种接缝可以用坯布打样，也可以直接用服装面料制作。第二种方式在蕾丝的定位上更灵活，且缝制接缝时更容易控制，这点对于某些设计显得尤为重要；而先用坯布打样则更经济。

以下指导经调整后可用于处理贝壳波浪形接缝或其他的设计。

1. 在裁剪面料前，先计划好蕾丝的设计与定位，确定蕾丝在面料上的接缝位置，以及蕾丝是否需要拼接。对于简单的设计（如第202页中的连衣裙），可先在坯布上设计好具体的样式。

2. 用缝线在蕾丝上标出接缝线以及领口、袖窿的位置，用缝线在裙子上标出接缝线与下摆线。为了能在贝壳波浪形边缘上标出接缝线，可先用缝线标出基础线。

3. 在蕾丝育克上完成肩缝与侧缝部位的收口处理，并将领口与袖窿部位用窄滚条收口，接缝可以用肉色滚条包边，做成窄的平缝，也可以做成来去缝。

4. 将长裙侧缝收口。

5. 衣片正面向上，对齐育克与长裙上缝线所标出的接缝线，在距离贝壳波浪形接缝0.3cm处将蕾丝与面料粗缝。

提示：应用配色缝线以细小的针距钉缝，这样就不需要拆除缝线。

6. 衣片正面向上，以极细密的手工平针、回针或搭缝针，使用与蕾丝配色的丝线或棉线正式缝制贝壳波浪形接缝。

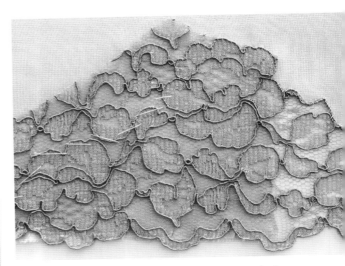

该图片展示了一个蕾丝单元与面料结合的应用方式。将蕾丝置于真丝上方并粗缝固定，右侧蕾丝的边缘已用搭缝线正式缝合，蕾丝下方的面料已经过修剪

用坯布制作时，该育克复制起来相对简单。用缝线在蕾丝与布料上标出接缝线的位置然后粗缝。根据接缝的位置以及所承受的不同张力，用细小的手工平针或搭缝针正式缝合

7. 将衣片反面向上，置于柔软的烫台上熨烫接缝处。

8. 如有需要可拆去粗缝线。

9. 修剪蕾丝下方的面料，留下0.3~0.6cm宽的缝份。若面料易脱散，可用手工锁缝边缘。

加缝贝壳波浪形花边单元。许多设计尤其是女式内衣的贝壳波浪形接缝部位常使用不规则的蕾丝边，而不是蕾丝的收口边缘。右上图的设计中，下摆部位用的是蕾丝的收口边缘。

与之前的处理方式不同，本例中直接将蕾丝应用于服装上并未采用坯布样衣，这样在蕾丝的安排上更灵活机动，在缝制接缝时更容易控制，但这样用料需要更多。

1. 检查蕾丝面料，用缝线标出所选择的蕾丝单元。

2. 在裁剪面料前，先计划好蕾丝的设计与定位，确定蕾丝在面料上的接缝位置，以及蕾丝是否需要拼接。

3. 在蕾丝与面料上用缝线标出接缝。

4. 将衣片反面向上，若有底衬，将底衬粗缝固定到位。

5. 沿波浪接缝将蕾丝与面料粗缝起来。

6. 试衣后，如蕾丝与面料不贴服，可重新调整蕾丝的定位。

7. 修剪波浪接缝下多余的蕾丝。

提示：修剪前，应仔细检查整体效果。如果对效果不确定，可多留一些缝份，以便后期能重新修剪调整。

8. 根据蕾丝单元的轮廓线将蕾丝与面料粗缝固定。

9. 衣片正面向上，以极细密的手工平针、回针或搭缝针，使用与蕾丝配色的细丝线或棉线正式缝制贝壳波浪形接缝。

10. 将衣片反面向上，置于柔软的烫台上熨烫接缝处。

11. 拆去粗缝线。

12. 修剪蕾丝下方的面料，留下0.3～0.6cm宽的缝份。贴近波浪接缝修剪蕾丝。

边缘的收口处理

虽然蕾丝服装可以用传统下摆、挂面与斜丝缕贴边收口，但大部分会用蕾丝边、斜丝缕和织带滚条以及毛鬃编织边收口。本章节的重点是蕾丝边收口，而关于斜丝缕滚条、贴边与下摆的工艺指导可见第四章。

服装上缝制蕾丝边的方法有多种。一种方式是裁剪衣片时使蕾丝波浪边位于垂直或水平方向，如下摆、拉链开衩或前片开口位置。这种工艺仅适用于直边设计；而且由于蕾丝边已用于直边，因此与直边相邻的边缘，如前片开口、下摆以及衣领边缘就无法再利用蕾丝的贝壳波浪边了。

最常见的办法是利用贝壳波浪形饰边。可以从蕾丝码带上裁剪贝壳波浪边，然后将其与服装缝合起来，使边缘看上去浑然天成，仿佛本来就是这种造型。

这种饰边可以裁剪成波浪形或直线形，可以选择相同或不同花型的蕾丝，也可以用单独的窄蕾丝边缝至服装边缘。这既可以用于各种形状的边缘，也可以用于相邻的边缘，例如第204页的纪梵希长裙，其异型领口与袖口部位都加了波浪形的蕾丝边。

领口边缘。以下指导适用于领口与袖窿部位的收口处理，经过调整后也可以改用窄的蕾丝饰边收口。

1. 缝合服装。

2. 完成试衣后，检查一下缝线标出的领口线，并按需要加以调整。

3. 在蕾丝饰边上用缝线标出蕾丝单元的基础线。

安东尼奥·卡诺万斯·卡斯蒂罗是位蕾丝设计大师，这款长裙晚装设计于20世纪60年代中期。长裙沿直丝缕方向裁剪，左侧带有假开衩，采用贝壳波浪形饰边接缝。注意，蕾丝图案是偏离中心线的。其下摆部位用波浪形蕾丝覆盖边缘线

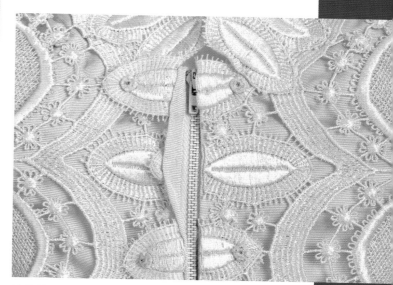

这款蕾丝衬衣的前身拉链方便穿着，且完全隐藏在蕾丝波浪形单元之间。请注意其中的包布揿纽

6. 衣片正面向上，将饰边置于最上层，对齐蕾丝与衣身上的缝线标记后用珠针别合，并粗缝。

7. 用细小的手工平针或搭缝针与配色缝线缝合饰边与衣身。

提示：即使对齐了标记缝线，仍应根据蕾丝单元的设计沿着其底部缝制，有时候接缝线和边缘部位都需要缝合。有些下摆部位可用直线或之字针车缝其边缘。

8. 修剪去多余的蕾丝。

9. 将衣片反面向上，置于柔软的烫台上熨烫。

下摆。蕾丝下摆可以用本身料蕾丝波浪边缘、购买来的成品蕾丝波浪边或是从其他蕾丝面料上裁下的波浪边来收口；也可以用细条、斜丝缕或织带滚条等收口；还可以将外观相似的蕾丝单元车缝至细窄的下摆部位。

在下页卡斯蒂罗的设计中，其荷叶边采用横丝缕裁剪，这样下摆可以用蕾丝的布边收口。为了使其更加硬挺，在荷叶边反面距离基础线上方约0.6cm处加缝一条1.2cm宽的毛鬃衬，在底下两层荷叶边的反面加缝两条毛鬃衬，间距12.5cm。

服装下摆部位加入了蕾丝单元，边缘部位与面料上都用缝线做了标记。沿标记线粗缝固定后，再沿边缘上方粗缝一道线。用搭缝针沿边缘正式缝合并修剪去边缘下方多余的蕾丝

4. 检查饰边与领口，确定如何设置蕾丝单元：是将饰边的基础线与领口的标记线对齐，还是与领口标记线上的蕾丝单元上口对齐？抑或介于两者之间？在领口处，常将蕾丝单元基础线与领口线对齐，使其能与颈部贴服。

5. 如果接缝线未设置在基础线上，就用缝线在蕾丝上标出新的接缝线。

这款美丽的长裙是纪梵希于20世纪60年代设计的。其领口与袖口部位用制作长裙的蕾丝面料作为饰边，通过拔长饰边使其形成浅浅的波浪形边缘。裙面采用横丝缕裁剪，下摆边缘处为蕾丝波浪边。该长裙内搭黑色衬裙

在这款卡斯蒂罗长裙上，蕾丝的毛边向下折返并以毛鬃衬覆盖。其下摆份折到反面后用三角针缲缝至蕾丝面料反面。当使用毛鬃衬覆盖时，先将其粗缝固定至外口边缘，然后拉紧缝线，使衬带能沿边缘形成造型。将其粗缝到位后，在边缘两侧用细小的手工平针固定

另一种工艺非常特别，是先用一道细窄的下摆收口，然后将取自蕾丝面料的蕾丝单元按固定间隔缝至下摆边缘。使用这种工艺时应选择图案设计简单、重复的蕾丝面料，每个循环单元不可大于10cm；若图案太大，在实际制作时将难于处理。这种方法能形成独特的贝壳波浪形收口。

结合满身蕾丝图案设计

由于没有波浪边，在购买蕾丝面料时，通常很难产生满身蕾丝的设计灵感。我曾选出几款满身蕾丝的长裙，用于展示各种特别的制作工艺。

第205页上的卡斯蒂罗长裙的特色在于外层为A型蕾丝裙，内搭贴身衬裙。其所有边缘包

这款卡斯蒂罗设计的梯形长裙采用满身蕾丝，在前身与侧缝部位采用贝壳波浪形接缝。该款长裙是由纽约的伯爵杜夫·古特曼进口的，根据时间推算，曾有人穿着该款时装出席约翰·肯尼迪的就职典礼

括领口、袖口、前开口与下摆都用0.6cm宽的织带手工缲缝收口。

蕾丝育克部位用肉色棉质网布作为底衬，肩部没有肩缝，在前身蕾丝育克的连接部位以及裙身的侧缝处采用贝壳波浪形接缝。真丝衬裙采用宽下摆，里面包着一条10cm宽的毛鬃衬带。下摆线处的平纹织带中包着长方形重片以保持悬垂感。不同于大部分长裙，其前中处带有拉链，用外层蕾丝遮盖，以装饰结下的风钩与扣环扣合。长裙加入胸垫，使整体造型更加美观。

当我在二手商店购得这款长裙时，并没想到它如此合体，近乎完美。其用于装饰的毛鬃衬已经明显老化，肩部的蕾丝也已严重破损，这可能是用铁衣架吊挂服装造成的。替换毛鬃衬比较简单，但是修复蕾丝却很费时间。

结合条纹的设计

许多条纹面料经过重新组合后能够改善服装的整体美感。条纹面料重组的方法有很多，包括先对面料进行裁剪、再将其重新缝合，从而改变条纹的循环方式或排列顺序；制作塔克与褶裥；或采用归拔工艺进行造型处理。

高级定制工艺中，常采用先分割面料，再重新组合的方法形成有意思的设计效果，或者使眼睛产生错觉，可参考以下方法。

重新组合条纹

我有几件服装的条纹面料是经过重新组合的，有些接缝做得很隐蔽以至于令人无法觉察到条纹图案已被改动，只有从反面才能发觉有接缝的存在。

第207页中这款长裙沿直丝缕方向裁剪面料，其条纹呈水平方向。在绿色窄条纹之间的米色条纹中间有一条接缝。由于整件服装的条纹都经过重新组合，我们只能猜想该条纹面料原来的样式。通过检查面料的反面可以发现，

在与绿色条纹相邻的下摆处有一条宽为5cm的米色条纹。由此可以推测，该面料上原来的米色条纹很宽，位于绿色窄条纹之间。

从第208页上的女式上衣可以看到条纹面料原先的样式，包括浅米色、水绿色与灰色。按这种循环方式，下摆处的浅米色条纹本来应该是水绿色的。本款通过在两个灰色条纹之间加一接缝，形成了令人赏心悦目的设计效果。

归拔工艺

对于羊毛与松结构面料，可以用归拔工艺来形成造型。此处衣领部位的造型工艺就借鉴了以往用于处理袖山顶部余量的工艺方法。

第64页的上装，其衣领裁剪为一块长方形，因此其条纹能与领圈平行，其前中部位看起来十分漂亮。制作衣领造型方式如下：

1. 在衣领样板上标出接缝线。

2. 将接缝线拓印至坯布样板上（有时可将样板拓印至衣领衬布上）。

3. 在面料上用缝线标出衣领的实际宽度，根据面料的图案设计，可以按直丝缕或横丝缕方向裁剪衣领。

衣领经造型处理后加衬布

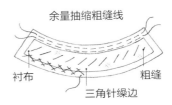

余量抽缩粗缝线

衬布　　　　　粗缝

三角针缲边

衣领加里布

里布反面

衣领正面

这款香奈儿特色服装采用了七块真丝塔夫绸条纹面料，通过水平的接缝改变了面料上条纹的排列顺序。除了下摆部位的接缝处理有所不同外，所有接缝都位于米色与绿色条纹中间。在其底部，接缝位于粉色条纹中间位置

4. 在上层领面粗缝两道余量抽缩缝线，一条位于接缝线上，另一条位于缝份内，间距0.3cm。

5. 抽紧粗缝线并用蒸汽熨斗熨烫粗缝的边缘，重复多次直到将长方形变成漂亮的弧形。

提示：在用蒸汽熨烫时，可以用手轻轻拍打使面料平整，然后抽紧粗缝线，归拢余量。许多面料一次只能归缩一小部分余量，需要再次归缩，直至达到满意的造型。关键是要避免在归拢过程中出现褶痕。

6. 用烫布覆盖衣领，然后稍微拔长下口边缘。

7. 将衣领上口边缘与坯布样用珠针别合，然后不断归烫，直到衣领造型与坯布样伏贴为止。

8. 根据样板用缝线标出衣领两端的位置。

9. 衣领反面向上，将衬布置于衣领上方，以大针距斜角线粗缝，再用三角针缲缝固定边缘。

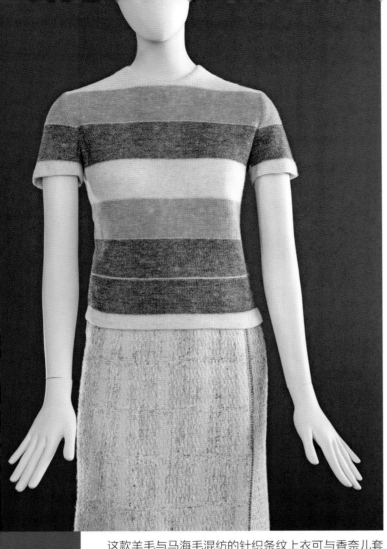

这款羊毛与马海毛混纺的针织条纹上衣可与香奈儿套装（见第195页）搭配。该款上衣采用多条接缝将条纹进行重新排列，其中最明显的是两条灰色条纹之间的接缝。如果没有这条接缝，该上衣的下摆部位就会落在水绿色条纹处，其外观效果不会如此赏心悦目

这是一款20世纪70年代的香奈儿上装，袖口部位的滚边构思巧妙，不易被人发现。如果没有这条滚边，袖口处的格子图案就会显得不整齐。滚边与袖口采用基本的平缝拼接，转角处未做斜接角

10. 将衣领边缘的缝份向下折返，在距离边缘0.6cm处粗缝一周。

11. 反面向上，轻轻熨烫衣领。将缝份宽修至0.6cm，再用三角针缲缝至衬布。

12. 将衣领与里布反面相对，以斜角针粗缝固定长方形里布与衣领。

13. 修剪里布，使其比实际衣领周边宽出0.6~1cm，粗缝并熨烫。

14. 将里布边缘向下折返后用明缲针正式缝合。

15. 将衣领绱缝到衣身上。

褶裥与塔克

利用褶裥与塔克，可以将条纹面料改造成素色，或将条纹图案改小。如果衣片上没有省道或造型处理，最简单的方法是先在面料上加入褶裥或塔克，然后再裁剪衣片。如果服装有造型，则可以将省道隐藏在塔克或褶裥中。

任何服装都能通过缝制塔克的方法改变条纹面料的外观，塔克的具体宽度取决于服装的大小以及条纹图案本身。

1. 要注意服装实际所需的每片样板的尺寸（包括余量），将这个尺寸除以每个条纹的宽度并取整，即可确定衣片所需要使用的条纹数量。

2. 如果要创作具有一定造型的衣片，例如腰围小于臀围的裙子，则需要将条纹改造成锥形塔克以满足臀腰差。

3. 根据服装的造型，按照实际需要用缝线标出线迹，形成锥形塔克。并非所有条纹都需按相同宽度缝制，可以根据需要调整条纹宽度。多加尝试，找出理想的方案。

4. 将面料正面相对，粗缝塔克。

5. 试衣之后车缝并拆去粗缝线。

6. 将面料反面向上，朝统一方向熨烫塔克。

裁剪与接缝

高级定制中最令人神往的特色之一莫过于采用分割与重组面料形成的设计。一般来说，即使你在衣片上看到接缝与不同的丝缕方向，也不会意识到这一点。

直线滚边。许多香奈儿饰边采用本身料裁剪，然后重新缝合在一起。大部分格子或条纹面料的袖子与袖口边缘的丝缕线方向不一致，这可能不大美观，在袖口加入滚边就可以起到改善作用。

在左页展示的图片上，袖克夫边缘的条纹看上去就像是面料图案的延续部分。要制作相似的饰边并不难，袖开衩处的条纹向上延伸至肩点处，在袖口周边的条纹上方收尾即可。

尖角。如之前的加滚边饰边，你可能同样没有察觉到袋盖上的条纹也是面料经过裁剪和重组后形成的（见第158页），你可能会认为这是一根滚条或加了饰边。

这比在直丝缕边缘上加滚边的难度要大得多。以下指导为如何在带有尖角的袋盖上加滚边，这些滚边同样适用于衣领或腰带，以及带有方头转角的部位。

选择一块质地平整紧密的面料。在每个转角处裁一块方形的中国绸或欧根纱作为贴边。

1. 在口袋外缘、内角与转角点上用缝线标出接缝，标记线必须精确，这将直接影响到贴袋品质。

2. 反面向上，如有衬布，将衬布粗缝到位后用三角针正式缝制。

3. 正面相对，沿标记线将方块真丝料与袋盖一端粗缝固定。

4. 从距离转角1.2cm起针缝制长边，缝至转角处后断线，重新起针缝至转角点。

5. 在转角点处旋转后继续缝制另一边，在

绱缝贴边

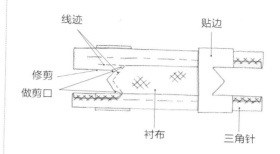

线迹　　　　　　　贴边

修剪

做剪口　　衬布　　　三角针

两端收口

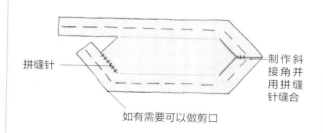

拼缝针　　　　　　制作斜接角并用拼缝针缝合

如有需要可以做剪口

边缘收口

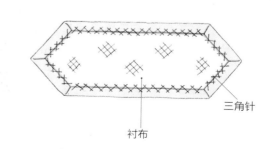

三角针

衬布

沃斯之家这款19世纪的长裙将面料反面翻了出来，利用面料的布边形成领口

转角处将缝线打结，打结前应拉紧缝线以免最后几针出现松弛的现象。

6. 向加有贴边的转角做剪口，将加有贴边的部位缝份宽修剪至0.6cm。

7. 分烫开缝份，并将正面翻出。将转角处的缝份修窄，并将缝份缝制平整。

8. 在未加贴边的部位，用三角针将缝份缲平。

9. 正面向上，将收口边缘与尾端靠紧，然后用拼缝针正式缝合，直至距离转角点0.6cm处收针。

10. 在转角点处，将一边折成斜接角后粗缝固定，并将其置于另一边上层。两边用暗缲针缝合，拆去粗缝线后分烫缝份并加以修剪。

11. 处理口袋收口时，沿标记缝线将边缘向下折返后粗缝。根据需要修剪缝份宽，用三角针将边缘缲缝平整。拆去粗缝线并熨烫。

12. 将袋盖与里布反面相对后以斜角针粗缝固定。修剪里布，使其比袋盖边缘宽出0.3cm。向下折返边缘后粗缝固定，以明缲针将里布缝制到位。

13. 反面向上后稍作熨烫。

利用其他面料设计

在设计过程中，不可忽视面料反面或布边等有特色的部位，沃斯之家利用这些部位进行创意，甚至将普通布边作为有趣的设计元素。

面料的反面与布边

利用面料的反面或布边是最明显的设计理念之一，这两种方式在香奈儿套装以及查尔斯·沃斯的设计作品中十分常见，布边很少被剪掉。这是一种比较常见的接缝处理方式，但最初看到荷叶边保留着雪纺面料的布边时还是很令人惊讶的。第一眼看上去雪纺好像做了下摆，因为布边的颜色比其他部位更深一些。

利用面料花型与图案做设计

对齐面料花型。不同的面料花型为创作各种有趣的设计提供了素材，其中最基本的方法是对齐花型与图案。以下指导针对于如何在前中部位对齐花型与图案，即使前中部位有门襟开口也无妨，该工艺指导同样适用于条格面料。

这块面料的布底上有两种图案需要对齐：雪纺与缎纹相互交织的条纹，以及印花图案。相同的颜色在缎纹底上比在雪纺底上要更亮一些，而缎纹底的条纹质地更密实一些。虽然面料在水平和垂直方向具有循环单元，但是缎纹条纹在横丝缕方向上的花型不同。对于单幅面料而言，若要对齐花型就无法对齐条纹。

1. 检查一下面料，找出要置于前中部位的条纹。在垂直方向的条纹上，花型总是完全一样的。

2. 用缝线标出前中，其长度应至少比服装的实际长度长出一倍。在本设计案例中，前中位于一个缎纹条纹的中间位置。

提示：在制作标记之前，应先测量前片的宽度，缝线标记到布边的距离应大于等于这个宽度。

3. 裁剪出两片前片，并在每一片上标出前中线。

4. 将前中线与标记线对齐，确定裁剪的衣片分别是一左一右两片。

5. 用缝线在面料上标出接缝线与对位点。

6. 加入缝份与下摆份，然后裁出衣片并缝合服装。

这款真丝小外套有两种图案需要对齐：印花图案，以及雪纺与缎纹相互交织的条纹。其袖窿接缝处的花型是对称的，接缝线上的变化显得十分自然。由于左右两侧面料图案有差异，因此在制作时，应先在布样每只袖子的袖山上别合一小块面料，以便于对齐花型

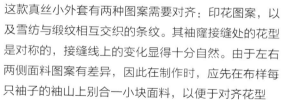

该样本展示了外套前身的排料方式，两片前身沿垂直方向排列，以确保面料花型能按水平方向对齐

结合嵌花的设计

梭织面料可以采用几种不同的嵌花方式。我尤其欣赏一款由皮埃尔·巴尔曼设计的奢华礼服。其面料的原始状态为米色塔夫绸，上面分布着颜色深浅不一的大型粉色花卉图案。深色花卉图案被裁下后嵌入衣身以改变整个胸部衣片与裙摆部位的颜色。别去管为了制作嵌花而耗费了几米面料，裙子的设计效果真是精美绝伦。

右侧展示的是巴伦夏嘉长裙，其接缝与省道部位采用蕾丝拼缝（见第47页）的方法，以免破坏蝴蝶结刺绣图案。在同一款长裙上的后身一侧加缝了多个蝴蝶结图案，合起拉链后，蝴蝶结可以与另一侧的揿纽扣合。

嵌花工艺通常可以作为一种装饰元素，更可以作为面料再设计的方法。下图中的面料带有印花图案，对于女衬衣设计而言，大面积的黑色会影响美感。为了能消除这一不足，先从面料上裁下花卉图案单元，然后将其嵌入衬衣面料中。虽然从照片中可以看出嵌花的细节，但是在实际穿着时是看不出的。

这款制作于20世纪70年代的汉娜·莫瑞晚礼服看起来十分出众不凡。其运用了两种印花，一种是真丝雪纺，另一种是真丝缎纹。长裙采用帝政式腰线设计，衣身带有波普艺术元素图案。在左胸部位的同心圆图案上钉缝了细小珠子，末端缀有一颗直径1.2cm的人造钻石。对于那些低调的客户，该长裙可以与一条3m长的雪纺披肩搭配

这款艾·玛格宁长裙采用黑底大印花面料制作，为了能掩盖住黑底色，面料中加入了多个花卉嵌花元素，而在穿着时看不出这些嵌花处理的痕迹

右下图是维克多·埃德尔斯坦的设计，采用了棉质刺绣面料。其设计与巴尔曼相似，这些花卉是从原始面料上裁下来的，由于它们的边缘有刺绣，因此在嵌花时无需把面料折返，第一层贴花加缝在裙身上，然后再施以数针将若干花卉钉缝在平整的贴花层上，以呈现出立体感。

轻薄型面料

我对轻薄面料及其如何与其他材料组合产生创意十分着迷。

第214页上的晚装采用立体密拉金属线制作，虽然面料经过消光处理，但是如果不与欧根纱披肩搭配穿着，仍会显得俗气。

而在另一款设计中，莫瑞采用了两种不同印花：一种印在衬裙上，另一种印在外裙上，两者组合后形成了第三种设计效果。

这款20世纪60年代的巴伦夏嘉贴身晚装采用真丝纱罗搭配刺绣蝴蝶结，形成了美丽的设计效果。其省道与接缝部位采用嵌花工艺以免破坏图案元素，在后背拉链处的蝴蝶结加入雪纺里布后钉缝在衣身右侧，拉链合拢后，蝴蝶结与左侧揿纽扣合

该款式是由英国高定技师维克多·埃德尔斯坦设计的。长裙上身部位是贴有刺绣花卉的白色凸纹布，裙身部位是藏青色四股真丝面料。设计师从绣花面料上裁下约50朵花卉图案，相互重叠贴在上身部位，一些花卉单元之间加入了小棉垫，后身部位的拉链被掩盖在一个宽大的花卉单元下

12

针对特殊场合的设计

针对特殊场合的设计包括朴实的斜裁真丝绉绸合身长裙、装饰富丽的礼服裙、繁复多层的婚纱礼服与造型夸张到几乎无法安坐的晚装。在为某个特殊场合设计时，应注意一系列的细节与问题。其中最关键的问题必定会涉及服装的结构：服装采用哪种造型或廓型；服装内部需要采用什么样的支撑材料才能尽量减小其对面料与结构产生的影响；如果服装需要添加装饰，装饰部件应如何应用。

本章将对这些问题作出解答。虽然有时这些方法会用于日常服装，但大部分工艺特征是晚礼服特有的，其中许多常用于婚纱。

针对特殊场合设计的服装廓型可以简单地采用里布、衬布、底衬等材料作为结构性支撑，改善时装面料的性能。

这款出众的香奈儿设计采用欧根纱底加密拉金属线条纹面料制作。其下摆部位是用本身料制作的荷叶边，利用布边作为收口；其披肩与长裙经消光处理，形成细腻的设计效果。长裙的开口在左侧，肩部以及袖窿周围用揿纽扣合，腋下部位有拉链

成衣制作商通常为其顾客采用高定设计。这是20世纪60年代早期由阿黛尔·辛普森提供的产品，该长裙模仿伊夫·圣洛朗1959年为迪奥设计的泡泡裙。该裙采用真丝塔夫绸面料，面裙鼓起的造型受控于短小的衬裙，面裙与衬裙在下摆处与同一条翻贴边缝合在一起

针对特殊场合的设计可以用各种不同的材料制作底衬与衬布，包括可以用于日常服装与套装制作的欧根纱、真丝薄纱、雪纺、中国丝绸、毛鬃衬等。其他材料诸如马尾衬带、尼龙硬布衬与薄硬纱衬等常用于礼服或婚纱，因为这类材料比较硬挺，能产生更为夸张的廓型。

只有在反复尝试后才能最终确定采用哪种底衬材料，是否需要与衬布结合使用，是否需要另外加入衬裙。有关如何选择与处理底衬与衬布的方法详见第62页。

结合里布创作造型

底衬与衬布能够塑造服装的造型。通常里布无法用于制作服装造型，当然也有例外情况，例如灯笼裙、泡泡裙可以通过短里布形成造型，裙子的蓬松效果可以通过服装的正面或反面加以调整。

如果要在服装的正面控制裙子的蓬松效果，通常裙子的底部较小，上部的体积较大，将余量用一条翻贴边抽褶收于下摆处。里布平顺地贴合人体，形成细管状以支撑裙身，外层裙子的裙长至少比里布长出十几厘米。分别连接裙身与里布的上口和下口，从而形成外层裙子蓬起的效果。

1. 为了在正面控制裙子形成蓬松效果，先将里布与裙子缝合。可以在里布接缝处留下25~30cm宽的开口，以便于塞入薄硬纱衬或网布等材料支撑外层裙子的造型。

2. 如果外层的余量比里布多，可根据实际需要在裙子的上下口加缝抽褶线。

3. 将裙子与里布的腰部粗缝缝合后置于人台上。若没有人台可使用衣架，但是会有点难度。

4. 用本身料单独做一条翻贴边，将裙子的下口与衬里用珠针别合。调整余量以形成所需的蓬松造型，并将翻贴边与裙子下口边缘粗缝缝合。

该款为伊夫·圣洛朗1959年为迪奥设计的秋季系列之一。这是用真丝山东绸制作的外套式长裙，将下摆处余量抽褶后收入较短的里布内，形成蓬松量，裙子与短衬裤缝合，穿着时十分美观

5. 将裙子与上衣粗缝缝合以备试衣。

6. 完成试衣与修改后，将裙子与翻贴边正面相对后粗缝缝合。有些面料经抽褶后接缝太厚无法车缝，可以用手工回针缝合。

7. 熨烫接缝，将翻贴边向反面包裹后用珠针别合平整，然后用手工平针正式缝合。

8. 用里布盖住翻贴边，然后向下折返边缘后以明缲针正式缝合。若翻贴边正式缝合后裙长需要缩短，可在里布上手缝水平的塔克，这样既能缩短里布又能增加蓬松量。

9. 如有需要，可在内外裙之间塞入薄硬薄纱衬或网布，然后用明缲针将接缝封口。据说瓦伦蒂诺曾经用美丽的欧根纱手工花作为填充物塞入一款长裙，这成为他与客户之间的秘密。

图中所示为一款礼服裙的细节，裙裤的一条裤腿与长裙缝合且与长裙下摆相连。行动时，长裙会伴随穿着者的脚步款款摆动。注意其后片下摆抽褶部位以上采用本身料制作的里布

泡泡裙的蓬松量也完全可以在服装的反面得到控制或塑造。在这种情况下，裙摆向衬裙包裹，并在里布上抽褶，正如上图中伊夫·圣洛朗为迪奥设计的这款长裙所示。

这款裙子的外裙比里面的衬裙长得多：前身长出10cm，后身长出55cm。裙子在下摆部位折返，在边缘抽褶后与本身料的里布缝合。以这种前短后长方法设计出的裙子特别漂亮，穿上后可以露出裙后身的内里。

该裙的下摆特别宽，可以一直延伸到腰部，形成裙子的里布。这种将本身料作为里布的特殊做法好处很多，其一是可以增加裙子的体积，但不会额外增加其自重；其次是在下摆部位形成柔和的翻折线，同时又可以避免在下摆处出现印痕，而且不会使线迹外露。

下摆特殊收口处理

晚礼服设计的下摆有时需要特殊处理。下摆加重片后，可以使礼服长裙下垂贴近双脚，可以防止晚装长裤或长裙的后身下摆絆住穿着者的鞋子。将及地长裙的下摆前中处制作成弧形，可以防穿着者絆倒。

下摆加重片

重片可以在下摆完成之前放在服装与摆缝之间，也可以在下摆完成后缝在其外侧。

重片有几种不同的类型：轻薄的本身料与斜纹牵带，单个圆形或方形的重物，链子或带有方形重物或小珠子的棉布牵带。

本身料或斜纹牵带是制作长裙或长裤后片下摆重片的理想选择。如果重片能隐藏在下摆，则可使用单个重片。链子是防止衬衣与上装向上缩的好办法。当下摆部位的面积较大，需要使用重片时，则可以采用加重牵带。

如果要在下摆完成后加

重片，比较理想的选择是加链子或装饰性的重片。装饰性的重片很难找到，因此可以使用较重的平面纽扣作为替代，也可以用金色漆喷涂或用面料包裹重片。

如果要在制作下摆前加重片，应先用全棉法兰绒、毛鬃衬或坯布作为下摆衬布（见第72页）。如果要加链子，应在完成下摆前将其松弛地粗缝固定在下摆部位的衬布上。如果要加单个重片，应根据需要，将其粗缝固定在服装开口部位的下摆线上方、接缝线尾端，或固定在接缝中间。

弧形下摆线

身着及地长裙的女士看起来很美，可是行走时却容易被絆倒。将前片下摆处制作成弧形可以有效地解决这个问题，使穿着者行动自如，舞姿优雅。缩短前身下摆线的长度或将前中部位的下摆双折，可以使下摆形成弧形。

双折下摆使其缩短的方式更为常用，因为这样更容易控制和塑造弧形边缘的形状。

双折叠下摆时只需要折叠原有摆宽一半的量。即如果最初摆宽为10cm，只需折叠5cm的摆宽。前中部位的下摆可以抬高12.5cm而不会产生变形，当然，这就要求下摆份宽达到25cm。另一种方法更实用，就是最初前身下摆比后身下摆短5~7.5cm，下摆双折后，前中同样可以抬高12.5cm。

用双折下摆的方式制作弧形下摆线，应先按常规方法对下摆作收口处理（见第69页），然后在前中部位折叠下摆并用珠针固定，两端加牵带后完成下摆线。粗缝下摆，将服装置于人台上或用衣架挂起，检查下摆处的弧形是否令人满意。正式固定下摆，拆去粗缝线并稍加熨烫。

双折下摆

下摆

衬裙

支撑裙摆造型的一种方法是加一层或多层衬裙，或采用单独的裙撑。这类打底服装的造型各异，有基本的直筒形衬裙，常与紧身裙或褶裥裙搭配，也有蓬松的多层式衬裙，常与裙摆长达数米的缎面礼服长裙或婚纱等搭配。衬裙的设计与材质取决于服装的廓型、垂感、手感以及服装面料的厚度等因素。

衬裙通常与服装缝合，也可以与单独的束身衣、打底裙或束腰带缝合，其面料包括全棉或尼龙薄纱、真丝塔夫绸、尼龙硬衬布和柔软的真丝平纹等。为了减少多层裙臀围处的厚度，每一层衬裙都比底下那层长，一层比一层高地缲缝在底裙上。最底下的衬裙最短，最先用手工缲缝在底裙或打底衫上；最上层的衬裙最长、最靠近腰部，也是最后与底裙缝合的。缲缝裙衬的份宽应为1.2cm，并向下折返，用三角针将毛边平整地缲缝在底裙上。份宽也可以宽一些，折返后以接缝抽褶的方式缝合。

迪奥长裙的衬裙（见右图）设计相当简洁，由六层薄纱衬裙与束身衣结合构成。仅外层衬裙采用与地面垂直的直丝缕面料按常规方式裁剪，下层衬裙皆采用横丝缕面料裁剪，因此每层衬裙都只有一条接缝。束身衣向下延伸至腰线下方28cm处以固定衬裙。以下为制作衬裙的指导：

1. 制作一件衣长长及腰线下方28cm的束身衣，或可用连身胸罩。

2. 沿直丝缕裁剪6~8层衬裙，宽度为90cm，长度比实际需要长出10cm。为了减少最外层衬裙腰线处的厚度，两侧向上逐渐变窄，直至腰围减小7.5~12.5cm。

3. 沿横丝缕裁剪薄纱衬裙，其下摆达到5.5~7.3m。为了便于操作，一开始先裁成同样长度，然后在缝入的过程中根据需要修剪。

4. 缝合衬裙并在腰线处抽褶。

5. 将束身衣置于人台上，调整褶裥，用珠针将最下层衬裙别在距离束身衣下摆2.5cm处。用手工平针将其正式缝制好，并用三角针将其上口与底衣缝合起来。

6. 在距离第一层衬裙以上8.5cm处标出第二层衬裙的位置。

衬裙，更准确地讲是上图裙子的底部结构，由六层薄纱衬裙与束身衣结合构成。仅外层衬裙采用直丝缕按常规方式裁剪，下层衬裙皆采用横丝缕，因此每层衬裙都只有一条接缝。每层衬裙用手工三角针缲缝在束身衣上

7. 按第一层衬裙的制作方法加缝入第二层裙子。

8. 在距离2.5cm处加缝入第三层衬裙，第四层的间距为3.5cm，第五层为2.5cm，最外层衬裙位于腰线处，距离下层衬裙7.5cm。

9. 测量并标出每层衬裙的长度，将多余的量修剪去。由于缝好后衬裙会蓬起，实际需要修剪的量并不多。

相比之下，同样由迪奥出品的"墨西哥"（见右图）则完全不同。"墨西哥"采用轻薄的真丝平布，与真丝欧根纱相似，但更加柔软且不透明。其外层裙子采用横丝缕，利用布边作为下摆，用料长达7m，不包括前身褶裥。第二层圆形喇叭裙在育克上抽褶，裙摆长度为6.5m。

衬裙上的毛鬃衬带柔韧且轻薄。由于时装面料本身轻薄，因此衬裙的设计应增强该两件套长裙轻柔飘渺的效果。外裙有两层，内有两层衬裙加缝在贴身的真丝双绉打底裙上，为长裙提供支撑。第一层衬裙采用真丝平布，有六层裙片，每层裙片的加放量是上一层裙片的一倍。为了提高衬裙的质感，在下面三层衬裙下摆边缘以及上口部位的接缝处加入了又细又柔的毛鬃衬带。第二层衬裙采用全棉薄纱，在第三层裙片上口部位的接缝处抽褶，下摆内侧加入两条毛鬃衬带。

第5页上艾·玛格宁长裙的衬裙采用另一种方式为半透明的设计提供支撑。该款采用轻薄的真丝平布制作，裙子呈喇叭形，裙摆围超过10m。

为了衬托这款两件套长裙轻薄朦胧的质感，外裙有两层，一层采用设计所需的面料，另一层采用肉色真丝雪纺；衬裙则采用真丝双绉面料。裙子抽褶后与腰线以下的育克缝合。其雪纺半裙与衬裙都是半圆形，裙摆围超过2.5m。

这款"墨西哥"为克里斯汀·迪奥1953年春夏系列中的一款，采用印有贝壳花纹的轻薄真丝平布制作。长裙有两层外裙，一层以布边作为下摆，另一层为圆形喇叭裙，下摆采用手工卷边收口。其衬裙见第217页右图

真丝双绉衬裙先用全棉网布作为衬里，网布从腰围线以下21.5cm处开始，且被缝入接缝。网布与衬裙的上口以三角针的方式缲缝。斜裁的真丝欧根纱下摆衬布宽35cm，以手工三角针与网布上口部位缲缝起来，但没有被缝入接缝中。下摆内侧藏入一条5cm宽的毛鬃衬带。

要支撑采用重磅真丝面料、罗缎、塔夫绸、绣花面料与全棉凹凸织物等制作的厚重服装，需要制作一件带有两层或多层衬裙的束身衣。为了改善每层衬裙的硬挺程度，可沿水平方向加入几条长短不一的毛鬃衬带，在面裙的底部用滚条遮盖住衬带。如果衬裙是直身的，滚条可以沿丝缕方向裁剪，在正面宽约30cm，靠里侧宽约15cm。

可以用手工或车缝的方法将毛鬃衬带与衬裙缝合，也可以在每层裙片上一行接一行地缝

制几行衬带。毛鬃衬带的宽度不一，最宽的可达15cm，有的柔软，有的厚重。厚重的衬带较宽，轻软的衬带较窄。宽衬带的边缘处有一条线，抽紧后可以形成弧形。厚衬带比较硬挺，因此可以用来支撑厚重的服装，同时也会增加服装的重量。

接缝抽褶

抽褶有各种变化，抽褶接缝可用于制作服装的廓型。抽褶部分采用特别宽大的缝份，这样能在荷叶边和裙子抽褶部位的底部形成支撑，使褶边的余量形成蓬起的效果。以下部分的指导适用于裙子，也适用于荷叶边和褶边。

1. 裁剪裙片并加入较宽大的缝份，其缝份量应根据设计的不同加以调整，通常介于2.5~12.5cm之间，且与之连接的衣片通常与其份宽不同。

2. 用缝线标出接缝线与对位点的位置。如果缝份宽为7.5cm，则在距离毛边7.5cm处做标记。

若设计采用厚料，为了增强抽褶效果，或希望产生较夸张的效果，可以裁剪一块硬挺的轻薄衬布料，加在裙片抽褶部位的上口处。裁剪斜丝缕衬布时，其宽度至少是抽褶缝份宽度的两倍。将衬布粗缝固定于反面。

3. 沿接缝线在缝份内侧0.3cm处缝制两道抽褶线。高定制作时应以手工缝制抽褶线迹，而我常采用车缝方式完成。

4. 抽紧缝线，使抽褶部分达到相应部位的宽度。

5. 正面向上，将抽褶部位的缝份向下折返。对齐接缝线与对位点并用珠针别合。用明缲针或暗缲针缲合衣片。若想使接缝处平整，可以将衣片正面相对后再缝合。

6. 拆去粗缝线后熨烫。不要熨烫接缝线，应分别熨烫每个衣片，在接缝线处停止熨烫。

7. 折叠接缝，使其倒向裙子。

纬斜荷叶边

纬斜荷叶边也可用作支撑物。荷叶边的宽度通常在2.5~30cm之间，而在用于支撑时，其宽度通常介于7.5~15cm之间。可将其置于衬裙上试验不同的宽度，荷叶边越宽，纬斜幅度越大，而纬斜会导致荷叶边变窄。在打底裙上，常将纬斜荷叶边置于靠近下摆处的位置，也可以将其置于衬裙上部或底部。纬斜荷叶边还可以作为一种装饰置于服装的正面。

1. 按实际宽度的2.5倍裁剪荷叶边，加入两个缝份宽度。裁剪时按直丝缕或横丝缕都可以，但不宜采用斜丝缕。宽度仅供参考。

2. 用缝线标出接缝线位置。

3. 反面向上，沿面料长度方向对折。将上层面料向一个方向平移，下层面料向相反方向平移。对齐上口缝线标记并用珠针别合固定。平移量应通过试验确定，荷叶边越宽，上口的平移距离越长，荷叶边也会变得越窄。

4. 拆珠针前，先在距离两端约7.5cm处标出上下两层的对位点，然后拆去珠针。

5. 正面相对，将两端缝合起来形成圆环后熨烫。如果两端不需合拢，可以将其正面相对，分别缝制。

6. 反面相对，重新调整荷叶边，平移上下两层并对齐接缝线与对位点，粗缝后将荷叶边抽褶。纬斜荷叶边看起来像是用斜丝缕裁剪出来的，而实际上是用直丝缕或横丝缕裁剪的。

7. 将荷叶边与服装以抽褶缝粗缝（见第221页）固定，然后用细小的手工平针将其正式缝合。

8. 如果荷叶边较为硬挺，可以每隔12.5~15cm将折边与接缝钉缝起来，使折边部位形成扇形波浪。

纬斜荷叶边

形成造型的贴身内衣

有些晚礼服设计会加入定制的贴身内衣用来支撑服装的廓型，并使整件服装平整伏贴，线条流畅。这类贴身内衣包括：腰部定型衣，可以固定腰部，减少面料的压力和腰部的扣件；束身衣，或加入鱼骨的流线型胸衣，可延伸至腰部或其下，使人体线条紧致、流畅；以及胸垫，可以使胸部娇小者更丰满，使下垂的胸部变得圆浑。

带有造型的腰部定型衣

由于大部分礼服比日常服装更加合体，因此要用较宽且硬质的腰部定型衣来控制人体的造型。定型衣通常采用质地较硬的支撑材料制作，如彼得沙姆硬衬、罗缎、塔夫绸、弹性束身带或全棉人字斜纹布等。晚礼服的腰部定型衣带有省道或接缝以贴合人体，通常加入鱼骨以避免服装翻转。大部分礼服长裙要加腰部定型衣都不难，有关定型的信息见第133页，第223页。

1. 制作晚礼服的腰部定型衣时，其面料应比实际腰围尺寸宽出5~15cm，长出30cm。若面料本身不够硬挺难以稳定地支撑人体，则应采用双层面料，用车缝绗缝的方法缝合。

2. 将定型衣沿人台腰围线围拢并用珠针别合。为了能与腰部贴合平服，可以在定型料上别合出若干个细小的省道。然后标出腰线、中线、侧缝与开口部位。

3. 从人台上取下定型衣，重新在靠近人体的定型衣内侧别合省道。将省道粗缝两道后，将定型衣粗缝至服装内侧的竖直接缝，准备试衣。

4. 服装试衣时，可将定型衣开口别合，以使其伏贴，仔细标出定型衣两开口端的具体定位。

5. 试衣完成后，将定型衣从服装上拆下，车缝并熨烫，然后修剪省道。如果定型衣需要加入鱼骨以防起皱和翻卷，则在省道外侧缝制鱼骨袋（见第223页）。

6. 标出定型衣两端位置，将两端收口。

7. 将定型衣反面向上，在每道标记线上放置一条平纹牵带或布边，用手工平针缲缝到位。

8. 将毛边折向反面，沿折边缝制止口线，在距止口线1.2cm再加缝一道。如需加固，可在两道缝线之间再加缝几道线或塞入鱼骨。

9. 在靠近缝线处加以修剪。

10. 将服装反面向上，如果服装后中有开口，可在右侧后身开口处钉入风钩。如果开口在侧缝，可将风钩钉在前身。在定型衣的另一侧开口处钉缝扣环。

11. 两侧开口处各裁一片2.5cm见方的轻薄真丝或全棉薄纱贴边，用来盖住风钩与扣环。

腰部定型衣两端收口

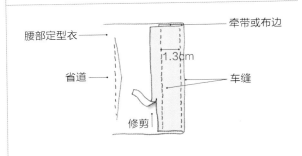

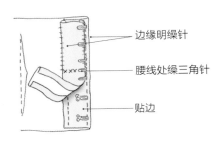

鱼骨

在束身衣或带有造型的腰部定型衣中加入鱼骨可以更好地支撑服装，以避免出现水平方向的皱痕。鱼骨可以用在裙子或衬裙上以形成特殊效果，如第10页上查尔斯·詹姆士的设计。

以前高定制作中采用鲸鱼骨、羽毛杆等天然材料，如今已经由螺旋形钢丝鱼骨代替，衬裙或裙撑则采用涤纶材料制作。

螺旋形钢丝鱼骨既可以向两侧弯折，也可以前后弯折，是制作束身衣与腰部定型衣的理想材料。通常钢丝鱼骨的宽度为0.6cm，长度在5~43cm之间，两头可以用金属帽盖住。鱼骨可按要求用钢丝钳截取长度，然后用锉刀将毛刺打磨光滑，其头部可以加盖金属帽或用橡胶液封口。

涤纶鱼骨很细，柔韧性好，可以为裙撑或束身衣提供优良的支撑效果。涤纶鱼骨在织造时经纱中加了涤纶细丝，可以将其直接缝入或插入抽带管中。涤纶鱼骨便于剪切，有0.6cm与1.2cm两种不同的宽度，可以按长度购买，颜色有黑白两种可供选择。涤纶鱼骨与老式的羽毛杆式鱼骨相似。

涤纶鱼骨最适合于制作裙撑与束身衣，其材质密实、柔韧。涤纶鱼骨可以前后弯折，但无法向两侧弯曲。当应用在束身衣上时，涤纶鱼骨受体温影响后更易弯折，且紧贴人体。

束身衣与腰部定型衣中鱼骨的用量因长裙的厚度与重量而异，大部分束身衣使用14~18根鱼骨。

在束身衣与腰部定型衣上加鱼骨时，先在所有接缝与省道位置上加一条鱼骨。在束身衣的胸部中间、腋下以及前中位置应另加一条鱼骨。应根据设计与试衣的要求在所需部位补充鱼骨，许多高定工场将鱼骨一直延伸至胸围处，而有些则不这么做，因为这样会导致身体僵硬不自然。

螺旋型鱼骨可以直接缝

腰部定型衣中加鱼骨

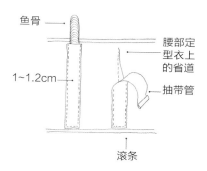

至束身衣的抽带管中，抽带管用三角针缲缝，但通常会用窄的平纹牵带制作一个比鱼骨长出0.6~1.2cm的抽带管，将鱼骨插入其中，偶尔也会用织带、滚条或轻薄的真丝料制作抽带管。

1. 将一条1~1.2cm宽的平纹牵带的中心线用珠针别合在接缝或省道上。

2. 缝合两侧与底部，使鱼骨能紧贴在抽带管中。

3. 将鱼骨塞入抽带管后以手工针封口。

4. 若鱼骨两端摩擦身体，可以在抽带管两端钉缝2.5cm见方的天鹅绒或全棉法兰绒布块。

提示：沃斯采用真丝滚条作为贴边，有时我用黏胶滚条或织带替代。

12. 可以用轻薄的斜丝缕或窄棉牵带对定型衣上、下口部位的长边进行滚边处理。

13. 用三角针标出定型衣的腰线，以此作为参照。将定型衣缝入长裙时，应将定型衣与长裙上的腰围标记线对齐。通常可在里襟一侧加叠门，这样可以避免风钩接触人体，引起不适（见下图）。

14. 服装反面向上，将定型衣与服装腰线用珠针别合，将定型衣上的三角针与服装腰线的标记对齐。用手工平针将定型衣与服装

腰围线缝合，起针与收针分别距离两端开口约0.5cm。对于没有腰围线接缝的设计，可以在接缝与省道处用短小的线袢（见第37页）固定腰部定型衣。

制作束身衣

束身衣可以长及腰围线或延伸至腰围线以下十数厘米，具体位置取决于礼服的设计以及穿着者的体型。束身衣一般采用两层全棉薄纱制作，近年来，常使用诸如真丝、亚麻、弹力网布等面料。全棉薄纱轻薄柔软、清凉舒适、不易脱散，但其价格高且货源少。

许多束身衣设计简洁且无肩带，适合各种类型的服装，但对于露背设计、低胸露背式以及深V领的衣服，束身衣应更加贴合衣身线条。制作这类设计的束身衣时，可以在边缘处加入金属丝或鱼骨使其更加硬挺，一般来说，大身面料可以直接应用于束身衣上层，因此几乎难以分辨出束身衣与衣身之间的分界线。

手工缝制束身衣以及边缘收口是项很耗费工时的工作，但本身制作难度并不高。

束身衣的长度取决于所设计服装的廓型。有时束身衣长及腰围线，但是通常会向下延伸十数厘米。对于蓬松裙，束身衣会延伸至腰围线以下25~30cm，腰围以下的延伸部位可以作为加缝衬裙的基础，这样还能减小腰围处的厚度。对于那些合身的廓型以及低腰线的样式，束身衣应有足够的长度以保证廓型平整流畅。在连裤袜发明之前，束身衣的长度足够为吊带袜扣合长筒袜提供基础。

这些有关薄纱束身衣的指导经同样适用于其他面料以及不同基础部件的设计。在高级定制中，束身衣的样板是按客户体型人台制作的。如果没有客户体型人台，就必须找真人试穿束身衣。

这款迪奥长裙的束身衣采用棉网布加涤纶鱼骨，衣身加入毛鬃衬底衬，鱼骨的抽带管采用平纹棉质牵带。后身的鱼骨沿伸至背部，前身的鱼骨沿伸至胸部。风钩与扣环位于侧缝处，其上口处用斜丝缕真丝罗缎收口，这与衣身相配

束身衣布样。通常刚开始时束身衣布样看起来很大，然后根据需要加以调整，直到像第二层皮肤一样贴合人体，这样做比较容易。

1. 开始时可以将束身衣做成基本的公主线样式，分别在前后身腰围线以下18cm的部位标出束身衣下摆，并根据样板将肩部完整地做出来。完成束身衣的试衣后，再设计束身衣的上口部分造型。

2. 裁剪并粗缝束身衣坯布样。前中与后中处可加入接缝，所有边缘的份宽为2.5cm。

3. 对束身衣坯布样进行试衣并标出上口线，以便将其隐藏在连衣裙下面。如果是你自己试衣则可以加入拉链，这样就不需要用珠针别合。

4. 仔细标出接缝线，拆除粗缝线并熨烫。

5. 用滚轮将接缝拓印至样板纸上。

提示：克里斯汀·拉夸的工作室在制作单件服装时，有种简便易行的方法：直接沿接缝线裁剪束身衣，将其作为样板使用。

裁剪并缝合束身衣。束身衣可以用全棉人字斜纹布、平纹真丝以及真丝塔夫绸等面料制作。我偏爱使用全棉网布，因为全棉网布柔软、轻薄且透气舒适。

1. 用全棉网布裁剪束身衣。可以用一层直丝缕、一层横丝缕，这样强度高且柔韧。为了能更好地控制造型，整个衣身可以用直丝缕裁剪，沿底边对折。

提示：如果布样十分贴体，可以将束身衣缝份宽设置为1.2cm，这样便于缝合。若担心其不够大，可将份宽定为2.5cm。

2. 用细小的粗缝针缝合束身衣。

里襟叠门

高级定制服装中，采用里襟叠门以防止风钩刮擦皮肤。里襟叠门常用天鹅绒、罗缎、缎带、全棉法兰绒、全棉薄纱等材料制作。

1、根据开口长度裁剪10~20cm宽的里襟面料。

2、反面相对，沿长度方向对折，在距离毛边0.6cm处车缝，然后将边缘手工包缝。

3、将里襟置于扣环下方，使其盖住贴边，用珠针别合。反面向上，手工缝制两道平针，一道靠近里襟边缘，另一道在定型衣的边缘，将其正式固定。

里襟叠门

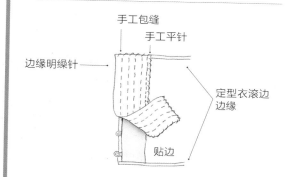

手工包缝
手工平针
边缘明缲针
定型衣滚边边缘
贴边

在人台上试衣。无法让真人试穿时，可以在人台上试衣，稍后再进行细微的调整。

1. 将束身衣置于人台上，沿开口处用珠针别合。

2. 沿接缝用珠针别合去多余量。在前中部位，从前中接缝向胸点别合细小的省道，使束身衣紧贴人体。为了便于操作，可从上口将前中接缝撕开数厘米，单独别合每条省道。

3. 检查贴合度，束身衣应平整流畅，无褶痕或余量。根据实际需要在腰围处、下胸围或两条接缝之间补充一些小省道，几个小省道比一个大省道的效果好。

4. 从人台上取下束身衣前，用服装或样板作为参照在上口部位标出款式线，在下口部位标出下摆线。沿上口部位边缘用珠针别合一条窄的平纹定型牵带以防出现拉伸变形。在人体试穿束身衣前不可修剪去多余量。

5. 用划粉标出人台试衣时撕开的接缝。

6. 将束身衣从人台上取下后，将所有接缝、省道以及款式线上的牵带粗缝两道。

7. 将开口处收口（见"束身衣开口"，第227页）。由于束身衣紧贴人体，因此要在人体试衣前完成开口的收口处理，或临时粗缝一根50cm长的拉链，将多余的长度垂在束身衣下摆以下。

8. 若需要胸垫，可在试衣前粗缝固定（见第228页）。

在人体上试衣。为了便于试衣，可在无肩带束身衣上加织带，试穿束身衣时应尽量避免撕开接缝，因为很难用珠针重新别合。

1. 在人体上试穿束身衣时不需要戴胸罩。基于人台制作的束身衣可能会太松，因为真实的人体比较柔软。将多余量别除，直至束身衣与人体紧密贴合。

2. 脱下束身衣，按实际需要加以调整。检查一下是否合体，设置加鱼骨的具体部位。

3. 如果试衣效果很完美，则可以正式车缝并分烫接缝。

束身衣加鱼骨。接缝滚条、细织带、平纹牵带、真丝布管可以作为鱼骨的抽带管。如今抽带管用车缝制作，但是沃斯之家直到20世纪仍坚持手工制作。

1. 制作鱼骨抽带管（见第223页）并塞入鱼骨。可根据实际需要修剪鱼骨，鱼骨应比抽带管短0.3~0.6cm，不可伸入上层的缝份中。

2. 正式缝合固定定型料上口，并将以上多余部分修剪去。

3. 将束身衣上口收口。可以采用本身料制作的滚条，也可以采用窄窄的真丝贴边收口。

4. 用细小的线襻、线标或是用三角针制作的抽带管固定定型料。

5. 如果束身衣下口处没有折边，可以沿下摆标记线以上0.3cm车缝，然后用手工包缝的方法将边缘收口。若束身衣长及腰围线，则可以用罗缎定型料或真丝滚条将边缘收口。

款式线收口。如果款式线在束身衣的上口，可以用滚条或贴边进行收口处理。边缘收口的方法取决于服装与束身衣的面料与款式，例如第224页中迪奥的束身衣采用斜丝缕滚条收口。由于滚条采用长裙本身料，因此即便是在穿着者行动时束身衣的上口外露也不会引起太多的注意。束身衣里外两侧的贴边宽均为2.5cm，采用手工缲缝。

对于束身衣上口边缘不会外露的服装，常采用1.2~2.5cm宽的斜丝缕真丝贴边或薄纱收口，有时也会采用接缝滚条。以下指导中采用斜丝缕贴边对款式线进行收口处理。

1. 将束身衣反面向上，将款式线处的缝份向下翻折。粗缝并将份宽修剪为1.2cm或更

束身衣开口

大部分束身衣的开口或开衩直接设置在长裙的开口处。若在侧缝开口处带有风钩与扣环，则前身叠加在后身上层。对于后中开口的样式，右侧叠加在左侧上层。为了减小开口部位的厚度，束身衣的开口有时候会偏移2.5cm。

束身衣的开口与带有造型的腰部定型衣略有不同。其贴边通常为全棉薄纱、接缝滚条或织带，且比较宽，这样可以在车缝至开口部位后对边缘起到加强支撑作用。贴边有不同宽度，里襟贴边比门襟宽一点。

以下指导适用于带有风钩与扣环的开口处理，也可用于带有拉链的开口处理。

1. 根据束身衣开口大小裁剪两条同样长度的平纹牵带或布边作为定型料。

2. 上层门襟处的贴边宽度为10cm，下层里襟处贴边宽度为12.5cm。

3. 将定型料与上层门襟贴边的长边用珠针别合。沿长度方向将贴边对折，将定型牵带夹在其中。对齐毛边后，将三层布料粗缝在一起。按相同方式完成里襟贴边。

4. 用缝线标出开口两端的位置。将服装反面向上，将门襟贴边的毛边与开口处门襟一侧的缝线标记对齐并粗缝固定。

5. 翻折束身衣的缝份，使其盖住贴边的毛边后粗缝固定。钉穿所有布料，缝制6~8行缝线，缝线之间相隔0.2~0.3cm。由于线迹可以强化与加固边缘，因此线距越近，边缘越硬挺。按同样方法完成开口处里襟一侧。

6. 将风钩与扣环缝到门襟的反面，距离边缘大约0.2cm处。

7. 将贴边向扣眼侧翻折并露出风钩，以明缲针将折边沿薄纱缲平。

8. 将扣环缝合至里襟边缘并使其超出边缘1.2cm。再次折叠贴边，使其超出扣眼1.2cm。

9. 以明缲针将扣眼之间的面料层缝合固定，并以手工包缝对里襟叠门的上口进行收口处理。

束身衣两端收口

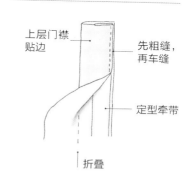

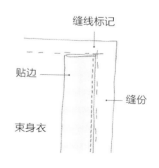

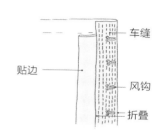

窄，用三角针固定边缘。

2. 用斜丝缕布条盖住毛边，以明缲针将布条缲缝固定到位（见第33页）。

3. 为了能固定束身衣并更好地勾勒胸部线条（见第141页），可以在胸部下加一罗缎或弹性定型条。

4. 如有需要，可在腰围线处再加一条定型牵带。

5. 在束身衣的开口部位安装风钩和钩襻或拉链，并进行收口处理。

胸垫

无论人体的胸部是大还是小，均可将胸垫缝入服装或束身衣，改善胸部造型，使其变得更加平顺流畅。胸垫可以是整圆或半圆形。整圆胸垫可以置于胸部，形成平顺的造型；半圆形胸垫可以置于乳房下方将其托起，使胸部造型更优美，也可以塞入胸部上方作为填充，还可以塞入侧缝旁边，起到加宽作用。

胸垫与肩垫的构造相似，可以采用羊毛或棉质材料制作。以下指导适用于整圆胸垫，如有需要，半圆形胸垫或其他造型的胸垫也可应用此法。

1. 先裁剪5~6层圆形衬垫，直径从2.5至7.5cm依次增大，在每层衬垫上自圆心向外剪去一个小三角。

如要制作更大的衬垫，则需要剪更多层圆形衬垫。底层的直径可以大于7.5cm，也可以多剪几层衬垫。在处理棉质衬垫时应将每层边缘拉毛，以避免出现印痕。如果衬垫为羊毛质地，则应对边缘进行修剪。

2. 先从最小的圆形开始制作，将三角形的两边合拢，形成一个小圆锥，再将稍大的圆形置于上层，形成圆锥造型，用垂直针缝合固定。反复以上操作，直到将所有圆锥缝合在一起。在堆放时，上下两层的接缝应错开0.6cm。

3. 在制作新月形衬垫时，应反复试验直到堆放出满意的造型为止。当制作整圆胸垫时，应将最小的衬垫置于中心处，或对齐一条或多条边缘。

4. 将做好的胸垫正反两面用全棉薄纱或轻薄的真丝料包裹好，再将胸垫缝入服装；也可以不包裹胸垫即缝入服装，然后用一层全棉薄纱或真丝料覆盖其上。

装饰件

高定服装的装饰件品种多样，诸如刺绣、珠饰、蕾丝贴花等，均外发至专门制作装饰件的小型公司完成，而非在高定工场完成。这些公司中如今最重要的有拉塞奇的巴黎人公司以及以珠饰与刺绣见长的刺绣大师。

知名的绣花厂迈克耐特成立于1870年，曾为沃斯与维奥内特等高定工场制作装饰件。该厂在材料应用、设计创意等方面都很有特色。

所有服装应在完成试衣后再制作装饰件。可以根据经过修正的坯布样制作纸样并设计装饰件，样板与服装一样，都要符合穿着者的体型。对于家庭缝纫制作者而言，最简单的方法是以修正好的坯布样作为样板，用缝线将每个衣片拓到一块长方形的服装面料上，并在裁剪正式衣片之前，先完成装饰。

装饰前的准备

装饰效果最终是否能获得成功，其中一部分取决于前期的准备工作，例如如何应用绷架以及如何将装饰图案拓描到面料上。

在制作蕾丝、穿珠、绣花、绗缝以及一些边饰时，建议使用绷架，它可以绷紧布料，避免其出现滑移或起皱。

1. 以修正好的坯布样作为样板，裁剪出每个需要装饰的衣片。应将面料剪裁成比实际衣片更大更长的长方形布片。

如果用服装而不是坯布样直接试衣，拓描

衣片时缝份与摆份宽至少达到3.8cm。

2. 根据坯布样复制并裁剪每个衣片的纸样，可以使用硬牛皮纸制作纸样。如果用服装直接试衣，应在完成试衣后将衣片拆开，制作纸样。

3. 根据修正好的坯布样，将所有缝制线与丝缕线拓印到纸样上。

将样板纸置于有弹性的桌面上，如软木桌面、毛毡桌垫或卡纸桌面。将布样置于纸上，摊平后用图钉从中间向周围固定。再用滚轮或细针将线条拓印到纸上，然后在纸样上绘制出装饰图案。可根据需要调整所设计的图案，使图案在衣片上布局美观流畅，不可延伸至接缝、缝份、省道等部位。

4. 在每个衣片上用缝线标出所有的缝线、丝缕线。

5. 装饰设计图案通常应在面料上绷架前完成拓描。如果是大型图案，面料先上绷架再拓描可能更方便操作。

6. 在面料上完成拓描图案后，下一步是将面料上绷架。如果是处理试穿过的服装而非修正好的坯布样衣，应将每个需要装饰的衣片的中心与大块的长方形坯布粗缝缝合，可以用长针距，以六角星或八角星线迹固定衣片。

7. 以细小的针距将缝份与坯布粗缝固定。将衣片翻转后，拆除衣片中心处星状的粗缝线，然后仔细地修剪需要装饰的部位的坯布。

8. 检查一下绷好的衣片位置，在开始进行装饰前，比对衣片与坯布样或样板上的丝缕线以及缝制线的位置，并根据需要加以调整。

9. 完成装饰的制作后，应再次将衣片与样板或坯布样进行比对。装饰往往会导致有图案的区域面料收缩，因此可能要重新调整并用缝线标出新的接缝线。

10. 完成装饰的制作后，将衣片从绷架上取下。

11. 拆去设计图案中的粗缝线并进行熨烫，但保留丝缕线与缝制线的线迹。为了避免烫平设计图案，可用厚毛巾覆盖烫台，在衣片反面轻轻熨烫。

贴花

贴花是最简单且最通用的装饰方法之一，它是通过将一层织物（即贴花）应用到另一层作为底衬或底布的织物（通常是服装部分）表面而产生的。无论是贴花还是底布，都可以用各种不同的面料来制作。高定服装上的的贴花通常构思大胆且富有装饰性，但也可以设计巧妙使图案更为细腻，尤其在用于印花面料时。

贴花有多种不同的缝制方法，其中在高定服装中最常用的是边缘贴花和刺绣贴花这两种方法。如下页图中雅顿的设计，展示了边缘贴花的方法，所有边缘的缝份都很窄，折返后用细小的明缲针固定。有些刺绣贴花是通过用挑绣针在正面沿边缘固定一圈装饰绳芯覆盖毛边的方法收口，或是在反面用手工平针缲缝。

刺绣贴花以及大块的边缘贴花通常用绷架制作，而小块的边缘贴花则有时置于平面上采用手工制作。

1. 将设计图案拓描至底布面料的正面。

2. 在贴花材料上标出设计元素。标记线应位于设计元素的边缘收口部位，而非裁剪线处。通常如果贴花与底部面料的丝缕方向一致，则服装的悬垂感更好，尤其是如果它们很大的话。

3. 裁剪设计元素时加入0.6~1.2cm的缝份。为了便于制作，可先将贴花与衣片粗缝固定，以避免贴花扭曲变形。我会在裁剪时预留1.2cm宽的缝份，直到向下折返前再进行修剪。

4. 从中心向边缘制作，用细小的珠针将贴花与底布别合并对齐丝缕，可以根据设计元素的特点，适当对其加以调整。

5. 根据设计元素的大小及复杂程度，将设计元素与底布按六角星至八角星线迹在中间粗缝固定。

6、先从小衣片开始，将贴花的边缘向下折返，这样底布与贴花上的标记线都可以盖住，可根据需要剪断粗缝线。

7.将缝份宽修剪至0.3cm，并按需要将弧线与转角处修剪平顺，用手指按压边缘。折返边缘后用珠针别合。以假结或回针的方法固定缝线，然后修剪去线头，以免在贴花部位出现影响外观的痕迹。在贴花边缘使用短小的贴花针。

8.用配色的细棉线或丝线以明缲针的方式正式缝合固定贴花片。直线边缘的线迹密度为3针/cm。

在弧形与转角部位，按需要制作剪口或刀眼，使边缘缝份向下折返时保持整洁平顺，针脚可以更为密实。弧形越曲折，针距与剪口应越密实。

提示： 可以用针尖将缝份拨弄到位。如果贴花片的边缘出现尖角，可以在修剪接缝时使份宽向尖角处逐渐变窄，并用针将散开的线收拾干净，藏到尖角下方。

斜丝缕贴花。装饰性的斜丝缕布条可以用于在套装和日常装长裙上制作精美的贴花或简单的饰边，也可以用于特殊场合的设计。

1.裁剪一条比实际完成后的贴花片宽1.2cm的斜丝缕布条，长边处另加0.6cm作为缝份。按实际完成后的饰边宽度裁剪一条硬卡纸。

2.熨烫布条，并稍加拉伸。不宜过度拉伸，否则将难以制作出弧形。

3.布条反面向上，将硬卡纸条置于其上，沿卡纸条折返并熨烫缝份。

4.将斜丝缕布条加缝至服装。从服装外口部位开始，根据设计处理好造型，用珠针别合

这款出品于1947年漂亮的雅顿套装采用羊毛华达呢制作，运用大块贴花与丝线绣花装饰。其前身处有开衩，驳头部位自然下翻，形成柔和的翻领效果

数厘米斜丝缕布条后再粗缝固定。

5.与服装正式缝合时可用两根针，分别缝制布条的两边。先用一根针沿布条的外口边缘以明缲针缲缝10~20cm，再用第二根针沿布条的内口边缘缲缝相同长度，依此顺序继续缲缝布条。如果同时缲缝布条的内外两边，可避免出现褶痕，这是斜丝缕缝制中较常见的问题。

6.如果斜丝缕布条的图案设计有转角，先在外口边缘固定转角点，然后再缝制内口边缘。可用针尖将转角内外口的造型拨平整。

7.对于无里布设计，线迹应均匀，这样反面才会美观。

制作边缘贴花

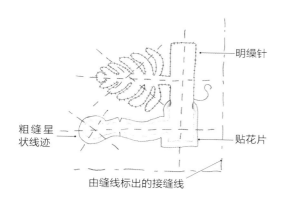

明缲针

贴花片

粗缝星状线迹

由缝线标出的接缝线

珠饰穗边

珠饰穗边是一种用穗带、绳芯、流苏和织带等各种饰边在底布上产生装饰图案的刺绣方法。饰边可以直接缝至底布面料，也可以先加缝到布条上再缝至服装。珠饰穗边可以与一些基础贴花制作技术相结合，根据饰边以及所需收口处理要求，采用不同的缝制方法（车缝或手工）加缝至服装。为了产生自然的效果，在制作时可以用与饰边配色的细棉线或丝线。

1. 将设计图案拓描至底布面料正面。

2. 对于织带或较宽的饰边，将头部向下翻折，使其与面料平贴，然后仔细缲缝。对于较窄的饰边，可以先用锥子在面料上扎一个小孔，将饰边的头部穿过小孔后进行修剪，在面料反面留下约1.2cm长度，使其与面料贴平并与饰边的制作缝线对齐，将其长度修剪为0.6cm。用几针搭缝针缲缝固定饰带头部。在挑绣时应小心地隐藏线迹，钉穿饰边。

提示：如果饰边的头部出现纱线脱散或饰边较柔软，可以从反面插入一个线环，将饰边的头部穿入线环，将线环与饰边拉至反面。

3. 将饰边与服装用珠针别合，制作时应仔细，避免出现缠绕。转角处应坚挺，弧线部位应圆顺。

4. 在缝制柔韧的穗带或绳芯时，可采用手工平针与回针结合的缝制方法。对于较硬的穗带或绳芯，可采用暗缲针、明缲针或挑绣针（见下图所示）。对于装饰性收口处理，可以用一种或几种撞色线，采用挑绣针制作。对于较宽的饰边，要保持其平整，转角处可采用斜接角处理，饰边两侧应采用明缲针固定。对于较窄的饰边，可以在其中间位置采用手工平针将其缝制平整，也可以在其两侧采用暗缲针缝制；如果在其一侧采用锁缝线迹，则可以形成立体的效果。

5. 如果采用车缝方式，应选用穗带、绳芯专用压脚，或是以之字形线迹缝制。

6. 熨烫时应避免将饰边压平，可以先用较厚且柔软的烫垫或毛巾覆盖烫台，然后将衣片反面向上置于其上；先用湿烫布熨烫，再用干熨斗熨烫，直至将面料烫平、烫干。

这款香奈儿日常装采用的斜丝缕贴花同样适用于特殊场合。其饰边中加入绳芯，然后以明缲针手工缝制。在制作斜丝缕饰边时，先熨烫布条以消除部分弹性，这样便于以后的处理；若熨烫过度，斜丝缕将过度拉伸，影响后期的造型处理

珠饰

珠饰是一种刺绣方式，可以用于遮盖服装上的每一条线，产生富丽堂皇的装饰效果，也可以仅用于装饰几个设计元素。除了珠饰原料本身的成本之外，穿珠过程也很耗时，显著增加了珠饰的设计成本。

在巴黎或伦敦的珠饰工坊里，珠饰是使用绷架与绣花针或绷圈与钩针制作的。两种方法各有利弊，用针穿制可以很好地固定每个珠子，但其效果不如用绷圈钩制的效果来得细腻，因为珠子必须足够大才能容许细的缝针与缝线穿过珠孔。

采用绷圈钩制珠饰时，钩针不是穿过珠子，而是用缝线固定珠子，制作带有珠子的链式线迹，非常细小的珠子可以采用这种方法。不过，如果固定珠子的缝线断裂，整个链式线迹会很快断开，珠子就会脱落。这两种方法都需使用大绷架将面料绷挺。

珠饰可以直接加缝至衣片，也可以将薄纱或真丝欧根纱作为底衬，制作贴花片。单独在贴花片上钉锈珠子有两个优点：其一是在钉珠前服装或布样不一定需要试衣，其二是可以选用更适合钉珠的面料制作贴花片，例如薄纱、欧根纱或缝入式经编衬布。

几乎所有的棉质、丝质、涤纶或尼龙缝线都可用于制作珠饰。在大部分设计中，缝线的颜色应与珠子或面料的颜色相匹配，但在需要特殊效果的情况下，也可以采用撞色缝线。

挑绣针

- 挑绣线
- 挑绣绳芯

这款1913年的休闲套装以精制的穗带作为装饰，其绳芯图案采用挑绣针的方法制作

用针钉缝珠子。应采用与珠子或是珠片大小适合的穿珠针或绣花针。

1. 将设计图案拓描至面料的正面。

2. 正面向上，用绷架将面料绷紧。

3. 先以中小针距钉缝，起针时先打一个假结，然后在钉缝第一个珠子处缝两个回针。

4. 用平针可以快速钉缝珠子，但是为了增加牢度，可以用回针对每个珠子加缝一针后再缝制下一个珠子。

提示：如果珠子太小，以至于无法加缝第二针，则可以在珠子下方的面料上加缝一个回针。

5. 如果想要一次钉缝多颗珠子，可采用平式花瓣针法或把珠子穿成一串。

6. 收针时，可在缝完最后一颗珠子后采用8字结，并将线结引至面料反面。

加缝珠片。步骤如下：

1. 用配色或撞色线将珠片缝平。将针从反面穿入珠片中间的小孔中，然后将针穿入珠片边缘的面料中；重复以上步骤，缝制固定珠片的另一边。如果需要，可以缝制4~5针，在珠片上形成星状图案。

2. 缝制一列珠片时，可采用回针将后一个珠片叠加在前一个珠片上，并将缝线藏在前一个珠片下。

3. 缝制一个珠片与一颗珠子时，先从珠片的反面入针，插入珠片中间的小孔，然后挑起一颗珠子，将针再次插入珠片中间的小孔中。

4. 采用垂直穿针钉缝珠片，可使其边缘竖起，形成立体效果。先将针引至面料正面后插入珠片反面，再贴着珠片边缘将针穿过面料。

5. 收针时，可在缝完最后一个珠片后采用8字结，并将线结引至面料反面。

钩针绣花。制作绷绣制品时，需要绷架与绷绣钩针。与钩编钩针相似，绷绣钩针有针尖与针舌两部分。穿针时是将面料反面向上置于绷架上，而手在下方持珠子。可以购买按照长度计费的事先穿好的珠串，也可以购买散珠。

1. 将设计图案拓描至面料的反面。

2. 反面向上，将面料绷至绷架上。检查一下，看面料是否已经绷挺。

3. 对于事先穿好的珠串，如果穿绳的强度或长度不够，应重新穿珠子。由于无法确定需要多少珠子，可以先将珠子穿成线轴，然后根据实际需要的长度剪短。

重新穿珠时，先用钩针或缝针刺入原穿珠线的尾部，从这个开口将新的穿珠线拉出数厘米，然后将珠子从原穿珠线移到新穿珠线上，

该设计体现了奥斯卡·德拉伦塔的特点。这款简洁的上装设计采用珠片、管状珠以及珍珠等材料，用雪尼尔纱与丝线精心绣制而成

最后抽出原来的穿珠线即可。

1. 一手持钩针置于面料上方，另一手持重新穿好的珠串于面料下方。

2. 开始时，先用钩针刺穿面料，钩住穿珠线，从尾部拉出约5cm长的线，穿过面料，在反面形成一个线圈，暂时不要加入珠子。

3. 此时钩针仍在线圈内。为了固定线尾，在之前钩针退出处后面一点的位置将钩针再次插入面料，钩住另一个线圈。

4. 用钩针钩住新的线圈穿过面料以及第一个线圈，拉紧第一个线圈，使其紧贴住面料。

提示：钩针应始终置于上一个线圈中，根据图案设计，在之前钩针退出处的前面或旁边的位置将钩针再次穿入面料。

5. 在前两颗珠子之间的位置钩住穿珠线，将钩针旋转180°后穿过面料以及前一针线迹，使第一颗珠子紧紧地贴服在面料的正面。转动钩针后，穿珠线会包裹在钩针上；将没有开口的一侧向前推一下，使面料上的针孔变大一点。有些绣花工人称这为"开门"。

6. 继续使用这种方法，每一针的针距应与珠子颗粒大小一致，直至将所有珠子都绣在面

各种珠饰的钉缝方法

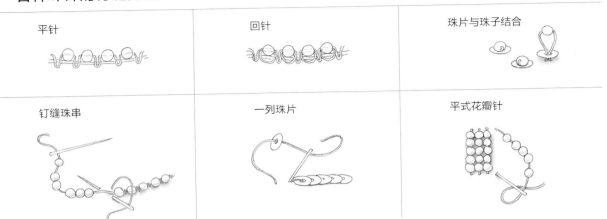

平针	回针	珠片与珠子结合
钉缝珠串	一列珠片	平式花瓣针

料上。

提示：如果用钩针绣缝珠片，珠片会竖立在边缘处。

7. 最后收口时，在前一针线迹后面插入钩针，钩住下一颗珠子前面的穿珠线，将其穿过面料以及钩针上的那个线圈。将线剪断，留下一小截线尾。

塔克

可以在服装上缝制一个或多个塔克，也可以对整件服装缝制塔克。塔克的尺寸可大可小，有细小的针褶，也有宽大的平褶。塔克线可以相互平行，也可以逐渐变宽。有些塔克是平服的，有些塔克是竖起的。塔克通常沿直丝缕方向缝制，但也可以沿横丝缕、斜丝缕方向

甚至沿着曲线缝制。沿横丝缕或斜丝缕方向缝制的塔克无法像沿直丝缕缝制的那样平整。塔克通常采用手工制作，可以从上到下完全缝合起来，也可以缝合一部分，其余部分散开。

有些设计需要预先进行计划，而简单的平行塔克的设计和计划没那么复杂。

塔克所需增加的面料用量至少为每个塔克宽度的两倍。与大多数装饰手法一样，制作塔克的衣片也会产生收缩，其收缩量取决于塔克的数量和面料，一般来说，每个塔克需另加大约1.5~3cm用料。

1. 对于1.5~3cm的细塔克，用缝线标出折叠线即可。对于较宽的塔克，需要用缝线标出每个塔克的两条车缝线。

2. 反面相对，沿着标记线折叠细塔克并粗缝。对于较宽的塔克，需用珠针别合塔克，将两条车缝线对齐后粗缝。

3. 使用与面料相配的长而细的缝针和非常细的线，以细小的平针缝合固定塔克。保持线迹细密均匀，在起针和收针时缝两针回针。

4. 对于曲线形塔克，在粗缝前，沿长边抽拉缝线，使余量均匀分布。正面朝上，在粗缝时可以调整余量。

用钩针制作珠饰

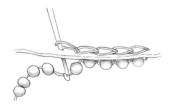

拓描设计

有好几种方法可以将装饰性的设计图案拓描到面料上：碳笔法、缝线标记法以及针刺打孔法。

针刺打孔法最通用且最常用于高级定制时装屋，但这种方法也最耗费时间。对于网布、蕾丝，或是在同一件衣服上结合多种装饰手法，需将设计图案拓描到面料正反两面时，缝线标记法是个不错的选择。对于中性色或深色面料，使用滚轮和裁缝专用白色碳笔在面料反面拓描的方法最简单，是个理想的选择。

针刺打孔法

采用针刺打孔法时，大多数专业刺绣工先从穿孔图案开始的。将设计图案在面料上放平，使用扑粉器将喷粉推进图案的孔隙中。

1. 需要用针沿着设计图案在纸上扎孔；可以购买或制作扑粉器，用白色、灰色粉末或玉米淀粉，通过纸上刺好的孔来标记图案。刺绣工使用一种特殊的机器沿着设计图案的轮廓扎孔，你也可以使用带有大号车缝针的

缝纫机，以5针/cm的针距扎孔，或是使用细描线轮扎孔。

2. 若自己制作扑粉器，可将粉末或玉米淀粉放在一块15cm见方的细棉布的中心，用细棉布将粉末紧紧裹住后，用橡皮筋扎紧。

3. 沿着设计线、缝合线和丝缕线在纸样上打孔。如果设计是对称的，需要被应用到服装的两个衣片，那就把两张纸样叠起来并用珠针别合，一起打孔。

4. 拆下珠针，在不撕坏纸样的情况下把两张装饰图案分开。

5. 用细砂纸轻轻打磨孔隙，或将纸样粗糙的一面朝上，置于面料上。

6. 将设计拓描到面料上。当用针扎孔时，应将设计拓描至面料正面；当用钩针挂珠装饰时，应将设计拓描至面料反面（参见第234页）。

7. 为了拓描设计，应将穿孔的纸样放在衣片上，对齐丝缕线和所有标记的缝合线，用珠针在边缘别合固定。

8. 将扑粉器蘸满粉末或玉米淀粉，在孔隙上轻轻拍打。操作时要小心谨慎，以免

图案移位，一边扑粉一边检查设计是否拓描完整，因为一旦图案移位，几乎无法再次精确定位。

9. 在拓描完成后，拿掉纸样，用裁缝专用白色碳笔或尖头铅笔将这些点连起来。装饰件会遮盖标记线。

10. 抖动面料以去掉多余的粉末。

11. 轻轻喷洒固定剂。

缝线标记法

在处理装饰网布和蕾丝时，缝线标记法是个不错的选择。在使用其他面料时，它还具有正反面同时标记的优点。

1. 正面朝上，将设计图案置于面料上抚平，将纸样与面料粗缝在一起。

2. 从中心开始向外操作，使用小针距粗缝针迹标记图案轮廓，缝制时应钉穿纸样。

提示：可以在纸样上留下一小段线，以便于完成后将其拆除。

3. 小心地撕掉纸样。

婚纱

根据传统，时装秀以婚纱作为尾声。有的设计美丽无比，采用长达数米的绸缎与蕾丝，令人屏气敛息，有的设计富有创意，与众不同。婚纱对于大多数时装屋和定制服装店而言都很重要，因为它通常是客户订购的第一款、有时也是唯一一款设计。婚纱对于家庭缝纫者而言也非常重要，他们可能愿意为制作这款特殊的服装，在劳动密集型服装技术上投入比平时更多的时间和金钱。

当谈到结构和设计技巧时，婚纱是一个很棒的灵感来源。许多元素同样适用于晚礼服，有时也适合日常的裙装。

婚礼是女人一生中最重要的事件。数百年来，在许多社会中，新娘礼服精美绝伦，有色彩浓郁、刺绣艳丽的民族服装，也有金丝银线编织、贵重金属珠宝装饰的皇家礼服。

当今最流行的许多婚礼习俗都始于维多利亚女王统治时期。1840年，她与萨克森科堡的阿尔伯特王子结婚，这位年轻的君主选择了一款简洁的白色礼裙，采用出产于英格兰斯皮塔菲尔德的重磅丝缎，以手工制作的霍尼顿蕾丝作为饰边，与前人穿着的精致华丽的银色礼服相比，卓显朴实无华。

这位年轻的君主特意挑选了英国的面料和蕾丝，以促进本国纺织业的发展，而纺织业正是工业革命的产物。女王的选择取得了巨大的成功，这款时尚、优雅的裙子创造了一种需求，即使在今天，这种需求仍在继续：美丽的白色婚纱上仍保留有大量的蕾丝饰边。

这一时期的另一项重大进步是于1846年发明的缝纫机。它对制衣业产生了深刻的影响。相比缩短和简化制衣工艺，缝纫机的出现促进人们更多地运用精致装饰。到20世纪末，当人们对装饰的热情达到顶峰时，婚纱点缀着各种精心制作的装饰物，如流苏、穗带、褶裥、褶边和蕾丝等。

20世纪最著名的婚纱是1947年伊丽莎白公主结婚时的礼服。这款礼服动用了350名员工，在伦敦的哈特内尔作坊耗费了七周的工作时间。尽管当时的英国由于战争仍然面临着物资短缺和配给问题，这款礼服却尽显奢华。其缎面长裙和13.7m长的薄纱拖裙刺绣繁复，缀有10 000颗进口珍珠和水晶（公主和她的伴娘们获得了额外的配给券）。拖裙的肩部装有纽扣和扣环，这个细节对于现代新娘而言非体贴入微。

相比之下，1960年玛格丽特公主的婚纱，同样由哈特内尔设计，是一款简洁的V领公主线设计，以一条狭窄的斜丝缕滚边作为装饰。裙身由27.4m薄如蝉翼的丝绸制成，12幅裙片呈钟形铺陈开来，以多层丝绸薄纱和硬挺的尼龙网纱作为支撑。裙子的后中设有一个可以开合的倒褶，当公主坐下时打开，当公主站立时回复原位，盖住褶皱，这是给家庭裁缝的另一个有趣的设计理念。

1981年戴安娜王妃的婚纱令人难以忘怀，就像维多利亚女王的长裙一样，旨在支持英国的纺织品。这身长裙的特点是略微弯曲的领口由两条荷叶边围绕着，一条真丝的，一条蕾丝的；泡泡袖十分宽大，镶有绣花荷叶边和蕾丝；前身和后身的蕾丝镶片上缀满亮片和珍珠。这款婚纱采用专门为这场婚礼定制的象牙白真丝塔夫绸面料，以卡里克麦克罗斯蕾丝作为饰边，裙身廓形蓬松，以一条内衬非常硬挺的尼龙网纱的多层薄纱衬裙作为支撑。这款礼服很快催生了人们对这种装扮的需求，被称为"盛装的平民"。

在婚礼前几个星期，王妃的体重减轻了，所以在这段时间里制作了好几件坯布样和局部布样。由于特制的真丝面料数量有限，婚纱的实际剪裁和制作被推迟到婚礼前几周，以确保尺寸精确，服装合体。

结婚礼服设计

　　结婚礼服有几个元素与传统特殊场合的礼服不同。最突出的是拖裙及其与裙身的连接方式，还有裙子背部和前片的设计。次要考虑因素包括饰边，经典或前卫的设计，新娘理想中的形象，面料、蕾丝或取自旧礼服上的串珠如何组合；最后，还要考虑这条裙子是会被纳入新娘的衣柜，还是会被妥善保管起来，为女儿或孙女将来所用。

　　拖裙。拖裙可以作为长裙的一部分，也可以作为单独的部分，以便于跳舞时脱卸掉。拖裙与裙身的连接方式有很多，例如纽扣与扣环、风钩与钩襻，以及可以使拖裙抬高，产生裙撑效果的内部牵带。在裙摆下面加缝一条褶边，就可以大大减少拖裙的折痕，使其悬垂性更好。纬斜荷叶边可以形成一道漂亮而结实的褶边。

　　一种实用的解决方案是设计一条可拆卸拖裙，从肩部、腰部或上身任意位置延伸下来。下页图中的连衣裙有一条可拆卸拖裙，拆卸前后的效果反差强烈，很有意思。这条长方形拖裙线条简洁，拆下拖裙后，连衣裙可以纳入新娘的衣柜，在其他特殊场合穿着。

这款礼服采用珍珠、玻璃珠和银线绣制而成，由浪凡于1925年制作。珠饰在裙子上勾勒出插片的轮廓，上半身的双曲线图案引导出腰部以下一大块设计图案。在婚礼上，这块图案将会被新娘花束遮盖（图片由芝加哥历史博物馆提供）

背部设计。在婚礼上，礼服的背面比正面更显眼。许多礼服配有精心设计的拖裙，如第237页上浪凡礼服。即使设计十分简洁，背部也可能会有一排垂直的纽扣与扣环。

饰边。结婚礼服的饰边包罗万象，有小块蕾丝插片或串珠饰边，也有装饰华丽的礼服裙。第239页左图这款20世纪20年代装饰华丽的礼服裙，在风格上形成了有趣的反差。蓝绿色真丝双绉的刺绣具有埃及特色，在1922年图坦卡蒙的陵墓被发现后，一度风靡于20世纪20年代中期；其简洁的廓形，也是20世纪20年代的典型装束，适合新娘在特殊场合穿着。

对于专业技师和家庭缝纫者来说，结婚礼服的成功与否取决于事先的计划和投入的费用。设计可以是传统的，也可以是高科技的，但无论风格如何，礼服都应该伏贴、合身，悬垂性好、没有褶皱，使新娘如愿以偿，美丽动人，举世无双。坯布样对于制作完美合身、设计精美的结婚礼服至关重要。它还为练习新技术提供机会，可以防止在礼服的构造过程中矫枉过正。选择合适的底衬和衬布材料，以及制作束身衣或贴身内衣，对于礼服的成功也很重要（请参考第62和126页获取关于底衬和衬布的信息，以及第222和224页关于制作定型衣和束身衣的信息）。

购买高级定制服装可能有困难，但您可以自己制作。一件漂亮的、量身定制的夹克、衬衫或结婚礼服是一系列定制时装的基本技术。高级时装制作需要时间和耐心，但本书中的制作技巧并不难，其中许多利用了您已有的技能。只要会缝纫，就可以缝制高级时装。

这款优雅的结婚礼服由丝绒制成。臀部有一块平行抽褶的柔软衣片，其两侧装饰着美丽的珠饰图案。制作时先在轻薄的底衬上点缀珍珠和水晶形成珠饰，再将其应用在这件礼服上（图片由芝加哥历史博物馆提供）

这款1927年的精致礼裙采用轻薄的真丝双绉制成，设计有四块由短褶分开的衣片。这些衣片饰有大量珠子和丝线刺绣，这不仅具有装饰性，而且起到了重片的作用（图片由芝加哥历史博物馆提供）

查尔斯·沃斯这款1900年的晚礼服面料华美、工艺精湛，深谙高级时装的精髓，也是所有缝纫工艺爱好者的灵感源泉（图片由大卫·奥克拍摄，纽约市博物馆提供，唐纳德思班塞夫人的礼物）

致 谢

在本书出版之际，我必须对以下人士与机构表示感谢。

首先要对高级时装定制业表达感谢，他们为本书的初版提供了极大的帮助，尤其要感谢巴黎时装工会学校、巴黎的高级定制管理机构以及巴黎、罗马、佛罗伦萨、伦敦和纽约的高级定制屋和定制店。此外要特别感谢已故的玛格丽特夫人，她向我提供了她当时在迪奥高级定制屋工作时的个人工作笔记。还要感谢已故的查尔斯·克雷巴克，他提供了自己的高级定制工艺技术。

在本书第2版出版之际，我要感谢拉尔夫·鲁奇和詹姆斯·加拉诺斯，是他们允许我参观他们的工作室、了解他们的工艺制作技术并采访他们的同事。要感谢皮尔·贝尔格基金会和伊夫·圣洛朗基金会安排我采访让·皮埃尔·德伯尔德，并和我分享他在圣洛朗高级定制屋的工艺技术。

我十分感谢纽约城市博物馆馆长菲利斯·马杰德森。他和我共同开展了关于曼波切尔和查尔斯·沃斯的研究。通过这个研究项目扩展了我对高定的认知，让我认识到以前所写的高级定制相关技术至今仍有实用价值和意义。

还要特别感谢摄影师凯恩·豪伊和雪莉·泰勒，及其造型师和同仁，为我拍摄系列服装藏品。还要感谢凤凰城艺术博物馆，感谢尼尔提供人台。

此外还要对那些提供照片与设计稿的博物馆、馆长和摄影师表示感谢，包括凤凰城艺术博物馆的德纳塔·斯威尔、纽约城市博物馆的菲尔斯·迈克逊、俄亥俄州立大学历史服饰博物馆的盖尔·史瑞琪、纽约时装学院、大都会艺术博物馆的瓦莱利·斯蒂尔、洛杉矶服装设计学院的凯文·琼斯、克里斯汀·迪奥的绍伊奇·法弗、约翰·威尔肯斯基、查尔斯·克雷贝克尔地产，以及澳洲缝纫的林恩·库克。

还要感谢沙拉·本森为本书文字的编辑、样品制作照片的整理和服装的整烫、修补、陈列展示所提供的帮助。

我还要特别感谢本书出版社对本书出版给予的支持，这是个充满挑战的出版项目。尤其是编辑艾瑞卡·森德斯·福奇，正是她的才能与才华帮助我梦想成真。

最后要感谢我逝去的母亲胡安妮塔·萨摩娜·布莱特威尔，是她给予我谆谆教诲。还有我丈夫查理·谢弗，是他始终如一地给予我支持。

克莱尔·B.谢弗